高等职业教育"十二五"规划教材

全国高职高专通信类专业规划教材

无线通信技术基础

王继岩　编著

U0346727

科学出版社

北　京

内 容 简 介

本书从无线通信的基本概念出发，重点介绍了与移动通信有关的无线通信技术。全书共分 15 章。第 1、2 章主要介绍电磁场和电磁波的基本概念和传输特性，无线通信系统的基本组成和主要应用；第 3～5 章主要针对无线信道的传播特性进行分类介绍，包括噪声、干扰、损耗、衰落、多径效应等；第 6、7 章主要论述现代移动通信系统中两个关键的系统级技术——无线蜂窝技术和无线多址技术；第 8～10 章介绍为了解决无线信道的复杂性而在实际应用中采用的均衡、分集、交织、信道编码等抗衰落技术，以及调制解调和话音编码等技术；第 11～14 章主要介绍移动通信系统的网络结构和得到广泛应用的典型的移动通信系统；第 15 章主要介绍无线局域网技术。

本书适合作为高等院校、高职高专院校通信和电子工程专业学生学习通信技术的基础教材，同时也可以作为通信工程行业技术人员进行岗前技术培训的参考资料。

图书在版编目（CIP）数据

无线通信技术基础/王继岩编著．—北京：科学出版社，2014
（高等职业教育"十二五"规划教材·全国高职高专通信类专业规划教材）
ISBN 978-7-03-035403-7

Ⅰ．①无…　Ⅱ．①王…　Ⅲ．①无线通信设备-高等职业教育-教材
Ⅳ．①TN92

中国版本图书馆 CIP 数据核字（2014）第 198779 号

责任编辑：赵丽欣 / 责任校对：王万红
责任印制：吕春珉 / 版式设计：金舵手世纪图文设计
封面设计：蒋宏工作室

科 学 出 版 社 出版
北京东黄城根北街 16 号
邮政编码：100717
http://www.sciencep.com

三河市良远印务有限公司印刷
科学出版社发行　各地新华书店经销

*

2014 年 8 月第 一 版　　开本：787×1092　1/16
2021 年 2 月第九次印刷　　印张：20 1/4
字数：449 000

定价：**49.00 元**
（如有印装质量问题，我社负责调换〈良远〉）
销售部电话：010-62142126　编辑部电话：010-62134021

前　　言

无线通信技术是 20 世纪 70 年代以来发展最快的通信技术领域，特别是近 20 年，以无线通信技术为核心的移动通信系统的迅猛发展给社会带来了深刻的信息化变革，成为了最受青睐的通信手段。

本书从基础的工程技术出发，阐明了无线通信的基本概念、无线通信系统的基本常识，并重点论述了与移动通信直接相关的无线信道特性，对无线通信领域特有的技术也进行了重点介绍。读者通过本书的学习，可以对无线通信的特性及针对这些特性而采用的技术有一个基本的了解，从而建立无线通信系统的整体概念。

本书第 1、2 章主要介绍电磁场和电磁波的基本概念和传输特性，无线通信系统的组成和主要应用，使读者对无线通信有一个基本的了解；第 3～5 章主要针对无线信道的传播特性进行分类介绍，包括噪声、干扰、损耗、衰落、多径效应等，这些特性是造成无线信道非常复杂和难以分析的主要原因，也是影响移动通信质量和可靠性的主要问题，移动通信技术的发展过程也就是不断开发出新技术来解决这些问题的过程；第 6、7 章重点论述现代移动通信系统的两个关键技术——无线蜂窝技术和无线多址技术，这两项技术是组成移动通信网络的系统级技术，也是现代移动通信得以高速发展的技术基础；第 8～10 章介绍为了解决无线信道中出现的技术难题，在实际应用中采用的均衡、分集、交织、信道编码等抗衰落技术，以及调制解调和话音编码等关键技术，这些技术在当前的移动通信系统中已经得到广泛的应用，新的技术和产品还在不断推出，这些技术的发展是移动通信系统更新换代的主要推动力；第 11～14 章主要介绍移动通信系统的网络结构，以及 1G、2G 和 3G 标准中典型的移动通信系统，读者通过这一部分的学习，应当了解移动通信系统的基本组成和架构，对移动通信技术的发展历程、主要技术和应用系统有所认识和了解；第 15 章主要介绍无线局域网技术。

为了方便教学，本书配有免费电子课件，有需要的读者请到科学出版社网站 www.abook.cn 下载。

由于时间仓促，加之编者水平有限，书中难免出现一些错误和不足，希望广大读者谅解并多提宝贵意见。

目　录

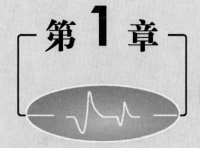

第 1 章
电磁场与电磁波

无线通信技术是研究如何利用电磁波作为载体来实现信息传递的技术，其核心是研究电磁波的传输。无线通信技术是移动通信技术的基石，对一个从事移动通信行业的技术人员来说必须对电磁场和电磁波的基本概念和传播特性有所了解，同时要掌握无线通信专业常用的工程单位和术语。

本章重点内容如下：

- 电磁场和电磁波的基本概念。
- 电磁波的传播特性。
- 无线通信技术的单位和术语。

1.1

电磁场的概念

静止的电荷会产生静电场,静止的磁偶极子会产生静磁场。运动的电荷被称为电流,会产生电场和磁场。有内在联系并相互依存的电场和磁场的统一体被称为"电磁场"。随时间变化的电场会产生磁场,随时间变化的磁场会产生电场,两者互为因果,形成电磁场。电磁场是电磁作用的媒介和传递物,是物质存在的一种形式,具有能量和动量。电磁场可以由变速运动的带电粒子产生,也可以由强弱变化的电流产生。无论产生的原因是什么,电磁场总是以光速向四周传播,这样就形成了"电磁波"。

电磁场的性质、特征及其运动变化规律由麦克斯韦方程组确定,麦克斯韦方程组由4个微分方程组成。其未知量是电场强度(E)、磁场强度(H)、电通量密度(D)和磁通量密度(B),同时用电荷密度(ρ)和电流密度(J)来描述电荷的存在和运动。这些量用麦克斯韦方程组联系起来,可以描述时变电磁场的物理规律。

$$\nabla \times D = \rho$$
$$\nabla \times B = 0$$
$$\nabla \times E = -\frac{\partial B}{\partial t}$$
$$\nabla \times H = \frac{\partial D}{\partial t} + J$$

第一个方程表示静电场是有源的(单位电荷就是这种电场的源)。

第二个方程表示磁场是无源的(磁单极子不存在或者至此还未发现)。

第三个方程表示变化的磁场可以产生感应电场(这个电场是有旋的)。

第四个方程表示变化的电场可以产生感应磁场(这个磁场是有旋的)。

麦克斯韦方程组在电磁学中的地位,就如同牛顿运动定律在经典力学中的地位。以麦克斯韦方程组为核心的电磁场理论是经典物理学中最引以为豪的成就之一。它所揭示出的电场和磁场相互作用的完美统一为物理学树立了一种信念:物质的各种相互作用在更高的层次上应该是统一的。

在麦克斯韦方程组中,电场和磁场已经成为一个不可分割的整体。该方程组完整而系统地概括了电磁场的基本规律,并预言了电磁波的存在,是电磁场理论的基础和核心。这一理论被广泛地应用到各种技术领域,特别是通信技术领域。

根据电磁场随时间变化的情况不同,可以将其分为以下3种形式。

(1)静电场/静磁场。电场和磁场不随时间变化,但在不同的空间位置可以有不同的值。

（2）时谐电磁场。电磁场随时间的变化是一个正弦函数，但在不同的空间位置可以有不同的幅度和相位，通常可以用复数来表示。

（3）时变电磁场。在某个空间位置的电磁场随时间的变化是一个普通的时间函数，如果变换到频域，则其频谱中包含各种频率分量。

静电场/静磁场的问题可以简化为拉普拉斯方程或者泊松方程，时谐电磁场的问题可以简化为亥姆霍兹方程，这些简化方程比直接求解麦克斯韦方程要容易。在电子工程技术中，静电场/静磁场主要用于计算电容和电感等参数，时谐电磁场主要用于分析天线或微波器件的参数、计算雷达目标的散射截面等。

时变电磁场与静电场/静磁场有着显著的差别，会出现一些由于时变而产生的效应，这些效应有重要的应用并推动了电工技术的发展。时变电磁场产生的电磁波可以作为电子信息的载体而用于信息传输，这就是"无线通信"。

法拉第首先提出了电磁感应定律，指出磁场的变化会产生电场。这个电场与来源于库仑定律的电场不同，它可以推动电流在闭合的导体回路中流动（其环路积分可以不为零），成为感应电动势。现代工业中大量应用的电力设备和发电机、变压器等都与电磁感应作用有紧密联系。由于这个作用，时变电磁场中的大块导体内将会产生涡流和趋肤效应，电气工业中感应加热、表面淬火、电磁屏蔽等都是这些现象的直接应用。

在法拉第的电磁感应定律之后，麦克斯韦又进一步提出了位移电流的概念，位移电流是电位移矢量随时间的变化率。电位移来源于电介质中的带电粒子在电场中受到的电场力的作用，这些带电粒子虽然不能自由流动，但是会发生原子尺度上的微小位移。麦克斯韦将这个概念推广到真空中的电场，并且认为电位移随时间变化也会产生磁场，因而将一定面积上电通量的时间变化率称之为位移电流，而电位移矢量 D 的时间导数（即 $\Delta D/\Delta t$）是位移电流密度。它在安培环路定律中传导电流的基础上，又补充了位移电流的作用，从而总结出完整的电磁方程组（麦克斯韦方程组），精确地描述了电磁场的分布和变化规律。

以上内容可能非常抽象和难以理解，但是无线通信技术研究的并不是电磁场理论，无线通信技术的研究重点是电磁波的传播。

1.2 电磁波的概念

从自然科学的角度来说，电磁辐射是物质能量的一种形式。凡是能够释放出能量的物体，都会释放出电磁辐射，例如，太阳会辐射出红外线、可见光、紫外线、X射线和

γ射线等多种电磁辐射。就像人们一直生活在空气中而眼睛却看不见空气一样，人们可能也看不见无处不在的电磁波，电磁波就是这样一位人类素未谋面的"朋友"。

电磁辐射是"振荡且互相垂直的电场与磁场的结合（向量积）"。电磁辐射在空间以波的形式移动，并有效地传递能量和动量。电磁辐射是由一种被称为光子的量子粒子形成的，人类的眼睛可以接收波长在400～780 nm之间的电磁辐射，因此这个频段的电磁辐射也被称为"可见光"。

电磁辐射最先被麦克斯韦方程组预测，随后被德国物理学家赫兹在实验中证实。麦克斯韦方程组表明，磁场的变化会产生电场，电场的变化也会产生磁场，时变电磁场在这种相互作用下，会产生电磁辐射，即"电磁波"。这种电磁波从场源处以光速向周围传播，在空间的不同位置，根据距场源的距离的长短有相应的时间滞后现象。

电磁波的传播不需要依靠传输媒介，这个特性非常重要。各种电磁波在真空中以光速（3×10^8m/s）传输。光波本身就是电磁波，用于通信的电磁波具有和光波同样的特性，如它通过不同的媒介时会发生反射、散射、折射、绕射和吸收等现象。

电磁波还有一个非常重要的特性，根据坡印廷（英国物理学家）定理，电磁波在传播的过程中会携带能量，可以作为电子信息的传输载体，这为无线通信、广播、电视、遥感、雷达和宇宙探测等新兴技术开辟了道路。

电磁波是横波，电磁波的电场、磁场和传输方向三者互相垂直。电磁波有沿地面传播的地面波，也有在空间传播的空间波。电磁波的波长越长（频率越低），相同距离的衰减越小，同时也越容易绕过障碍物继续传播（绕射）。中波或短波等空间波可以依靠围绕地球的电离层与地面的反复反射而实现远距离传播（电离层距离地面50～400km）。波长更短的微波则主要在空间中直线传播。

电磁波的振幅沿传播方向的垂直方向做周期性变化，其幅度与距离的平方成反比。电磁波本身带有能量，任何位置的能量与振幅的平方成正比。在空间传播的电磁波，距离最近、方向相同且幅度值最大的两点之间的距离就是电磁波的波长。

1887年，德国物理学家赫兹用实验的方法证实了电磁波的存在。之后，人们又进行了许多实验，不仅证明了光就是一种电磁波，而且发现了更多形式的电磁波。它们的本质完全相同，只是波长和频率有很大的差别。

按照波长或频率的顺序把这些电磁波排列起来，就是电磁波谱。如果把电磁波的频率由低至高排列，则它们依次是工频电磁波、低频电磁波、中频电磁波、高频电磁波、微波、红外线、可见光、紫外线、X射线和γ射线等。

1.3

电磁波的传播

在规划、设计和建设一个无线通信系统时，从频段的确定、频率的分配、信号的覆盖范围以及电磁干扰的分析，到最终确定无线设备的参数，都必须依靠对电磁波传播特性的研究并据此进行场强的预测，这是进行系统工程设计、研究频谱有效利用以及电磁兼容性等课题所必须了解和掌握的基本理论。

1.3.1　电磁波的传播方式

电磁波可以通过多种路径从发射机传播到接收机，包括地波、对流层反射波和电离层反射波等，如图1-1所示。

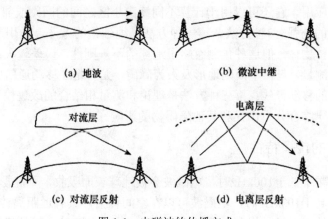

(a) 地波　　　　　　　　(b) 微波中继

(c) 对流层反射　　　　　　(d) 电离层反射

图 1-1　电磁波的传播方式

1　地波

地波即电磁波沿地球的表面传播。地波可以看作以下3种情况的综合：直达波、反射波和表面波。直达波是发射机与接收机之间最简单的传播方式（自由空间传播），也称视距波。直达波沿直线传播，可以用于移动通信、卫星通信和外太空通信。从发射机发出的电磁波也可能会经过地球表面的反射后到达接收机，这就是反射波。直达波和反射波如图1-1（a）所示。移动通信系统的无线传播主要是利用了直达波和反射波这两种传播方式。直达波还可以用于陆地上的视距微波中继通信（两个微波塔之间的通信），如图1-1（b）所示。电磁波在地球表面传播时有些能量会被地面吸收，形成表面波，当能量进入地面时，它会建立地面电流，并不能用于通信。

2 对流层反射波

对流层距地面的高度为8～17km（随季节和纬度而变化），对流层是异类媒介，会由于天气情况而随时变化，反射系数随着高度的增加而减少，这种缓慢变化的反射系数会使反射的电磁波弯曲，产生电磁波散射。对流层反射方式应用于波长小于10m（频率大于30MHz）的无线通信（对流层散射通信），如图1-1（c）所示。

3 电离层反射波

电离层距地面的高度大约是60km，当电磁波的波长小于1m（频率大于300MHz）时，电离层成为反射体。从电离层反射的电磁波可能有一个或多个跳跃，如图1-1（d）所示。这种传播方式可以用于远距离通信。由于折射率的不均匀，电离层也可以产生电波散射。另外，电离层中的流星也能散射电磁波。与对流层一样，电离层也具有连续波动的特性，这种波动是随机的快速波动。

在设计移动通信系统时，研究电磁波的传播特性是非常重要的。因为它可以用于计算蜂窝小区的覆盖场强，在大多数情况下，蜂窝的覆盖区域是几百米到几千米，地波可以在这种情况下应用。它还可以用于计算不同蜂窝小区之间的同频或邻频干扰。

预测电磁波的场强有3种方法。第一种方法是纯理论的方法，适用于分离的物体，如山丘和其他固体物体，但这种预测忽略了地球的不规则性，误差较大；第二种方法是基于各种环境的测量，包括不规则地形及人为障碍，尤其是在移动通信中普遍存在的较高的频率和较低的移动天线；第三种方法是理论和测量相结合的改进模型，基于测量数据和使用反射定律综合分析山丘和其他障碍物的影响。

1.3.2 电磁波的传播特性

当电磁波的频率低于100kHz时，电磁波会被地球表面吸收，不能形成有效的传输。当电磁波的频率高于100kHz时，电磁波可以在空间传播，具有远距离传输的能力。

在无线通信技术中经常提到射频（Radio Frequency，RF）。射频就是射频电流，是高频交流变化的电磁波的简称。无线通信就采用射频传输方式。人们把具有远距离传输能力的高频电磁波称为射频信号，射频信号不是存在于导体中就是以辐射波的形式存在于自由空间（各向同性、无吸收、电导率为零）中。射频信号的传播具有以下特性。

1 趋肤效应

当射频信号存在于导体中时，它只会分布于导体的表面，而不会进入导体内部，射频信号的这种特性称为趋肤效应。如果将射频信号放在一个球形的实心导体上，那么它只会出现在该导体的表面，如果可以将一个检测仪器放到圆球的内部，那么它将检测不到射频信号的存在。

2　吸收

当射频信号在空间传播时，它所遇到的物体都会使射频信号发生一定形式的变化，变化形式主要包括两种：能量变小或者改变传播方向。

当射频信号穿过很多物体时，如空气、雨雪、玻璃、水泥墙、木头甚至植物等，这些物体都会吸收电磁波的部分能量，信号的能量都会变得更小。在无线通信工程中，可以把这些物体看作具有一定插入损耗的某种类型的无源器件。

吸收的一个典型例子是雨雪天气对家庭卫星电视的影响，很多卫星电视接收系统工作在Ku波段（频率为12GHz），所接收的射频信号波长正好接近于平均雨滴或雨滴间隙的大小，这恰恰是吸收的理想条件。天气良好时，接收机接收到的射频信号只经过自由空间的传输损耗，但下雨时，部分信号的能量会被雨滴吸收，到达卫星接收天线的信号就会变弱，如果雨很大，很有可能发生严重的吸收而导致信号中断，造成卫星电视信号无法接收。射频信号穿过雨雪经历了损耗，损失的能量到哪里去了呢？它们被雨滴或雪花吸收并转变成了热能，雨滴或雪花的温度会升高，当然温度变化很小，人们很难感觉到。实际上，在遇到雨雪天气时，很多无线通信系统都会受到不同程度的影响。

人们日常生活使用的微波炉则恰恰是吸收射频信号的能量来工作的。微波炉内辐射出水容易吸收的某个频率的射频信号，当射频信号穿过水时会被水吸收，信号变得越来越弱，水变得越来越热，这就是为什么有水的食物在微波炉中加热更快的原因。

3　反射

射频信号遇到某些物体时还会改变其传播方向，包括反射和折射，在无线通信技术中，电磁波的反射是一个非常重要的特性。就像光照射在镜子表面的反射一样，射频信号也会以遇到物体时相反的角度反射回去。反射与两个因素有关：射频信号的频率和物体的材料。有些材料只是以一定的程度反射电磁波，电磁波可以穿过物体（部分能量会被吸收），如混凝土、木材等；而有些材料会发生完全反射，如金属导体。

如果反射体的表面不是光滑的，反射能量还会由于散射而散布于很多方向，散射的具体情况取决于反射体的表面粗糙度与射频信号的波长的关系。

4　自由空间损耗

射频信号一旦脱离导体边界而在自由空间中活动就形成了电磁波，它们将会经受所谓的自由空间损耗。电磁波的自由空间损耗与低频电路中的电阻损耗是不同的，分析的方法也不同，从"路"的概念发展到"场"的概念，下面以光为例来进行分析。

现在想像一下，打开一个手电筒的电源开关，光从手电筒辐射出来以后开始发散。如果将拇指和食指形成一个圆圈放在手电筒之前，几乎所有的光都可以从圆圈中通过。但是当这个圆圈离开手电筒一定距离之后，大部分光线就不会从圆圈中通过了，这是因为光发散的范围更大了。可以把这个圆圈想像成一个接收机，对于接收机来说，类似于要接收从手电筒（发射机）发射出的光（射频信号），距离越远，所接收到的光（射频信号）就越少。距离远的接收机所接收到的信号功率仅仅是发射机辐射功率的一小部分，大部分能量都向其他方向扩散了，这就是自由空间损耗的概念模型。

忽略其他因素，接收机离发射机越远，所接收到的射频信号就越小，原因就是自由空间损耗。现在可以从手电筒类推，这次不再使用圆圈，而使用一个边长为1m的正方形的框（面积为1m²）。如前面所说，方框距离发射机越远，通过它的电磁波的能量就越少。这时通过它的电磁波的能量是有实际意义的，它的单位是W/m²（瓦特/平方米）或mW/m²（毫瓦/平方米），称之为"功率密度"。功率密度是在空间传播的电磁波信号强度的度量单位，在无线通信技术领域经常会用到它。

1.3.3　自由空间损耗特性

在研究电磁波的传播特性时，特定接收机的接收信号的功率是一个主要特性，随着传播距离的增加，接收信号的强度会逐渐变弱，这称为传播损耗。

首先要研究电磁波在自由空间的均匀媒介条件下的传播特性。在完全没有阻挡的自由空间中，接收信号功率的衰减是波长（或频率）和发射机到接收机距离的函数，距离发射机一定距离的接收机的接收功率为

$$P_r = P_t \cdot \frac{1}{4\pi d^2} \cdot A_e = P_t \cdot \frac{\lambda^2}{(4\pi)^2 d^2}$$

即

$$\frac{P_r}{P_t} = \frac{\lambda^2}{(4\pi)^2 d^2} = \frac{C^2}{(4\pi)^2 d^2 f^2} \tag{1-1}$$

式中，P_r 为接收功率，单位是W或mW；

P_t 为发射功率，单位是W或mW；

d 为发射机到接收机的距离，单位是m；

A_e 为接收天线的有效面积（$A_e = \lambda^2/4\pi$），单位是m²；

λ 为信号波长，单位是m；

f 为信号频率，单位为Hz；

C 为光速（3×10^8 m/s）。

式（1-1）表明，电磁波的自由空间损耗与距离的平方和频率的平方成正比。距离增加1倍，自由空间损耗就增加4倍。同时，频率增加1倍，相同距离的损耗也增加4倍。在实际应用中，人们可以通过增加发射功率和接收天线增益的方法来补偿这些损耗。

在实际工程中，人们一般并不用信号功率的比值（P_r/P_t）来表示路径损耗，而是采用对数衰减的方式。有关自由空间损耗的具体分析将在后面的章节中介绍。

1.3.4　多普勒频移

在无线通信系统中,当发射机和接收机相对快速运动时,还会发生多普勒频移现象。如果移动台在高速运动时接收和发送信号,将会使射频信号的频率发生偏移而影响通信。多普勒频移符合式(1-2)

$$f_1 = f_0 - f_D \cos\theta_1 = f_0 - (v/\lambda)\cos\theta_1 \tag{1-2}$$

式中,f_1 为合成后的频率;

　　　f_0 为工作频率;

　　　f_D 为最大多普勒频移;

　　　θ_1 为多径信号合成的传播方向与移动台行进方向的夹角;

　　　v 为移动台的运动速度;

　　　λ 为波长。

当移动台快速远离基站时,$f_1=f_0-f_D$,接收到的频率降低;当移动台快速靠近基站时,$f_1=f_0+f_D$,接收到的频率升高。当相对运动的速度很快时,多普勒频移的影响必须考虑,而且工作频率越高,多普勒频移越大。

1.3.5　信号衰落

在电磁波的传播过程中,由于传播媒介或传播路径随时间变化而引起接收信号强弱变化的现象称为衰落。其中,信号强度曲线的中值在较大范围内随距离和时间呈现缓慢变化,称为大尺度衰落。而信号强度曲线的瞬时值在很小的距离或很短的时间内呈现快速变化,称为小尺度衰落。大尺度衰落和小尺度衰落并不是两个独立的衰落(虽然其产生的原因不同),小尺度衰落反映的是信号强度的瞬时值,大尺度衰落反映的是瞬时值加权平均后的中值,如图 1-2 所示。

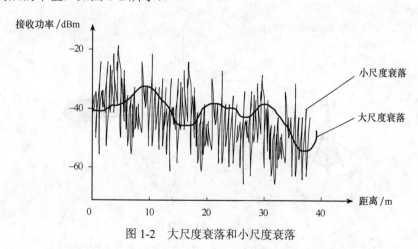

图 1-2　大尺度衰落和小尺度衰落

1 大尺度衰落

大尺度衰落描述的是信号平均电平在较大范围内随地点和时间的变化，它主要是由传输损耗和阴影效应引起的，所以也称阴影衰落。电磁波传播路径上遇有高大建筑物、树林、地形起伏等障碍物的阻挡时就会产生电磁场的阴影。当移动台通过不同障碍物阻挡所造成的电磁场阴影时，接收场强中值就会变化，变化的大小取决于障碍物的状况和工作频率，变化速率不仅和障碍物有关，而且与移动台的速度有关。这种大尺度衰落的场强中值的变化规律服从对数正态分布。

另外，气象条件也会随时间变化，大气介电常数的垂直梯度也会发生缓慢变化，使电磁波的折射系数随之变化，其结果也会造成同一地点的场强中值随时间缓慢变化。统计结果表明，这种情况下的中值变化也服从对数正态分布。在移动通信中，信号中值随时间的变化远小于随地点的变化，因此常常可以忽略这种影响，但是在定点通信系统中，需要考虑大尺度衰落的影响。

大尺度衰落产生的主要原因是路径损耗。其他原因还有障碍物阻挡电磁波产生的阴影效应；电磁波的频率、天气变化、障碍物和移动台的相对速度等。由于信号中值变化在较大范围内随地点和时间的分布均服从对数正态分布，所以它们的合成分布仍服从对数正态分布。

2 小尺度衰落

在一个典型的移动通信系统中，接收机与发射机之间的直达路径很可能被建筑物或其他物体所阻碍，所以在无线基站与移动台之间的通信往往不是通过直达路径完成，而是通过许多其他路径完成的。在微波频段，从发射机到接收机的电磁波的主要传播模式是多径传播，即建筑物、人造物体或自然物体的粗糙表面的反射，如图1-3所示。

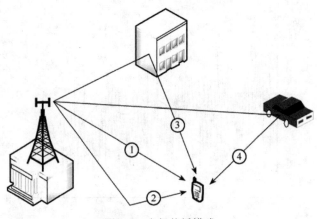

图 1-3 多径传播模式

①—直达波；②—地面反射波；③—建筑物反射波；④—移动物体反射波

这些通过不同的路径到达接收机的所有多径信号分量叠加产生一个合成信号，合成信号的强度取决于这些多径信号分量的相位关系。合成信号的强度在几米的移动距离内可能会有20～30dB（100～1000倍）以上的变化，最大值和最小值发生的位置大约相差1/4波长。大量传播路径的存在就会产生所谓的多径现象，合成信号的幅度和相位会随着移动台的运动产生很大的起伏，这种衰落在性质上属于接收信号电平在小距离或短时间的快速变化，称为小尺度衰落，也称多径衰落。

　　研究表明，如果移动台所收到的每个电磁波分量的振幅、相位和角度是随机的，那么合成信号的方位角和幅度的概率密度函数分别为

$$P_\theta(\theta) = \frac{1}{2\pi} \qquad (0 \leqslant \theta \leqslant 2\pi) \qquad (1\text{-}3)$$

$$P_r(r) = \frac{r}{\sigma^2} \exp\left(-\frac{r^2}{2\sigma^2}\right) \qquad (r \geqslant 0) \qquad (1\text{-}4)$$

式中，σ为标准偏差。

　　式（1-3）表明方位角θ在0～2π是均匀分布的，式（1-4）表明电场强度的概率密度函数服从瑞利分布，所以小尺度衰落也被称为瑞利衰落。

　　产生小尺度衰落的主要原因是多径效应和多普勒效应。

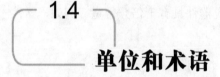

1.4

单位和术语

　　在无线通信技术中，电磁波的频率和功率是两个最基本的概念，与此相关的还有带宽、增益和损耗、信噪比、阻抗匹配等。

1.4.1　频率和带宽

　　无线通信技术中有一个非常重要的概念是"频率"。"频率"一词在无线通信技术中非常重要。如果读者计划开始无线通信技术的学习，就一定要了解频率。

　　以正弦波信号为例，信号在1s内完成完整正弦波的次数（即每秒震荡的周期数）就是信号的频率，单位为赫兹（赫兹是德国物理学家，验证了电磁波的存在，故频率的国际单位以其命名），符号为 Hz。电磁波的振荡速度非常快，例如，全球移动通信系统（Global System for Mobile Communication，GSM）使用的信号频率大约为900MHz（9×10^8 Hz），也就是说在1s内振荡9亿次，按照今天的标准，这还不是一个很高的频率。

　　频率的概念是理解无线通信技术的基础，无线通信技术中所涉及的所有内容几乎都是与频率相关的。可以依据信号频率将不同的信号区分开，也可以根据频率将一个射频信号和另一个射频信号隔离，还可以根据频率区分不同的无线应用。

　　（1）我国使用的交流电源的频率是50Hz。

（2）我国调频广播的频率是87.5～108 MHz。

（3）移动通信系统使用的频率范围是800～2500 MHz。

（4）卫星通信系统使用的频率范围是3～30GHz。

"带宽"也是无线通信技术中常用的术语。知道了频率的概念，理解带宽就不会很困难。带宽是描述频率范围的参数，它是器件或应用中最高频率和最低频率的差值，所以需要两个频率值来定义带宽。若某个移动通信系统使用的频率范围是870～880 MHz，也可以表示为（875±5）MHz，它的中心频率是875MHz，则系统带宽就是10MHz。

带宽和数据的承载能力（数据速率）有直接关系。无线通信系统的带宽越宽，在一定时间内能够承载的数据就越多，数据速率就越高。在实际应用中可以采用许多技术手段来提高带宽的利用率，达到在有限的带宽内传输更多数据的目的，如调制、数据压缩、频率复用等技术。无线通信系统的核心技术之一就是如何利用有限的带宽支持更多的用户和更高的数据速率，对于数字通信就是提高带宽效率。

与带宽有关的另外两个术语是倍频和十倍频，倍频指2倍，十倍频指10倍。如果器件的上边频是下边频的2倍，那么器件就具有倍频带宽，例如，器件工作在100～200MHz就具有倍频带宽。如果器件的下边频是100MHz，上边频是400MHz，那么器件就具有两个倍频带宽。设备带宽大于一个倍频的都可以称为多倍频带宽。

如果器件的上边频是下边频的10倍，那么可以说器件具有十倍频带宽。例如，器件工作于100～1000MHz，就是一个十倍频带宽。

1.4.2 功率

无线通信技术中还有一个非常重要的概念是"功率"，测量单位是瓦特（瓦特是英国工程师，发明了蒸汽机，功率的单位以其命名），单位符号为 W，在移动通信系统中常用的测量单位是毫瓦（mW），即10^{-3} W。和功率相关的概念是能量，即功率×时间，单位是焦耳（J），1J＝1W×s。在无线通信技术中，功率和能量两个词经常替换使用。

与功率和能量密切相关的两个词是电压和电流。电压就是一种电能势，它分为两种：交流电压（AC）和直流电压（DC）。墙上的电源插座提供的电压类型是交流电压，电池所提供的电压类型是直流电压。电流是由于电荷发生定向移动而生成的，与电压一样，电流也可以是交流和直流。电压、电流和功率之间确切的关系很简单：功率＝电压×电流。

与电压和电流相关并经常使用的一个重要的名词是"电路"，电路就是电材料之间的互连，电路经常被加工在印制电路板（Printed Circuit Board，PCB）上。如果读者曾经看到过计算机或其他电子设备的内部结构，就会看到PCB，它是一块覆盖了电子材料的硬而薄的塑料板。

1.4.3 损耗和增益

信号以射频的形式存在于发射机或接收机中，沿着某些导体流动，在这个过程中，会遇到很多不同的称为器件或元件的物体。表面上，有成千上万种不同的元器件存在，但所有元器件都可归纳为有源和无源两类。区别很简单，需要供电装置才能工作的称为有源器件，反之称为无源器件。所有的有源和无源器件都会呈现出损耗特性或者增益特性，损耗和增益都是与功率相关的概念。

如果输出信号小于输入信号，表明该器件有"损耗"。任何信号通过一个器件表现出损耗现象时可以称为经历了衰减或被衰减。有很多具有损耗特性的器件，既包括无源的，也包括有源的。一个能量大的射频信号输入，变成一个能量小的射频信号输出，剩下的那部分会转变成热能，表现出损耗特性的器件将会变热，损耗越大就越热，甚至熔化。这一点要特别注意。在实际工程中使用无源器件时，要特别注意选择无源器件的功率容量。

如果输出的信号能量大于输入的信号，表明该器件有"增益"，这样的器件一般称为放大器，所有的放大器都是有源器件。在手机中，电池就和若干个放大器相连接，如果没有电池，手机将完全无法工作。

在通信系统中，放大器是一个非常重要的器件，因为射频信号在传输过程中会通过大量呈现损耗特性的环境（如电缆、无源器件、空间传输等），当功率无法满足要求时，就需要通过放大器对信号进行放大和补偿。

图1-4所示为损耗和增益的器件。图1-4（a）中的信号通过一个无源器件后经历损耗，输出信号比输入信号小，这个器件称为衰减器（Attenuator）。图1-4（b）中的信号通过一个有源器件后经历增益，信号被放大，这个器件称为放大器（Amplifier）。

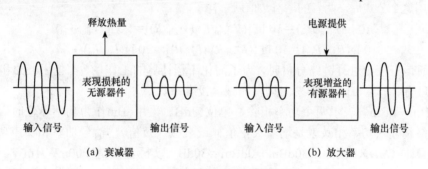

图 1-4　表现损耗和增益的器件

如果放大器输出的信号是输入信号的10倍，那么该放大器的放大倍数为10。如果有两个这样的放大器串联，总的放大倍数将是100（10×10），即信号放大10倍后，再放大10倍，最后的信号将是原始信号的100倍，这是简单的乘法。

无源器件会表现出和放大器正好相反的行为，如果从一个无源器件中出来的信号是进入信号的1/10，那么该器件的损耗商数为10，将输入信号除以10就得到输出信号的幅度。如果输入信号为10W，经历的损耗商数为10，输出信号将是1W（10W/10）。工程师们一般将射频信号通过一个无源器件所经历的损耗称为该器件的插入损耗。

但是，在通信工程中，为了方便计算，工程师们并不直接使用放大倍数和损耗商数，而是引入了分贝（dB）的概念，这个概念非常重要。

1.4.4 分贝的使用

在通信技术中需要理解一个很重要的单位，即"分贝"，其单位符号为dB。分贝本身是一个纯计数单位，本意是两个量的比值大小的对数，没有单位。

（1）对于功率：$P_{\mathrm{dBm}}=10\lg(P_{\mathrm{mW}})$。

（2）对于增益或衰减：$G_{\mathrm{dB}}=10\lg(P_{\mathrm{out}}/P_{\mathrm{in}})$ 或 $L_{\mathrm{dB}}=10\lg(P_{\mathrm{in}}/P_{\mathrm{out}})$。

在无线通信工程中，射频信号的功率单位一般都是采用dBm。例如，若$P_{\mathrm{mW}}=100000\,\mathrm{mW}=10^5\,\mathrm{mW}$，则若$P_{\mathrm{dBm}}=10\lg(P_{\mathrm{mW}})=10\lg(10^5)=50\,\mathrm{dBm}$；若$P_{\mathrm{mW}}=0.000000000000001\,\mathrm{mW}=10^{-15}\,\mathrm{mW}$，则$P_{\mathrm{dBm}}=10\lg(P_{\mathrm{mW}})=10\lg(10^{-15})=-150\,\mathrm{dBm}$。

在无线通信工程中，放大器增益的单位都采用dB。放大器输出功率与输入功率的比值是放大倍数，单位是"倍"，如10倍放大器，100倍放大器。当改用dB作为单位时，放大倍数就称为"增益"，10倍放大器的增益是10dB，100倍放大器的增益是20dB，这是一个概念的两种称呼。

在电子工程学中，dB与放大倍数的对应关系如下。

功率增益：$G_P(\mathrm{dB})=10\lg(P_{\mathrm{out}}/P_{\mathrm{in}})$。

电压增益：$G_V(\mathrm{dB})=20\lg(V_{\mathrm{out}}/V_{\mathrm{in}})$。

电流增益：$G_I(\mathrm{dB})=20\lg(I_{\mathrm{out}}/I_{\mathrm{in}})$。

电压/电流增益和功率增益的公式是不同的，但功率与电压、电流的关系是$P=V^2/R=I^2R$。采用这个公式后，两者的增益数值就一样了。

$$10\lg(P_{\mathrm{out}}/P_{\mathrm{in}})=10\lg[(V^2{}_{\mathrm{out}}/R)/(V^2{}_{\mathrm{in}}/R)]=20\lg(V_{\mathrm{out}}/V_{\mathrm{in}})$$

或
$$10\lg(P_{\mathrm{out}}/P_{\mathrm{in}})=10\lg[(I^2{}_{\mathrm{out}}R)/(I^2{}_{\mathrm{in}}R)]=20\lg(I_{\mathrm{out}}/I_{\mathrm{in}})$$

在通信工程中进行链路分析时，为了简化工程计算的工作量，都使用dBm和dB作为单位来进行计算，dBm和dB之间只有加减，没有乘除。

"dBm－dBm"表示两个功率相除，单位为dB。采用dBm作为功率单位时，信号的输出功率和输入功率相减就是增益（正值）或衰减（负值），信号功率和噪声功率相减就是信噪比（S/N）。例如，30dBm－0dBm＝30dB，实际含义是1000mW/1mW＝1000。

"dBm＋dBm"表示两个功率相乘，这没有实际的物理意义，在进行通信系统的链路分析时，要特别注意不能使用dBm之间的相加运算。

"dBm±dB"表示功率与放大倍数相乘（或功率与损耗商数相除），单位仍然是dBm。例如，0dBm＋30dB＝30dBm，其实际含义是1mW×1000＝1000mW。

"dB±dB"表示放大器或衰减器级联，单位仍然是dB。例如，10dB＋20dB＝30dB，其实际含义是10×100＝1000。

使用dB作为增益或损耗的单位主要有三大好处。

（1）数值变小，读写方便。一个通信系统总的放大倍数（或衰减商数）常常是几千、几万甚至几十万。例如，一个收音机从天线收到信号到送入扬声器输出声音，一共要放大20 000倍左右，如果用分贝表示为43dB，数值就小得多。

（2）加减计算，运算方便。放大器/衰减器级联时，各级的增益/损耗相加减就是总增益/损耗。输入功率（dBm）和增益/损耗（dB）相加减就是输出功率。

（3）数值直观，估算方便。声音功率从0.1W增加到1.1W时，听到的声音会响很多；从1W增加到2W时，响度相差不是很多；而从10W增强到11W时，几乎听不出响度的差别。如果用功率的绝对值表示则都是增加了1W，用增益表示则分别增加了10.4dB（0.1W增加到1.1W），3dB（1W增加到2W）和0.4dB（10W增加到11W），这就比较直观地反映出了听到的响度差别，家用音响的音量旋钮刻度都标示dB。

在使用dB时，需要注意：+3dB指的是原来的功率的两倍（乘以2）；−3dB称为半功率点（这时的功率是正常功率的一半）；+10dB指的是原来的功率的10倍（乘以10），+X0dB指的是原来功率的10^X倍；0dB则表示没有变化。还有一点要注意，0dBm不是没有功率，其对应的功率是1mW；−X0dBm对应的功率是10^{-X}mW。

1.4.5 阻抗匹配

阻抗匹配在射频电路设计中是一个常用的重要概念，阻抗匹配是微波电子学中的一部分，主要用于传输线，保证沿着线路传输的高频或微波信号能有效地传送到负载点，不会（或很少）有信号会被反射，从而提高传输效率，阻抗匹配好则传输效率高。

高频电路的阻抗和低频电路中的电阻不是一个概念，简单地说，阻抗就是电阻、电容抗及电感抗的向量和。阻抗匹配是指负载的阻抗与激励源的内部阻抗互相适配，从而得到最大功率输出的一种工作状态。对于不同特性的射频电路，达到阻抗匹配的条件也不一样。

在纯电阻电路中，当负载电阻等于激励源内阻时，输出功率最大，这种工作状态称为匹配状态，否则称为失配状态。当负载阻抗和激励源的内部阻抗含有电抗成分时，为了保证负载得到最大功率，负载阻抗与内部阻抗必须满足"共轭"关系，即电阻成分相等、电抗成分数值相等而符号相反，这种匹配条件称为"共轭匹配"。

1 50Ω 和 75Ω 阻抗

在射频信号进入自由空间成为辐射形式的电磁波之前，会在传输导体或器件内部传输。每个器件都有一个输入端口或输出端口，或者两者都有。如果射频信号需要从一个器件进入另外一个器件，则这两个器件之间就需要连接。工程师将设备接口的阻抗进行了标准化，这样一个公司生产的器件就可以和另一个公司生产的器件匹配工作，只有很小的信号损失。在通信工程中，射频信号的标准阻抗是50Ω，欧姆是阻抗的度量单位，它描述射频信号通过器件连接端口的阻抗值。

之所以选择50Ω只是一个巧合，在第二次世界大战期间，军队需要连接一些50Ω阻抗的天线，于是他们开发出了50Ω的电缆（后来称为RG-58）并大量使用，其他需要连接的设备也都适应了50Ω。这样的模式一直延续到现在。

50Ω并不是最佳的，以射频电缆为例，75Ω的电缆性能更好一些（衰减更小）。它是后来开发的，主要用于有线电视系统。相应地，现在有两种阻抗标准：大部分通信系统使用50Ω，有线电视系统使用75Ω。这两种系统之间可以互连，对于低功率（mW级）和低频率（300MHz以下）的信号，直接连接50Ω和75Ω的器件不会有什么问题，但在更高的功率或频率连接时必须考虑阻抗转换电路。

2 驻波比

为了衡量阻抗不匹配造成的传输损耗，射频工程师提出了一个专业术语，即电压驻波比（Voltage Standing Wave Ratio，VSWR），简称驻波比。VSWR是描述阻抗匹配情况的度量数值。VSWR的概念比较复杂，而且它没有度量单位，它的表达方法是R:1。R越小，阻抗匹配越好，传输损耗越小；R越大，阻抗匹配越差，传输损耗越大。

VSWR的基本含义见表1-1。

表 1-1　VSWR 的数值含义

VSWR	含　义
1.0：1	理想匹配。没有损耗，实际工程中是不可能实现的
1.1：1～1.4：1	良好匹配。损耗很小，一般作为工程设计的技术标准
1.5：1～2.0：1	一般匹配。损耗较大，一般在实际工程中可以勉强接受
大于 2.0：1	不合格匹配。损耗很大，在实际工程中需要解决
∞	完全失配。全反射，在实际工程中要绝对避免

3 回波损耗

在通信工程中，经常使用另外一个更容易理解的阻抗匹配的度量术语，称为回波损耗（Return Loss，RL）。回波损耗直接反映的是入射信号功率（P_{in}）与反射信号功率（P_r）关系，单位是dB。

$$R_L(\text{dB})=10\lg(P_{in}/P_r)=P_{in}(\text{dBm})-P_r(\text{dBm}) \tag{1-5}$$

与回波损耗相关的一个概念是电压反射系数，即

$$\Gamma=(V_r/V_{in}) \tag{1-6}$$

回波损耗与电压反射系数的关系如下。

$$R_L=20\lg(1/\Gamma)=-20\lg(\Gamma) \tag{1-7}$$

VSWR与反射系数的关系如下。

$$VSWR=(1+\Gamma)/(1-\Gamma) \tag{1-8}$$

从以上公式可以看出，VSWR值越大，回波损耗越小，反射功率越大，匹配越差；VSWR值越小，回波损耗越大，反射功率越小，匹配越好。在通信工程中，回波损耗和驻波比有时候会交叉使用，要注意它们是同一个技术指标（阻抗匹配）的两种描述方式。在通信工程中，直接测量的一般是回波损耗。回波损耗与VSWR的换算关系

见表1-2。

表 1-2　回波损耗与 VSWR 的换算

回波损耗/dB	电压反射系数	VSWR	匹配情况
∞	0	1.0 : 1	理想匹配（不存在）
20	0.1	1.2 : 1	良好匹配
14	0.2	1.5 : 1	一般匹配
9.5	0.3	2.0 : 1	不合格匹配
0	1	∞	完全失配（全反射）

4　不良匹配的后果

实际工程中，射频信号的能量沿着传输方向返回时称为反射。由于没有理想匹配，实际上总会有一些射频信号会被反射。通常被反射的射频信号功率很小而不被注意，但是在匹配很差的情况下，会有大量的射频信号功率被反射，系统将无法正常工作，甚至会由于大量的功率返回而损坏发送设备，在通信工程中，这种很差的匹配必须绝对避免。

本 章 小 结

电磁场和电磁波的理论分析是一项极其复杂的学科，需要大量的物理学和高等数学知识，这往往成为无线通信专业学习的一个难题。在这里需要注意，无线通信技术的核心是研究电磁波的传输，而并不是研究电磁场和电磁波的理论。明确了这一点，作为无线通信行业的工程技术人员就可以将学习的重点放在关注电磁波的传播特性上，反射、吸收、损耗、衰落等都是与无线通信直接有关的重要特性，是本书研究的重点。

练 习 题

1．电磁场根据随时间变化的情况可以分为几种？无线通信技术研究哪一种？
2．什么是电磁波？电磁波的主要传播方式和传播特性有哪些？
3．电磁波的自由空间损耗与距离和频率的关系是什么？
4．什么是多普勒频移？其基本特性是什么？
5．GSM的下行频带是935～960MHz，中心频率和系统带宽是多少？
6．某放大器的输出功率为30dBm，对应的功率为多少W？
7．某放大器的增益为33dB，对应的放大倍数是多少？
8．某放大器的增益为20dB，要使其输出功率为1W，输入信号功率应当是多少dBm？
9．某器件回波损耗的测量结果是18dB，匹配情况如何？

第2章

无线通信系统

无线通信是利用电磁波信号可以在自由空间中传播的特性进行信息交换的一种通信方式。近年来，无线通信的应用已深入到人们生活和工作的各个方面，移动通信系统、无线局域网（WLAN）、蓝牙、卫星通信系统、微波通信系统、数字广播和电视等都是最热门的无线通信技术应用的领域。

本章重点内容如下：

- 交换的必要性。
- 无线通信的频段。
- 无线通信的工作方式。
- 无线通信系统的组成。
- 典型的无线通信系统。

2.1

无线通信的频段

无线通信的传输介质是电磁波，电磁波的频率范围很宽，从极低频一直到 γ 射线。在无线通信应用的初期，使用的频率比较低，频率范围也比较窄，主要局限于长波和中波。随着无线通信技术的不断进步，使用的频率逐步提高，目前无线通信使用的频率从超长波到亚毫米波，还包括更高频率的光波。其中，移动通信主要使用微波频段的分米波（300～3000MHz），厘米波（3～30GHz）主要用于卫星通信和微波中继通信。

无线通信使用的电磁波的频率范围见表2-1。

表 2-1 无线通信使用的电磁波的频率范围

频段名称	频率范围	波段名称		波长范围
极低频（ELF）	3～30 Hz	极长波		10～100 Mm
超低频（SLF）	30～300 Hz	超长波		1～10 Mm
特低频（ULF）	300～3000 Hz	特长波		100～1000 km
甚低频（VLF）	3～30 kHz	甚长波		10～100 km
低频（LF）	30～300 kHz	长波		1～10 km
中频（MF）	300～3000 kHz	中波		100～1000 m
高频（HF）	3～30 MHz	短波		10～100 m
甚高频（VHF）	30～300 MHz	超短波（米波）		1～10 m
特高频（UHF）	300～3000 MHz	微波	分米波	1～10 dm
超高频（SHF）	3～30 GHz		厘米波	1～10 cm
极高频（EHF）	30～300 GHz		毫米波	1～10 mm
至高频（THF）	300～3000 GHz		亚毫米波	0.1～1 mm
光频	100～1000 THz	光波		300～3000 nm

无线通信行业内部又常常把部分微波波段分为L、S、C、X、Ku、K、Ka等波段或称子波段，见表2-2。

表 2-2 无线通信中所使用的部分微波波段

波段代号	频率范围/GHz	波长范围/cm
L	1～2	15
S	2～4	7.5
C	4～8	3.75
X	8～13	2.31
Ku	13～18	1.67
K	18～28	1.07
Ka	28～40	0.75

2.2 无线通信的工作方式

无线通信的工作方式可以分为单向通信和双向通信两大类别，而后者又分为单工通信方式、半双工通信方式和全双工通信方式3种。

1 单向通信方式

所谓单向通信方式就是指通信双方中的一方只能发送信号，而另一方只能接收信号，不能互逆，收信方不能对发信方直接进行信息反馈。陆地移动通信系统中的无线寻呼系统就采用单向通信方式，寻呼机只能接收信息而不能发送信息。无线广播和电视也是一种典型的单向通信方式，收音机和电视机只具备接收功能。

2 双向单工通信方式

双向单工通信方式就是指通信的双方只能交替地进行发信和收信，收发不能同时进行。常用的对讲机就采用这种方式。通常情况下，天线与收信机相连（收信机工作，发信机不工作）。当一方需要讲话时，按下"送话"开关，天线与发信机相连（发信机开始工作，收信机停止工作），而另一方的天线仍接至收信机，可以接收到对方发送的信号，如图2-1所示。

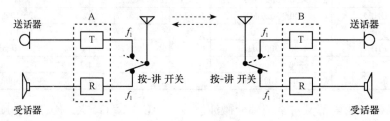

图 2-1　双向单工通信方式示意图

3 双向半双工通信方式

双向半双工通信方式的一方使用双频双工方式，可以同时收发；另一方则使用双频单工方式，发信时要按下"送话"开关。这种方式的典型应用是集群调度系统，调度中心采用双频双工方式，"手台"采用双频单工方式，如图2-2所示。

4 双向全双工通信方式

双向全双工通信方式是指通信双方都可以同时进行发信和收信，收信与发信一般使用不同的工作频率，称为频分双工（Frequency Division Duplexing，FDD），这时通信双方的设备需要双工器来完成收信和发信的隔离。收信与发信也可以使用相同的频率，在不同的时间发送信号，称为时分双工（Time Division Duplexing，TDD），这时通信双方的设备需要射频开关来完成收信和发信的隔离。蜂窝移动通信系统就是采用双向全双工通信方式，如图2-3所示。

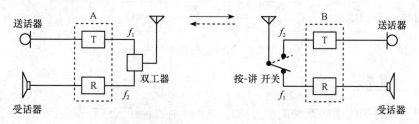

图 2-2　双向半双工通信方式示意图

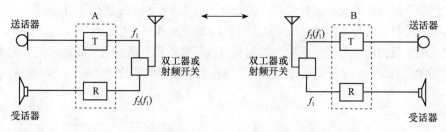

图 2-3　双向全双工通信方式示意图

2.3

无线通信系统的组成

利用电磁波的辐射和传播特性，经过自由空间进行信息传送的通信方式称为无线通信（Wireless Communication）。利用无线通信技术组成的通信系统就是无线通信系统，可以传送电话、传真、数据、图像以及广播电视节目等通信业务。无线通信系统一般由发信机、收信机和与其连接的天馈系统（天线和馈线）构成，如图2-4所示。

图 2-4　无线通信系统的基本构成

1 发信机

发信机的主要作用是将需要传送的信源信号发送出去。首先用信源信号对高频载波（正弦波）进行调制形成调制载波，调制载波经过中频放大、变频和滤波后成为射频载波，最后将射频载波送到功率放大器经过放大后再送至天线发射出去，如图2-5所示。

图 2-5　发信机的基本组成

2 天馈系统

天馈系统是无线通信系统的重要组成部分，主要包括天线和馈线。

天线的主要作用是把发信机送来的射频载波变换成空间电磁波辐射出去（发射）或者把接收到的空间电磁波变换成射频载波送给收信机（接收）。按照规范性的定义，天线就是把导航模式的射频信号变换成扩散模式的空间电磁波及其逆变换的传输模式转换器。

馈线的主要作用是把发射机输出的射频载波高效地送至天线，实现此功能一方面要求馈线的衰耗要小，另一方面要求其阻抗应当与发射机的输出阻抗和天线的输入阻抗相匹配。

3 收信机

收信机的主要作用是将天线接收的射频载波恢复成信源信号并送给接收者（信宿）。收信机的工作过程实际上是发信机的逆过程，首先对接收到的射频载波（经过空间传输后的微弱信号）进行低噪声放大，然后经过变频、滤波和中频放大后恢复为调制载波，最后解调并还原为信源信号送给接收者，如图2-6所示。

图 2-6　收信机的基本组成

这里需要说明的是，实际应用的无线通信系统大多数采用双向全双工的通信方式，即通信的双方都有发信机、收信机以及与其相连的天馈系统，这时收信机和发信机一般会做在一起而且带有双工器，称之为收发信机，如图2-7所示。

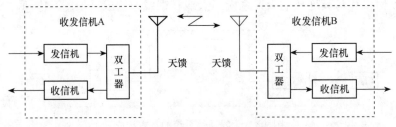

图 2-7　实际应用的双向无线通信系统

2.4 无线通信系统的数字化

　　早期的无线通信系统基本上都采用模拟调频技术。虽然模拟系统也有一定的数据传输能力，但作为通信系统主要业务的话音通信是采用模拟传输方式的。

　　模拟无线通信系统的产生是由它的时代背景决定的，20世纪70～80年代，模拟无线通信技术已经趋于成熟，在使用蜂窝概念组成大规模覆盖的公共移动通信系统时，采用模拟无线通信技术是一个必然的选择。

　　模拟蜂窝移动通信系统发展迅速，获得了很大成功，但是由于受到技术的限制，从它的产生之日起就暴露出了很多问题，这些问题可以归纳为以下两大类。

　　第一类问题发生在模拟蜂窝移动通信系统产生的初期，是因为当时的一些技术或方案还不成熟而引起的。例如，在蜂窝系统运行的最初几年，实际性能往往达不到设计要求，主要表现是呼叫容易中断和移动台越区时经常被误接到错误的小区，并且由于覆盖规划不合理，许多区域的话音质量相当差。这些问题是建立任何一个新系统的初期都可能会遇到的问题，更何况蜂窝系统的规模和复杂程度大大超过以往的固定和移动电话系统，出现这些问题不足为怪。在取得一定的运行经验之后，这些问题可以逐步地解决，话音质量可以通过加强覆盖和增设基站来改善，呼叫处理问题可以通过软件的完善来解决。

　　第二类问题则是与系统采用模拟技术紧密相关的，不能单纯地通过改进操作过程和改善某项技术来解决，概括说来，模拟蜂窝系统的主要缺点如下。

　　（1）频率利用率较低。

　　（2）提供的业务种类有限，特别是不能提供高速数据业务。

　　（3）保密性差，易被窃听。

　　（4）移动设备成本高，体积大。

　　（5）网络管理与控制存在很多问题。

　　这类问题很难在模拟调频技术这个框架内得到解决，这样，就产生了必须突破模拟技术束缚的需求。同时，随着通信技术本身的迅速发展，数字通信技术也日趋成熟，这就为蜂窝系统从模拟通信系统发展到数字通信系统奠定了基础。

　　数字蜂窝移动通信系统能够很好地解决这些问题，其主要优点如下。

1　频谱利用率高

　　对于公共移动通信系统来说，系统容量一直是首要问题之一，需要不断提高系统容量，以满足日益增长的移动用户的需求，大幅度提高系统容量是无线通信系统从模拟技术向数字技术发展的主要推动力之一。

　　模拟蜂窝系统相对于早期的无线通信系统而言，它实现了频率复用，在一定程度上提高了系统容量，但是随着移动用户数量的急剧增长，模拟系统所能提供的容量仍然远远不能满足用户要求。关键问题是模拟系统的频谱利用率低，采用25～30kHz的信道间隔，而模拟调频技术很难再进一步压缩调制信号的频谱，限制了频谱利用率的提高。

　　相比之下，数字系统可采用各种技术来提高频率利用率。首先是可以采用低速话音编码技术，在信道间隔不变的情况下就可以增加通话数量。其次是采用高效数字调制解调技术，进一步压缩调制信号的带宽，从而提高频谱利用率。另外，模拟蜂窝系统的多址方式只能采用频分多址（FDMA），一个载波只能传送一路话音，而数字蜂窝系统可以采用时分多址（TDMA）和码分多址（CDMA）等先进技术，一个载波可以传送多路话音，虽然每个载波所占用的频谱较宽，但由于采用了高效的话音编码和调制解调技术，整体的频谱利用率比模拟系统提高了许多。低速话音编码技术和高效数字调制解调技术仍然在不断发展，这就使得数字系统还具有进一步提高频谱利用率的潜力。

2　能提供综合业务服务

　　除了话音业务以外，还可以传输数据、图像和视频等业务。由于系统中传输的是统一的数字信号，很容易实现与综合数字业务网（Integrated Service Digital Network，ISDN）的接口，这极大地提高了数字蜂窝系统的业务功能。模拟蜂窝系统中虽然也可以传输有限的数据业务，但必须占用一个模拟话路来实现，首先在基带对数据信息进行数字调制形成基带信号，然后再调制到载波上形成调频信号进行无线传输。这种所谓的二次调制方式的数据传输速率很难提高，一般只能达到1.2kbps或2.4kbps，这种速率远远不能满足用户的要求。现在，各种固定数字宽带通信系统已经十分普及，用户的数据业务要求日益增加，作为固定网络的扩展和延伸的移动系统需要提供与固定网络相当的业务能力，模拟技术显然已经不能适应这种要求，这也促使蜂窝移动通信系统从模拟技术向数字技术发展。

3　用户的信息安全性好

　　无线通信系统的信息安全性比有线通信系统差，这是因为电磁波的传播是开放的，容易被窃听。长期以来，信息安全问题一直是无线通信系统设计者重点关注的问题。在蜂窝系统的发展初期，蜂窝系统的设计者并没有特别考虑通话的保密问题，当蜂窝无线通信系统投入使用后，信息安全的问题就开始暴露出来了。在模拟系统中，信息安全问题很难解决，虽然采用所谓倒频技术或模-数-模方式也可以实现模拟无线信号的保密传输，但成本较高，话音质量也会受到影响。相反，对于数字信号来说，保密很容易实现，数字加密的理论和实用技术都已经发展成熟。可以说，只有采用数字传输技术才能真正解决信息安全问题。

4　抗信道衰落的能力强

　　对于蜂窝移动通信系统来说，无线信道的衰落特性是影响无线传输质量的主要原因，必须采用相应的技术措施加以克服。模拟系统的主要抗衰落技术是分集接收技术。在数字系统中，除了分集技术以外，还可以采用扩频、跳频、交织、均衡以及信道编码等技术，这些都得益于日趋成熟的数字信号处理技术。数字系统的抗衰落性能比模拟系统要好得多，所以数字无线系统的传输质量较高、话音质量好。

5 能实现更有效和更灵活的网络管理

对于任何一种大规模的通信系统来说，网络管理都是至关重要的，它将直接影响到是否能有效地实现系统所提供的各种服务。在蜂窝移动系统中，管理与控制是依靠各种数字信令来实现的。在模拟系统中，信令信息以数字信号的方式传输，而用户信息是模拟信号，这种矛盾增加了网络管理与控制的难度，有时还会造成问题。例如，当移动用户正在通话时，系统插入控制信令在技术上就比较复杂。而在数字系统中，在用户话音比特流中插入控制比特是很容易实现的，这就是信令和用户信息统一成数字信号后带来的好处。另外，数字系统采用了时分多址或码分多址等多址方式，这在网络管理与控制方面带来了更多的好处。例如，当采用时分多址方式时，移动台用户信息的发射和接收都不是连续的，可以利用空闲时间来传送控制信息；当采用码分多址方式时，由于相邻小区使用同一个码分多址无线信道，所以移动台越区切换不必转换频率，只需要按小区改变相关码字即可，这称为"软切换"。总之，全数字化的蜂窝无线通信系统能实现高质量的网络管理与控制。

数字蜂窝无线系统的优点还有很多。例如，可以降低基站和用户终端的成本，可以进一步缩小用户终端的体积等。从20世纪80年代中期开始，在用户需求和技术发展的双重推动下，蜂窝移动通信系统已经从模拟系统过渡到数字系统。目前，第一代的模拟蜂窝系统已经被完全淘汰，正处于第二代数字蜂窝系统向第三代数字蜂窝系统过渡的过程。今后十年将是第三代系统的发展时期，其体制和技术对未来移动通信系统将会产生重大影响。

2.5

典型的无线通信系统

无线通信技术最典型的应用之一是移动通信，即利用无线信道实现移动用户之间或移动用户与固定用户之间的通信。移动通信系统通常是一个有线技术和无线技术相结合的综合通信系统，用户终端与通信系统之间的接入链路采用无线方式，由于用户终端"可移动性"的特点，使人们随时、随地进行各种信息交互的愿望成为现实。

无线通信系统的应用经过了几个发展阶段，从单向的无线寻呼，到固定电话的无线延伸，再到现在的数字蜂窝移动通信系统。

2.5.1　无线寻呼系统

　　无线寻呼系统是一种传送简单信息的单向通信系统，它由寻呼控制中心、基站和寻呼接收机（简称寻呼机，俗称BP机或BB机）3部分组成，如图2-8所示。

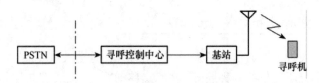

图 2-8　无线寻呼系统的网络结构

　　这里所说的简单信息，是指可以由寻呼机的液晶显示器显示的汉字或由数字和字母组成的一组代码，用来表示主叫用户的电话号码、姓名与呼叫相关的内容。所谓单向是指该系统仅为公用交换电话网（PSTN）用户呼叫寻呼机提供服务，寻呼机只能接收和显示信息，被叫用户若想与主叫方联系则需要通过电话来进行。

　　当用户要寻找寻呼机时，可以通过PSTN拨叫寻呼台的电话号码及被叫寻呼机的号码，系统首先进行鉴权，确认寻呼号码是否为有权用户，然后再将呼叫信息按一定的格式编码，由基站发射机发出，寻呼机收到信息后进行解码并将信息显示在液晶显示器上。若被叫的寻呼机不是本系统的合法用户，则呼叫信息不予发送。

　　由于寻呼机的体积小、重量轻、费用低廉，所以寻呼系统在20世纪90年代前后得到了广泛的应用，在蜂窝移动通信系统大规模普及之前，寻呼系统是主要的移动通信手段。

2.5.2　无绳电话系统

　　无绳电话系统是PSTN的一种无线延伸，它主要由基站和移动终端组成，如图2-9所示。

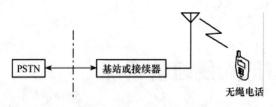

图 2-9　无绳电话系统的组成

　　为了防止彼此干扰，无绳电话系统的发射功率较低，一般基站的发射功率小于1W，无绳电话发射功率小于0.5W。所以服务范围有限，通常在室外开阔地带服务范围大约为200m，楼群之间服务范围大约为100m，室内服务范围大约为50m。

　　早期的无绳电话系统只是将与PSTN相连的用户线路以无线的方式加以延伸，给市话用户提供了一定范围内的有限移动性，并且最初只是用于家庭内部。20世纪80年代末英国提出了第二代无绳电话系统CT2，将无绳电话系统的应用范围由室内推向了室外，由模拟系统发展为性能优良的数字系统，形成了公用无绳电话系统。CT2具有两种基站，提供两种类型的服务。一种是家用基站，每个基站对应一个电话号码，注册手机可以实现双向呼叫。另一种是公共场所使用的公用基站，通常将之安装在话务量较高的热点地区。CT2系统的结构如图2-10所示。

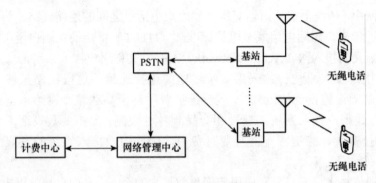

图 2-10　CT2 系统的结构

2.5.3　集群调度系统

集群调度系统是一种专用移动通信系统，主要由控制中心、基站调度台和移动台组成，如图2-11所示。

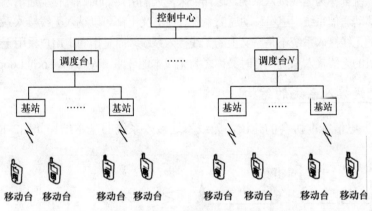

图 2-11　集群调度系统的结构

集群调度系统是一个多信道工作的系统，一般采用自动信道选择方式，其最大特点是集中和分级管理并举，系统可以供多个单位同时使用。系统设一个控制中心以便集中管理，每个单位又可以分别设置自己的调度台进行相应的管理，既实现了系统及频率资源的共享，又兼有公用性和独立性。

控制中心与基站调度台、基站调度台与基站之间采用有线通信方式。基站与移动台之间采用无线通信方式，一般采用双向半双工方式，基站采用双频双工方式，可同时发信和收信，移动台采用双频单工方式，平时处于收信状态，发信时要按下"送话"开关。

2.5.4　无线接入系统

1　用户环路与无线接入系统

在市话网中，传统上把从市话交换机到用户电话机之间的连接线路称为用户环路或本地环路。近年来，国际电信联盟电信标准部（ITU-T）将交换机端口至用户终端之间的所有设施定义为接入网（Access Network，AN），又称用户接入系统。

传统的用户接入系统往往采用双绞线电缆进行连接，这段线路虽然不长，但占整个市话网基础设施投资的近50%，运营维护费用甚至高达整个网络运营维护费用的70%。而且有线用户接入系统的建设还会受到各种限制，如需要敷设地下电缆或架设明线，不仅投资大、施工困难而且费时费力，因此用户接入系统的发展就成了市话网发展的瓶颈。

在无线通信技术日新月异和应用范围日益扩大的今天，人们自然就提出了用无线取代有线来迅速解决用户接入的方案，人们把采用无线通信技术来连接市话交换机与用户电话机的设施称为无线接入系统。目前无线接入系统受到了越来越多的通信设备生产厂家和通信网络运营商的重视，纷纷推出各种各样的无线接入系统。

有些专家把无线接入系统概念的外延进一步扩大，把利用无线通信技术将用户接入到市话网络的通信系统都称为无线接入系统。这样一来，人们所熟知的蜂窝移动通信系统、无绳电话系统、集群移动通信系统、卫星移动通信系统等在广义上都可以纳入无线接入系统的范畴。本小节所讨论的无线接入系统不是广义上的无线接入系统，而是指固定用户采用无线通信技术接入市话交换机的无线接入系统，有时又称之为无线本地环路（Wireless Local Loop，WLL）。

2　无线接入系统的结构

根据欧洲电信标准协会的建议，无线本地接入系统的基本结构如图2-12所示。

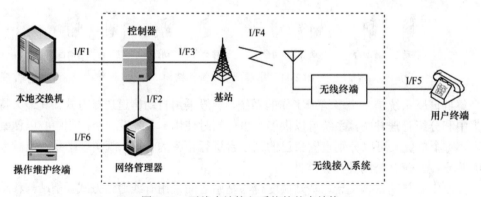

图 2-12　无线本地接入系统的基本结构

I/F1—本地交换机与控制器的接口；I/F2—网络管理器和基站的接口；I/F3—控制器和基站的接口；

I/F4—空中接口；I/F5—无线终端和用户终端的接口；I/F6—操作和维护接口

（1）本地交换机。这里的"本地交换机"代表各种不同的固定网络的交换单元。根据业务提供者的需要，可以包括电话网、数据网和租用线路网等。

（2）控制器。控制器的主要功能如下。

①将无线接入系统连接到本地交换机；②控制基站；③提供到网络管理器的接口。

（3）基站。基站包括所有用于接收并传送用户终端信息和信令的无线设备，具有建立、维护和测量无线信道的功能。

（4）网络管理器。网络管理器用于处理用户数据和参数等，无线接入系统中的网络管理器具有管理无线接入系统的各种功能。

（5）无线终端。无线终端具有如下功能。

①具有提供空中接口的能力；②支持标准ISDN、PSTN或租用线路；③根据不同应用支持多种用户终端。

（6）用户终端。用户终端可以是标准的PSTN或ISDN终端（如电话机、传真机等）。

3　无线接入系统的特点

（1）建设速度快。有线用户环路需要敷设地下电缆或架设明线，建设周期较长。无线接入系统一般只需要安装基站和架设天线，用户设备也很简单，建设周期短。

（2）安装灵活方便。除了基站和天线外，无线接入系统不需要特别的场地和设施。只要在基站的覆盖区域内，不需要特别的定位和精确的规划就可以建立通信。对于临时性的紧急需要，只要安装好相关设备就可以快速投入使用。特别是在不宜或不易架设明线和敷设地下电缆的区域采用无线接入系统更具有优势。

（3）造价低。随着大规模集成电路和数字信号处理技术的发展，无线接入系统终端设备的价格比有线系统的材料费和施工费用要低得多，日常维护费用也大大降低。

（4）安全性好、抗灾害能力强。有线电缆容易发生故障而且查找困难，在发生地震、洪水、台风等自然灾害时，无线接入系统的抗灾能力比有线接入系统强。另外，无线接入系统可以快速恢复通信联系，减轻灾害造成的损失。

（5）适于个人通信服务的发展。无线接入系统可以使用户随时随地与电信网中的其他用户进行通信，不受用户终端安装地点的制约，因此，无线接入系统是未来个人通信系统不可缺少的组成部分。`

4　无线接入系统的应用范围

（1）人口稀疏的农村和边远地区。在这类地区，如果采用有线接入系统把用户接入市话网，无论是敷设地下电缆还是架设明线都是投资大而效益低的工程。而采用无线接入系统是一种比较好的解决办法，无线接入系统的最初发展也正是为了解决农村电话网的问题而促成的。

（2）城市繁华商业区和新兴居民区。在这类地区，电话的需求量很大，原有的市话接入网已经不能满足要求，新建市话接入网投资大、时间长，而且施工困难，采用无线接入系统可以在短时间内迅速解决这一问题。

（3）难以架设有线电缆的地区。在山区和部分城区，由于具体环境的制约，埋设电缆或架设明线比较困难，采用无线接入系统是比较好的解决办法。

（4）在需要迅速建立应急通信的地区。在伐木、采矿、采油现场或遇到自然灾害的紧急情况下，无线接入系统能迅速灵活地向这类地区提供电信业务。

由此可见，无线接入系统并不是用来代替现在的固定电话网，它只是用来作为现有固定网络的延伸和补充，在一些特殊情况下加以应用，这就决定了它应当具有的功能和应当采用的技术。

5 无线接入系统的种类

无线接入系统的功能和应用范围与移动通信、卫星通信、微波通信等无线系统相比都有一定的区别，因此不能把现有的蜂窝移动通信系统、无绳电话系统等直接用作无线接入系统。一般来说，都要对其进行一定的改造以适应无线接入系统的使用要求和技术特点。归纳起来，现有的无线接入系统大致可分为以下6类。

（1）基于蜂窝移动通信系统（固定蜂窝系统）。在希望迅速建立接入系统而又没有本地交换机的情况下，可以直接把蜂窝移动通信系统用作无线接入系统，也称固定蜂窝系统。但这种直接采用蜂窝移动通信系统作为无线接入系统的方式存在一些固有的问题。蜂窝移动通信系统的许多功能，如越区切换、漫游位置登记和功率控制等，在无线接入系统中是不需要的，因此必须简化蜂窝移动通信系统中不必要的功能以降低系统成本，这种系统称为基于蜂窝移动通信系统的无线接入系统。

（2）基于无绳电话系统。欧洲的数字增强系统是一种用于通信密度高的城市、人口稠密地区的无绳电话系统，可以提供类似微蜂窝的慢速移动通信。基于无绳通信的无线接入系统的特点是容易接纳多路通信设备，适合于组成集团（如办公楼、工业园区）使用的低成本无线接入系统。

（3）基于集群移动通信系统。对于中小城市和农村地区，由于话务量较小，可以利用已建成的集群移动通信系统的多余容量为固定用户提供无线接入服务，使用这种方式简单易行而且收效较快。

（4）基于一点对多点微波通信系统。采用时分多址方式的一点对多点的微波通信系统是在农村实现无线接入系统的比较理想的方案，这种系统基站与基站之间的典型跨距为5~50km。基于一点对多点的微波通信系统的无线接入系统，如果有120个话音信道，能够支持多达2000个用户终端。

（5）基于卫星移动通信系统。在遥远的边疆、山区、沙漠和海岛等地区，缺少有线通信设施，在这种条件下进行通信联络时，采用同步卫星通信系统是一种可行的方案。目前已有采用海事卫星（Inmarsat）的小型卫星终端进行无线接入的应用。近年来发展十分迅速的中低轨道移动卫星通信系统的出现，也有望解决这一问题。这种无线接入系统的主要问题是接入成本较高。

（6）基于同步码分多址。基于同步码分多址（SCDMA）的无线接入系统是我国研制开发的，并完全拥有自主知识产权的一种无线接入系统，俗称"大灵通"。其主要技术特点是采用同步码分多址、智能天线（Smart Antenna）和软件无线电（Software Radio）技术来实现无线接入。

6　无线接入系统的工作频段和覆盖范围

（1）工作频段。由于900MHz和1900MHz频段电磁波的传播方式主要是视距传播，频带较宽；而450MHz频段电磁波具有一定的绕射能力，频带较窄，因此用于城市的无线接入系统（业务量密度较大、服务区较小）一般工作在900MHz和1900MHz频段，以支持大业务量；而用于农村的无线接入系统（业务量密度较小、服务区较大）一般工作于450MHz频段，以覆盖较大的范围。

（2）覆盖区半径。由于城市的业务量密度较高，用于城市的无线接入系统一般采用小区制，半径为0.5～5km；农村地区由于业务量密度较低，用于农村地区的无线接入系统一般采用大区制，半径为5～50km。

2.5.5　无线局域网

现在只要有一台笔记本式计算机，不管是在酒店还是在机场，都可以实现无线宽带上网，甚至可以在遥远的外地进入自己公司的内部局域网进行办公处理或者给下属发出电子指令。这种看似遥不可及的梦想，其实已悄悄走进大众的生活，这时候提供服务的网络就是无线局域网，即WLAN。

WLAN是传统布线网络的一种替代方案或延伸，它利用无线技术在空中传输数据、话音和视频信息。WLAN可以让覆盖区域的人员随时随地获取信息，提高员工的办公效率。此外，WLAN还有其他一些优点，例如，它能够方便地实施联网技术，便捷、迅速地接纳新加入的使用者，而不必对网络的用户管理配置进行过多的变动。WLAN还可以在有线网络布线困难的地方实施，使用WLAN方案不必再进行打孔、敷设电缆等作业，不会对建筑设施造成任何损害。

"无线互联"是通信应用的热点之一，移动通信运营商们纷纷介入无线局域网市场，在建设蜂窝移动通信网络的同时，提供WLAN的服务。在我国，电信管理部门放开了ISM频段（即工业、科学和医用频段），2.4GHz和5.8GHz两个频段都可以用作WLAN频段，从政策上为无线互联的应用扫清了障碍。中国移动通信集团公司推出了GPRS＋WLAN的捆绑方案，中国电信推出了CDMA＋WLAN，为用户提供无线接入服务，中国联通也正在加快部署WLAN。

2.5.6　蜂窝移动通信系统

蜂窝移动通信系统可以提供与有线电话相比拟的高质量的服务，在蜂窝移动通信系统中，每个基站发射机的覆盖范围都限制至一个称为"蜂窝（Cell）"的很小的地理范围（无线小区）内，通过使用一种称为"越区切换"的复杂技术，可以保证当移动用户从一个蜂窝移动到另一个蜂窝时不会中断通话。

由于采用了标准的系统组网方式，蜂窝移动通信系统的用户可以在同一个运营商所服务的不同地区"漫游"，甚至可以在采用相同标准的不同国家的运营商之间进行漫游。可以说真正意义上的移动通信是从蜂窝移动通信系统的商用开始的。

一个最基本的蜂窝系统由移动台（Mobile Station，MS）、基站（Base Transceiver Station，BTS）和移动交换中心（Mobile Switching Center，MSC）组成，如图2-13所示。

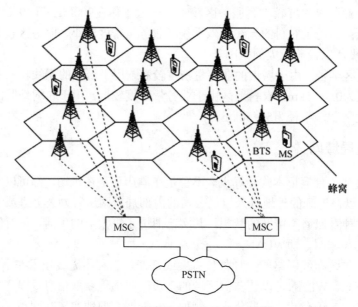

图 2-13　蜂窝移动通信系统示意图

移动台包括无线收、发信机，天线和控制电路，既可以是安装在汽车上的移动终端，也可以是便携式的手机，移动台通过无线信道与基站连接。

基站由若干套无线收发信机组成，以便进行双工通信，它通过有线或微波线路与移动交换中心连接，起到移动台和移动交换中心之间的桥梁作用。

移动交换中心负责协调所有基站的工作并将整个蜂窝系统连接到PSTN。典型的移动交换中心可以管理10万个蜂窝用户、同时处理5000个通话，还可以承担所有的用户计费及系统维护，一个大城市的蜂窝系统通常会包括几个移动交换中心。

移动交换中心在蜂窝系统中负责所有移动台之间以及移动台与PSTN之间的连接和交换，主要功能与PSTN中的电话交换局类似，当然由于要处理鉴权、漫游和越区切换等操作，移动交换中心比PSTN的电话交换局要复杂得多。基站是在移动台与移动交换中心之间提供无线接入的节点。移动台通过无线信道与其所在蜂窝的基站进行通信，在通话期间，如果移动台移动到另外一个蜂窝小区，则可以自动切换到新的基站继续通信。

公共空中接口标准规定了基站与移动台之间的通信接口标准，它确定了4种不同的信道：从基站到移动台的话音传输信道称为前向（下行）话音信道（FVC），从移动台到基站的话音传输信道称为反向（上行）话音信道（RVC），负责建立和控制通话过程的两个信道分别是前向（下行）控制信道（FCC）和反向（上行）控制信道（RCC）。控制信道本身不用于话音通信服务，只用于发送和接收通话的建立和拆除以及服务请求方面的有关信令数据消息，如负责建立一个通话并将其转移到一个未被占用的话音信道上。

基于频率复用的概念，蜂窝移动通信系统要求相邻蜂窝区域内FCC的频率各不相同，通过将为数不多的FCC规定为公共空中接口标准中的一部分，就可以由不同厂商生产出标准化的移动台，移动台在任何时候都能够迅速搜索所有可能的FCC，并最终确定信号最好的信道，从而确定所处的小区。一旦发现最好的信号，移动台就会锁定这一特定的FCC。MSC通过基站在所有的FCC上广播相应的系统数据，就能把相应的信息发送给蜂窝系统中的所有移动台，当MSC从PSTN上接收到一个对移动台的呼叫时，它也可以通过FCC使被叫移动台接收到对它的呼叫信号。

当打开移动台的电源时，并不能马上进行呼叫或被叫。移动台首先要搜索FCC控制信道组，确定信号最好的FCC，然后锁定该FCC并继续进行监测。一旦该FCC的信号电平过低，则重新搜索FCC以找出最好的基站信号。对于每一种蜂窝系统，其控制信道一般在整个覆盖区域内统一定义并标准化，典型的做法是将系统可利用信道总数的5%左右用作控制信道，其余约95%的信道用于话音和数据传输。控制信道标准化可以使一个国家或地区内不同的覆盖区域中有相同的控制信道组，因此每一部移动电话都可以搜索相同的控制信道组。

当MSC接收到对移动用户的呼叫时，MSC就向蜂窝系统相关区域内的所有基站发出命令，然后把移动用户识别号和移动用户的电话号码作为一个寻呼信息在相关基站内的所有FCC上广播。移动台接收到它所监测的基站发出的信息后，通过RCC回送确认信息。基站将移动台发送的确认信息转发给MSC，MSC再指导基站在其蜂窝小区内分配一对未被占用的空闲话音信道（FVC＋RVC）。基站通知移动台将频率改变到这一对未被占用的FVC和RVC话音信道，同时在FVC话音信道上还要发送另外一些控制信令，使移动台产生振铃音以提醒用户接听电话。所有这一系列步骤一般在几秒内完成，用户根本不会注意到这些过程，用户听到振铃后，按接听键就可以接听电话。

当移动台做主叫时，移动台首先在反向控制信道上发送其移动用户识别号码（MSIN）、自己的电话号码和被叫电话号码，基站接收到这些数据并传送至MSC。MSC确认这一请求，通过其他MSC或PSTN连接被叫方，再指导基站和移动台转移到一对未被占用的FVC和RVC话音信道上，开始进行通话。

通过在话音信道中插入特别的控制信令，基站和MSC可以在通话过程中对移动台进

33

行控制。当移动台在通话过程中逐渐靠近或远离某一基站的覆盖区时，MSC会自动调整移动台的发射功率，以保证通话的质量。如果这样仍不能满足通话质量的要求，则MSC将通过一定的程序让另一个离移动台较近的基站接替原来的基站继续与移动台通信，并相应地改变移动台和基站之间的信道，这就是所谓的"越区切换"。

蜂窝系统还能提供一种称为"漫游"的服务，这种业务可以使用户在注册的交费服务区之外的其他服务区内继续得到同样的通信服务。当移动台离开其注册区域而进入另一个城市或地理区域时，它将作为漫游者在新的服务区进行注册。如果该漫游者已经交费并且拥有漫游权，MSC会将其登记为合法的漫游者，一旦登记注册成合法的漫游移动台，该移动台就可以在新的服务区进行双向通信，用户的感觉就如同在其原注册区域内一样。当然，当到月底时查阅一下账单，用户将发现在漫游状态时资费会增加。

2.5.7　卫星通信系统

卫星通信的最大优点是通信距离远、覆盖面积大、不受地理条件限制、传输容量大、建设周期短、可靠性高。卫星通信是解决全球通信覆盖的最佳选择之一，因此自从卫星通信系统投入商用以来，得到了迅速发展。

1　同步轨道卫星固定通信系统

典型的卫星通信系统是利用地球同步轨道（GEO）卫星作为中继，同步卫星位于地球赤道上空大约36 000km，绕地球运行的角速度与地球自转的角速度相同，从地面看卫星相对于地球是静止的，因此也称静止卫星。理论上在地球赤道上空35 786km处设置3颗同步卫星，每颗卫星彼此相隔120°，就可以覆盖地球除两极部分地区以外的全部区域。

如果将一个大型的卫星地球站（中心站）建立在通信网络发达的中心城市，并与电信网络连接，而在一些电信网络还没有覆盖的偏远地区，建立一些中小型的卫星地球站（远端站），就可以构成一个卫星通信系统。远端站可以通过卫星信道与中心站建立通信链路，并通过这条通信链路接入各种通信网络中，实现电话、数据、视频等业务的通信。

2　同步轨道卫星移动通信系统

利用同步卫星作为中继实现移动通信的典型系统是国际海事卫星系统，该系统利用分别位于大西洋、太平洋和印度洋赤道上空的4颗同步卫星（大西洋两颗，太平洋和印度洋各一颗）和地面上的网络协调站、岸站、用户终端站，可以实现除地球两极以外的全球绝大部分地区的移动通信。用户终端站是一系列的VSAT（Very Small Aperture Terminal），即小型或微型站，这些用户终端站可以安装在飞机、轮船、车辉上，也可以个人携带，最小的便携站只有笔记本式计算机大小，可以进行移动通信。这是一个目前已经成功商用的同步卫星移动通信系统，大量的用户终端站与一个大的基站协调工作就可以构成一个卫星移动通信系统，可以支持双向话音、数据、图像等移动通信业务。

3 低轨道卫星移动通信系统

利用低轨道地球卫星（LEO）组成卫星通信系统是实现卫星终端微型化的方案之一。由于低轨道卫星的发射和运行成本较低，可以通过多颗卫星把地球表面覆盖起来构成范围广泛的服务区域，据测算低轨道卫星移动通信系统的成本与陆地蜂窝移动通信系统相当。

要实现真正意义上的全球移动通信，利用卫星移动通信对现有的陆地蜂窝移动通信系统进行补充是一种最佳选择。在人口密集、基站建设和维护方便的地区建立蜂窝移动通信系统，边远地区（如山区、沙漠、海洋等）采用卫星移动通信系统进行补充。同时卫星移动通信系统还可以作为陆地蜂窝移动通信系统的备份链路，一旦发生破坏性的自然灾害或突发事件造成地面系统失效，卫星通信系统仍然可以为受灾地区提供移动通信服务，为救灾和灾后重建提供通信保障。

在第二代移动通信系统（2G）大规模商用的同一时期，已经进行了很多低轨道卫星移动通信系统的尝试，其中的典型代表是美国摩托罗拉公司的"铱"卫星移动通信系统。遗憾的是，由于市场竞争的原因，"铱"卫星移动通信系统最后宣布破产，但是它所提出的利用低轨道卫星为地球上的用户提供移动通信服务的技术方向，已经得到了业界的广泛认同。在第三代移动通信系统（3G）的标准中专门规划了卫星移动通信的专用频段。

卫星移动通信系统的基本组成如图2-14所示。

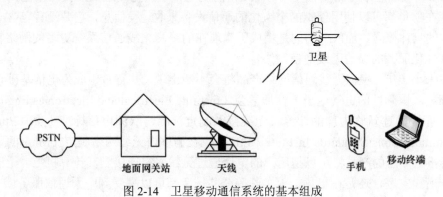

图 2-14　卫星移动通信系统的基本组成

2.6 个人通信的概念

  个人通信服务（Personal Communications Service，PCS）是20世纪80年代末期提出的未来通信发展的理想，其核心理念是实现任何人（Whoever）、任何时间（Whenever）、任何地点（Wherever），能够向任何其他人（Whomever）传送任何信息（Whatever）的通信（即5W）。个人通信系统是实现个人通信的通信网络，在这个网络里，每个人有唯一的个人识别号码，可以跨越多个系统建立自己需要的通信连接，把通信服务的概念从"服务到终端"推向"服务到个人"。

  个人通信的概念源于英国，当时有3家公司被授权在1800MHz频段在英国境内发展个人通信网络（Personal Communications Network，PCN），英国把PCN看作在新的无线通信和公众通信服务领域里提高国际竞争力的途径。随后，美国提出了个人通信服务的概念，PCS是一个包含数字蜂窝系统、无绳电话系统和固定无线接入系统等范围更加广泛的通信服务的总称。1989年以来，世界各国纷纷开始采用现代电子信息技术开展PCS的研究和建设。

  当然，无论是英国提出的个人通信网络还是美国提出的个人通信服务，都是一种个人通信的发展策略，还不是指某个具体的网络，各种通信系统都在努力实现个人通信。目前，个人通信的发展热点是个人无线通信系统，包括高密度慢速移动通信、高速远距离移动通信以及卫星移动通信等。

  PCS和PCN经常互相交替使用。PCS指的是一种个人无线通信的技术概念，任何用户不管在哪里都可以使用便携的个人化的通信设备来收、发信息，它并没有包含一个完整PCN的具体概念。而PCN指的是集成了比现在的蜂窝无线通信系统更多的网络特征、更多个性化服务的新的无线通信网络。

  在未来十年，室内无线通信网络产品将会不断出现，并有希望成为电信基础设施的主要部分。国际性的电气电子工程师学会（Institute Electrical and Electronics Engineers，IEEE）正在为建筑物内部的计算机无线接入制定标准，欧洲电信标准协会（European Telecommuniations Standards Institute，EST）也在为室内无线网络制定20Mbps的无线局域网标准。今后的产品将可以把用户的电话通过无线网络连接到其计算机上，无论是在办公场所、家庭，还是在机场、火车站等公共场所都可以享受到个人通信服务。

  总部设在瑞士日内瓦的联合国标准化组织国际电信同盟（International Telecommunications Union，ITU），从20世纪80年代就开始规范称为未来公众陆地移动通信系统的国际标准，这个标准在1995年被命名为国际移动电信2000（IMT-2000）。

IMT-2000是第三代通用、多功能、全球兼容的数字移动通信系统，它集成了寻呼、无绳电话和蜂窝系统，同样也集成了低轨道卫星系统，从而成为一个通用的移动通信系统。1992年，ITU的世界无线电管理委员会（WARC）划分出了1885~2025MHz、2110~2200MHz，总共230MHz的频带提供给第三代移动通信系统使用。IMT-2000规范的数据传输速率要求在室内环境达到2Mbps，室外步行环境达到384kbps，室外车辆达到144kbps，卫星移动环境中达到9.6kbps，能提供目前PSTN/ISDN和其他电信网的大多数业务和所有移动通信附加业务以及通用个人电信（UPT）业务。

我国自主知识产权的全新标准TD-SCDMA已经被ITU正式批准为3G国际标准，与欧洲和日本提出的WCDMA以及由美国提出的CDMA2000同列3G三大标准的行列。

目前正在兴起的处于设计和建模阶段的近地轨道卫星通信迫切需要一个世界范围内的标准。卫星移动通信系统可能不会达到陆地蜂窝系统的容量和带宽，但是地球上的绝大部分区域都处在卫星转发器的覆盖之下，卫星移动通信系统能在IMT-2000的框架下提供更大范围的移动通信服务。低轨道卫星的发射成本很低而且可以快速布置，这表明近地轨道卫星系统在全球无线通信中可以迅速实现。已经有一些公司提出了全球寻呼、蜂窝电话和应急导航服务的概念。

在一些几乎还没有电话服务的发展中国家，固定蜂窝电话系统正在快速规划和建设，因为这些国家发现，直接建设固定蜂窝电话系统比建设有线电话系统更加方便、快捷，而且建设成本更低。

当前世界正处于电信革命时期，这个革命将给人们提供无处不在的通信服务，而不必关心用户在哪里。这个新的领域需要能设计和开发新的无线系统并能理解任何实际系统的工程技术人员，只有掌握了基本的个人无线通信系统的技术概念才能做到这些。

本 章 小 结

无线通信系统的主要特征是以电磁波为主要的传输媒介，由于采用了无线信道，使得移动通信、太空通信得以实现，然而也正是这一特点决定了无线通信必然会遇到的一些难题。电磁波的可用带宽有限、传输环境恶劣、相互干扰严重等，使得无线信道的复杂性远远高于有线信道。在规划、设计、建设和管理无线通信系统时，都必须充分考虑到无线信道的这些特性，并采取相应的措施，才能保证无线通信系统的正常工作。

无线通信系统的应用非常广泛，广播、电视、寻呼、无绳电话、无线局域网、卫星通信、微波通信等，特别是蜂窝移动通信系统的大规模商用，使得无线通信系统成为世界上网络规模最大、用户数量最多的通信系统。无线通信技术仍然是通信业界最关注的通信技术，也是实现个人通信网络的核心技术。

在后面的章节中，本书将重点分析蜂窝无线移动通信系统中与无线信道有关的特性和技术，包括组网技术和信道技术。

练 习 题

1. 无线通信使用的电磁波的频率范围是多少？
2. 移动通信使用的主要是哪个频段？频率和波长范围是多少？
3. 无线通信的工作方式有哪些？蜂窝移动通信系统使用的是哪种方式？
4. 无线通信系统主要由哪几个部分组成？各部分的主要功能是什么？
5. 与模拟系统相比，数字蜂窝移动通信网的主要优点有哪些？
6. 典型的无线通信系统有哪些？
7. 蜂窝移动通信系统主要由哪几个部分组成？各部分主要功能是什么？
8. 简述蜂窝移动通信系统中用户主叫和被叫的通信过程。
9. 个人通信的5W核心理念是什么？

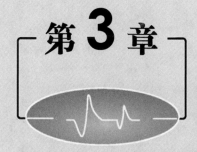

第**3**章

噪声和干扰

无线信道对信号传输的影响有很多方面，其中一个重要的因素是噪声和干扰。在无线通信系统中，决定信号质量的要素很多，其中载噪比（C/N）或载干比（C/I）直接决定了接收机接收信号的质量。噪声分为内部噪声和外部噪声，内部噪声主要是指系统中有源设备本身产生的噪声，外部噪声包括自然噪声和人为噪声。干扰主要是指无线发射机之间的相互干扰，也包括发射机本身产生的干扰，如同频干扰、邻频干扰、互调干扰以及由于远近效应引起的近端移动台信号对远端移动台信号的干扰等。噪声和干扰的程度直接影响到无线通信的质量和容量，因此在进行移动通信系统的设计时，必须认真研究噪声和干扰的特征以及它们对信号传输的影响，并采取必要的措施以减小它们对通信的影响。

本章重点内容如下：

- 噪声。
- 同频干扰。
- 邻频干扰。
- 互调干扰。
- 自动功率控制。

3.1 噪 声

3.1.1 噪声分类

通信技术中一般把加性随机噪声作为系统的背景噪声,加性噪声与信号的关系是相加,不管有没有信号,噪声都存在。加性噪声(简称噪声)的来源是多方面的,一般分为内部噪声和外部噪声(也称环境噪声)。内部噪声是系统设备本身产生的各种噪声,例如,电阻类导体中电子的热运动所引起的热噪声,半导体中载流子的起伏变化所引起的散弹噪声,还有电源噪声和自激振荡产生的噪声等。电源噪声等可以采取技术手段消除,但热噪声和散弹噪声一般无法避免,而且它们的准确波形不能预测,这种不能预测的噪声统称为随机噪声。外部噪声包括自然噪声和人为噪声,它们也属于随机噪声。

根据噪声的特征又可以分为脉冲噪声和起伏噪声。脉冲噪声是在时间上无规则的突发噪声,这种噪声的主要特点是突发脉冲的幅度较大而持续时间较短,相邻突发脉冲之间往往有较长的安静时段。从频谱上看,脉冲噪声通常有较宽的频谱,但频率越高,其频谱强度就越小。脉冲噪声主要来自机电设备和各种电气干扰、雷电干扰、电火花干扰、电力线感应等,例如,在城区的移动通信中,汽车发动机所产生的点火噪声就是一种典型的脉冲噪声。起伏噪声的典型代表是热噪声、散弹噪声及宇宙噪声。这些噪声的特点是,无论在时域内还是在频域内它们总是普遍存在和不可避免的。

在无线通信系统中,无线信号是在空间开放传输的,因此外部噪声的影响较大。各种噪声的功率电平和频率分布情况如图3-1所示。

图3-1中的噪声分为6种:大气噪声、太阳噪声、银河噪声、郊区人为噪声、市区人为噪声和典型的接收机内部噪声,其中,前5种为外部噪声。有时将太阳噪声和银河噪声统称为宇宙噪声,大气噪声和宇宙噪声都属于自然噪声。

在图3-1中,纵坐标用等效噪声系数F_a和噪声温度T_a表示。F_a是以超过基准噪声功率$N_0 = kT_0B_N$的分贝数来表示,即

$$F_a = 10\lg\frac{kT_aB_N}{kT_0B_N} = 10\lg\frac{T_a}{T_0} \qquad (3-1)$$

式中,k为波兹曼常数(1.38×10^{-23} J/K);

T_0为参考绝对温度(17℃/290K);

B_N为接收机有效噪声带宽。

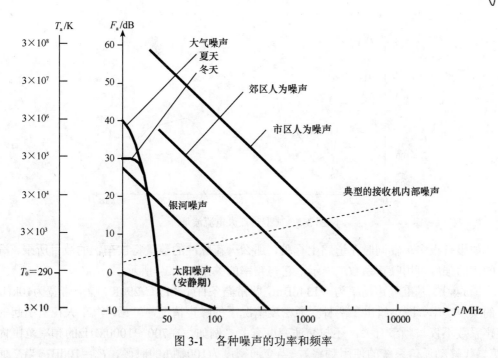

图 3-1 各种噪声的功率和频率

在 30～1000MHz 的频率范围内，大气噪声和非黑子活动期的太阳噪声很小，可以忽略不计。在 100MHz 以上时，银河噪声低于典型接收机的内部噪声（主要是热噪声），也可以忽略不计。因此，除了海上、航空及偏远地区的无线通信以外，在城市无线通信中不必考虑宇宙噪声。这样，在实际的通信工程中，人们最关心外部噪声主要是人为噪声。

3.1.2 人为噪声

人为噪声是指各种工业电气设备中电流或电压发生急剧变化而形成的电磁辐射，如发动机、电焊机、高频电气设备和电气开关等产生的火花放电所形成的电磁辐射。这种噪声除了可以直接辐射外，还可以沿着供电线路传播，并通过供电线路和通信系统的接收机之间的电容性耦合而进入接收机。

单个的人为噪声大多属于脉冲噪声，但是在城市环境中，大量的人为噪声叠加在一起，合成噪声不再是脉冲性的，其功率谱密度与热噪声类似，具有起伏噪声的性质。

在城区的无线信道中，一种严重的人为噪声是车辆的点火噪声。在道路上行驶的车辆往往是一辆接一辆，车辆上的移动台不仅会受到本车点火噪声的影响，还会受到周围车辆点火噪声的影响，这种环境噪声的大小主要决定于车流密度。

典型的汽车点火电流的波形如图 3-2 所示。一个电流超过 200A 的点火脉冲，脉冲宽度大约为 1～5ns，相应频谱的高端频率为 200MHz～1GHz（恰好是移动通信的应用频段）。假定有一台 4 缸发动机的汽车，其发动机的转速为 2500rad/min，可以计算出该汽车每秒钟所产生的火花脉冲数量为 $(4 \times 2500)/60 \approx 167$（火花脉冲/s）。

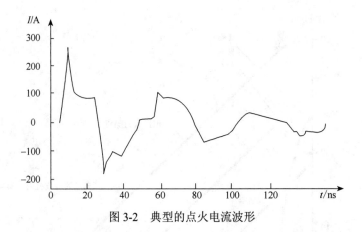

图 3-2　典型的点火电流波形

如果有很多车辆同时在道路上行驶，那么火花脉冲的数量将被车辆的数目所乘。汽车噪声的强度可用噪声系数 F_a 表示，它与频率的关系如图3-3所示。

图3-3中，基准噪声功率为 -134dBm，即常温条件下（17℃/290K）噪声带宽为10kHz时的噪声功率。图中给出了两种交通密度情况下的噪声情况，可见，汽车火花所引起的噪声系数不仅与频率有关，还与交通密度有关。例如，在700～1000MHz的频率范围内（第二代移动通信系统的使用频率），当交通密度为100辆/h的时候，$F_a=10$dB；当交通密度为1000辆/h的时候，$F_a=34$ dB。交通流量越大，噪声电平越高。

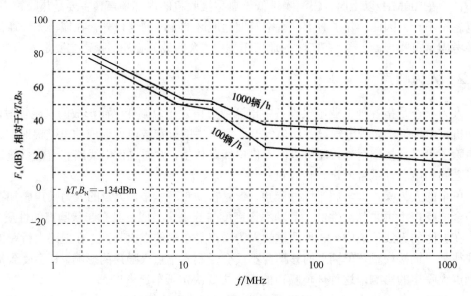

图 3-3　汽车噪声与频率的关系

由于人为噪声源的数量和集中程度随地点和时间而异，因此人为噪声在地点和时间上都是随机变化的。大量的统计测试表明，噪声强度随地点的分布近似服从对数正态分布。图3-4所示为美国国家标准局公布的几种典型环境噪声系数平均值，城市商业区的噪声系数比居民区高6dB左右，比郊区高12dB。农村地区100MHz以上的人为噪声可以忽略不计。

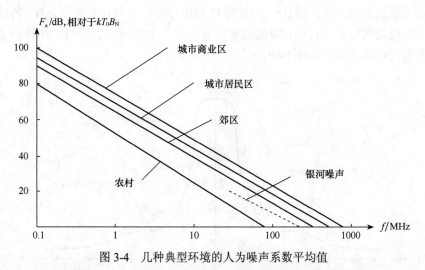

图 3-4　几种典型环境的人为噪声系数平均值

图3-5给出了城市商业区、居民区和郊区的噪声系数的标准偏差随频率变化的关系。可见，城市商业区的偏差最大，随着频率增高，起伏也增大；而在居民区及郊区，频率增高，偏差值减少。

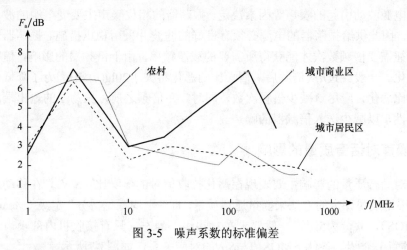

图 3-5　噪声系数的标准偏差

3.1.3　发射机的噪声辐射

以上分析的人为噪声主要来自于通信系统的外部。在通信系统内部，除了接收机的内部噪声以外，发射机的噪声辐射也会直接影响通信质量，而且影响程度可能会大于外部的人为噪声。尤其是在蜂窝移动通信系统中，大量的发射机发射的含有噪声的信号势必造成整个空间噪声环境的恶化，必须严格控制发射机的噪声辐射，特别是边带噪声。

发射机工作时，在发射正常载频信号的同时，会产生以载频为中心、分布频率范围相当宽的噪声频谱，这种噪声称为发射机的边带噪声。以GSM为例，每个GSM载频的分配带宽（信道间隔）为200kHz，而发射机的边带噪声分布在大约±3MHz的频带内，它比正常的频道间隔要大得多，可能会对附近的几十个载频产生影响。典型的GSM移动台发射机的边带噪声频谱如图3-6所示。

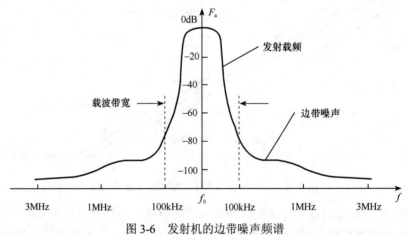

图 3-6　发射机的边带噪声频谱

发射机的边带噪声主要由振荡器的相位噪声、倍频器的倍频噪声、调制电路的引入噪声以及电源波动引起的噪声等因素决定。振荡器的相位噪声主要受电源的波动及热噪声的影响，因此供给振荡器的电源必须有良好的滤波并采用稳压措施。振荡器输出的振荡信号往往需要倍频数次才能获得所需的载波频率，由于倍频器的影响，信噪比将会进一步恶化。一般经过n次倍频后，信噪比的恶化将大于$20\lg(n)$ dB。为了降低倍频所造成的信噪比恶化，应尽量减少倍频次数，同时，在倍频之前，振荡器的输出端应有良好的滤波特性，以减少送入倍频器的噪声。

3.1.4　噪声对话音质量的影响

噪声对话音质量的影响主要表现在恶化接收信号的信噪比（S/N）。在移动通信系统中，一般采用主观评定的方法来衡量通话质量，即"平均意见得分"定级（Mean Opinion Score，MOS），共分为5级，一般要求在3或4级。静态（只有接收机内部噪声）和衰落（在后面的章节介绍）条件下MOS值与S/N的对应关系，如图3-7所示。

可见，即使接收信号的信噪比相同，在静态和衰落条件下，人耳主管感受到的通话质量也是不一样的。因此，仅仅根据接收机的灵敏度及环境噪声的影响来确定小区的服务范围，还不能保证预期的话音质量。车辆在行驶时，接收机会同时遭受火花噪声和多径效应的影响，在计算服务区范围时，必须确定这两种影响所引起的接收机性能的恶化量。

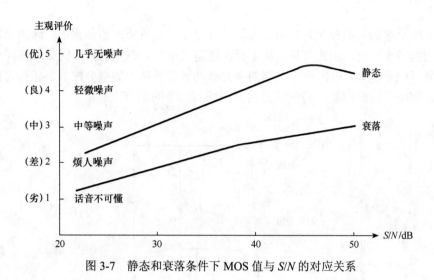

图 3-7　静态和衰落条件下 MOS 值与 S/N 的对应关系

3.2 同频干扰

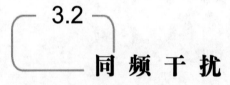

在无线通信系统中，无线信道是一个开路环境，除了噪声的影响之外，不同系统或相同系统的不同发射机发射的无线信号也可能会互相干扰，而且干扰的影响往往比噪声的影响更大，噪声可能会恶化通信质量，而干扰可能会直接造成通信中断。无线通信中的干扰主要包括同频干扰、邻频干扰和交调干扰。

同频干扰是指使用相同工作频率的发射机之间的干扰，同频干扰是蜂窝移动通信系统中经常出现的一种干扰，也称同信道干扰或同载频干扰。凡是能够进入接收机通带内的其他发射机的载频信号都可能造成对接收机的同频干扰。

形成同频干扰的频率范围为

$$f_0 \pm B_i/2 \tag{3-2}$$

式中，f_0 为接收机工作载频的中心频率；

B_i 为接收机中频滤波器的带宽。

同频干扰的示意图如图3-8所示。

现代移动通信系统组网时，均采用小区制的蜂窝技术实现频率复用，为了提高频率利用率，在相隔一定距离以外，必须使用同信道小区，即需要将相同的载频或载频组分配给彼此相隔一定距离的多个无线小区使用。显然，同信道的无线小区相距越远，它们之间的空间隔离就越大，同频干扰也越小，但同时在某个区域范围内频率复用的次数也随之降低，即频率利用率降低，系统容量减小。在进行频率规划时，两者要兼顾考虑。

在进行无线小区的频率分配时，需要在满足一定通信质量要求的前提下，确定相同频率重复使用的最小距离。由此可见，从工程实际需要出发，研究同频干扰必须和同信道复用距离紧紧联系起来，以便给小区制的蜂窝移动通信系统的频率分配提供依据。在蜂窝系统中对同频干扰的控制，将在后面的介绍蜂窝技术的章节中介绍。

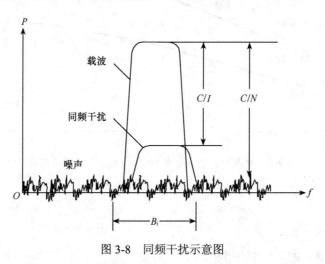

图 3-8   同频干扰示意图

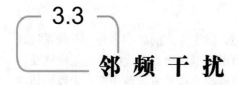

邻 频 干 扰

所谓邻频干扰指的是工作在邻近信道的发射机的发射信号落入了接收机的通带内造成的干扰。在蜂窝移动通信系统中，由于频率规划造成邻近小区中存在与本小区工作信道相邻的信道，或者由于某种原因使基站小区的覆盖范围超出了设计范围，都会引起邻频干扰。当邻频的载波干扰比C/I小于某个特定值时，就会直接影响到移动台的通话质量，严重时就会造成掉话或无法正常建立呼叫。

邻频干扰是来自相邻或相近频率的干扰，相近频率可以是相隔一个、几个甚至几十个载频。邻频干扰主要是由与接收机工作频带相邻的若干信道的发射机的寄生边带功率、宽带噪声、寄生辐射等产生的干扰。邻频干扰的一部分会落入被干扰的接收机的通带内，这时接收机的选择性电路（滤波器）无法对它进行抑制。同时邻频干扰的影响还跟接收机的选择性和传输距离远近造成的附加损耗有关。邻频干扰的抑制涉及发射机的噪声和寄生辐射、接收机的选择性及邻近频道的间隔等诸多因素。

在多载频工作的移动通信系统（如GSM）中，由于收发双工的频率间隔很大，移动台与移动台之间、不同基站的发射机和接收机之间的邻频干扰很小，不会产生显著影响。

基站发射机的边带辐射对工作在相邻载频的移动台的干扰也并不严重，移动台接收到的有用载波远远大于邻频干扰（C/I 值很大）。但是，在移动台靠近基站的情况下，移动台的寄生辐射会对正在接收微弱的邻频信号的基站接收机产生干扰。

在研究移动通信系统的邻频干扰时，首先需要分析发射机的寄生信号，包括边带噪声和寄生辐射等，然后确定接收机对邻频干扰的抑制能力。

3.3.1　发射机的边带噪声

发射机的边带噪声分布在发射信号载频的两侧，而且噪声的频谱很宽，可能在很宽的频率范围内对接收机产生干扰，这是邻频干扰的一个主要来源，必须严格控制发射机的边带噪声。GSM移动台发射机边带噪声造成的邻频干扰如图3-9所示。

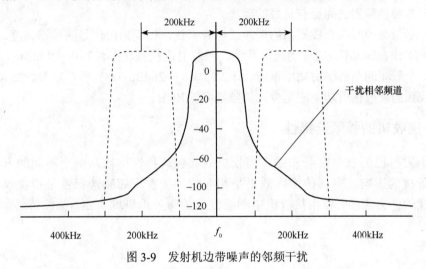

图 3-9　发射机边带噪声的邻频干扰

3.3.2　发射机的寄生辐射

发射机的寄生辐射指的是在有用带宽以外的某些频率点上的辐射，主要包括发射机内部频率源的杂散辐射和谐波辐射等。在移动通信系统中，发射机大都采用晶体振荡器作为频率基准，然后经过多次倍频的方式变频到微波频段，即使是采用频率综合器作为振荡信号源，一般也有频率变换或倍频器的介入。倍频器通常工作于丙类非线性状态，末级功率放大器一般也工作于丙类或乙丙类状态，这些非线性器件是产生寄生辐射的重要原因。倍频器输出端产生的寄生辐射如图3-10所示。

如果这些非线性部件输出端的滤波特性不好，电路间的隔离不够，则这些寄生辐射以及它们互相混合的频率便会与有用信号一同辐射出去形成寄生辐射干扰。

减少寄生辐射干扰的主要措施包括以下几个。

（1）提高振荡信号的纯度和频率稳定度。

（2）减小倍频次数，提高倍频器输出回路的滤波性能。

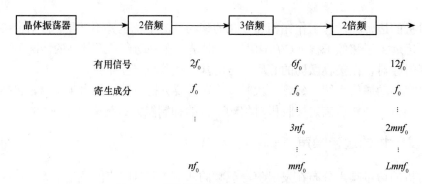

图 3-10　倍频器输出端产生的寄生辐射

其中，L、m、n 均为正整数

（3）各级倍频器之间要有良好的隔离。

（4）尽量减少频率合成器内的谐波或组合干扰，提高输出信号的频谱纯度。

对于工作在900MHz的移动通信系统，当发射机载频功率≤25W（44dBm）时，规定任何一个载频的杂散辐射功率不能大于2.5μW（−26dBm）；当载频功率＞25W时，任何一个载频的杂散辐射功率应至少比载频功率低70dB。

3.3.3　接收机的邻频选择性

减小发射机的邻频辐射和提高接收机的邻频选择性可以从两个不同的方面来减小邻频干扰的影响，得到的实际效果是相同的。接收机邻频选择性是指接收机抑制邻频干扰的能力，它主要由接收机中频滤波器的带外抑制度决定，滤波特性如图3-11所示。

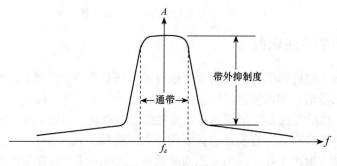

图 3-11　滤波特性

如果接收机具有良好的邻频选择性，能够最大程度地衰减发信机边带扩展落到被干扰接收机阻带区域的干扰，则可以有效减轻邻频干扰的影响。接收机中频滤波器的阻带衰减对远离接收机通带的干扰也要进行抑制，这种带外干扰度往往比较高，滤波器的阻带衰减必须提供足够的隔离度，来抑制带外干扰。

当基站接收机具有大于62.5dB的邻频选择性时，距离很近的邻频移动台发信机将使接收机的输出干扰与城市噪声相当或者更小一些。国际标准规定: 30kHz、25kHz和20kHz载频间隔, 其接收机邻频选择性应在70dB以上。

如果有用信号的发射源距离接收机比邻频干扰源更远, 则接收机必须附加隔离度来抵消距离损耗之差。城市中心的移动通信中的无线路径损耗近似地正比于距离的4次方(d^4), 因此, 接收有用信号的接收机必须对近距离干扰源提供附加的隔离损耗(L_A):

$$L_A = 10 \lg \left(\frac{d_2}{d_1} \right)^4 \qquad d_2 > d_1 \tag{3-3}$$

这种附加隔离度往往是以干扰源与被干扰接收机之间最小频率间隔或频道数来表示。

$$\left(\frac{d_2}{d_1} \right)^4 = \left(\frac{f_2}{f_1} \right)^{\frac{K}{3}}$$

即

$$f_2 = f_1 \left(\frac{d_2}{d_1} \right)^{\frac{12}{K}} \tag{3-4}$$

式中, K 为接收滤波器阻带每倍频程衰减斜率(K=dB/Oct), 由设备厂商给出。

由此可以得到相隔频道数。

$$Q = \frac{f_2 - f_1}{\Delta f} \tag{3-5}$$

式中, Δf 是载频间隔。

这说明由地理位置远近产生的传输损耗差可以通过设置一定的载频间隔加以平衡, 在进行同一频道组或邻近频道组的频率规划时必须考虑。

3.4 互 调 干 扰

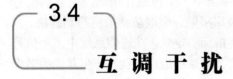

当两个或两个以上不同频率的信号通过同一个非线性电路时, 将会发生互相调制, 产生新的频率的信号输出, 如果该频率正好落在了接收机的工作信道带宽内, 就会构成对该接收机的干扰, 人们称这种干扰为"互调干扰"或"交调干扰"。

电路的非线性是造成互调干扰的根本原因。互调效应会产生很多频率的干扰信号, 频率关系为 $mf_1 \pm nf_2$, 其中 m 和 n 为正整数。特别是三次项形式($m+n=3$)的三阶互调产物($2f_1-f_2$、$2f_2-f_1$)功率电平较高而且会落在有用信号的附近, 很难用选择性电路(如滤波器)完全滤除, 容易构成对有用信号的干扰。其他高阶互调的功率电平较低而且与有用信号的频率差距较大, 容易滤除, 危害性不大。因此在分析互调干扰时, 一般只研究三阶互调。两个信号之间的互调如图3-12所示。

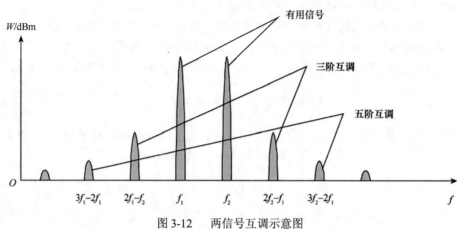

图 3-12　两信号互调示意图

在移动通信系统中，造成互调干扰的主要原因如下。

（1）发射机互调。发射机末端的功率放大器可能工作在非线性状态，如果多个载波通过发射机，载波之间就会产生互调，互调信号可能会与载波同时发射出去而形成互调干扰。即使发射机本身工作在单载波状态，从天线侵入的其他干扰信号也有可能与有用的发射信号产生互调，并通过发射机发射出去而形成互调干扰。

（2）接收机互调。当两个或两个以上的无线信号同时被一个接收机接收时，由于接收机中放大器或混频器的非线性也会发生互调，互调信号会与有用信号一起送到解调电路，形成互调干扰。

（3）外部效应。在发射机附近，金属器件可能会产生"生锈螺栓效应"，这是由于金属接头生锈或腐蚀以及不同金属接触处在强射频场中产生检波作用而产生互调信号的辐射。这种互调称为外部效应，可以通过改良金属接触、采取防锈措施得到解决。

这里需要注意，当发信机或接收机的单机互调指标一定时，在通信系统中多个信号之间的互调是普遍存在的，但并不是只要有互调就会对系统造成干扰。产生互调的多个信号必须满足一定的频率关系，而且具有一定的幅度才会造成互调干扰。在同一个无线覆盖区域内，有很多发射机同时工作，但只要发射机的工作频率分配得当，各基站的布局和覆盖参数设计合理，就不会产生严重的互调干扰，这是进行移动通信系统设计时必须考虑的问题，这项工作称为频率规划，即人们可以通过合理的频率分配来设法破坏构成严重互调干扰的条件。例如，尽量增大多个有用信号的频率间隔，这样互调产物的频率就会远离有用信号，很容易通过滤波器滤除。

3.4.1　发射机互调

在移动通信系统中，为了有效避免互调干扰，发射机大都被设计成工作在单载波状态，但是当一台发射机的发射信号耦合到另一台发射机的输出级时，由于发射机输出级的非线性仍会产生互调产物，互调产物又会通过天线辐射出去，因而对工作在互调产物频率的接收机造成干扰，如图3-13所示。

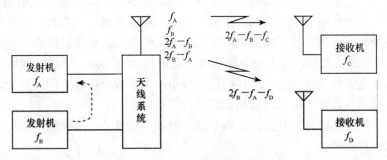

图 3-13 发射机互调示意图

图3-13所示为两台发射机互调的情况，当多台发射机同址工作时，三阶互调产物的数量会增多，既有两个信号之间的三阶互调产物，也有3个或更多信号之间的三阶互调产物。如果要计算落入某个信道内的三阶互调干扰的电平，应当分别计算出落入该信道的每个互调产物的功率然后相加。

系统中发射机之间的紧耦合是发射机之间在邻近信道上产生互调干扰的主要原因，而耦合主要存在于天线系统。在通信系统中减小发射机三阶互调干扰是一项重要的工作，在系统组网时经常会遇到以下几个问题。

1 基站发射机互调干扰

当基站中各信道的发射机全部开启时，基站附近的移动台接收机既能接收到有用信号，又能接收到互调信号。由于传播条件相同，而有用信号远远大于互调信号，互调信号会被抑制，并不会对通信造成实际干扰。但是，当基站某个信道的发射机关闭时，处在该信道上的移动台接收机将只能接收到互调信号而没有有用信号，在这种情况下，接收机就可能会误认为互调干扰信号是有用信号而"错停"信道（此时接收机的正确操作应当是自动搜索其他信道）。当已知接收机的信令开启电平和发射机互调干扰电平相同时，就能求出互调干扰范围或干扰半径。

2 移动台发射机互调干扰

当移动台相互靠近并同时发射时，其发射机之间也会产生三阶互调。如果是在基站的附近产生互调，将有可能干扰基站接收机。移动台发射机互调干扰的范围，取决于移动台发射机输出的最大互调干扰电平（移动台相距最近时），以及被干扰接收机允许的最小输入电平和射频防卫比。这种情况只有在用户密度很大时才会成为系统中的一个干扰因素，发生的概率很低，因此这种干扰一般可以忽略不计。

3 减少发射机互调的措施

发射机互调干扰的大小主要取决于系统设计，减少发射机互调干扰的措施如下。

（1）尽量增大发射机之间的耦合损耗。当多个发射机分用天线时，应尽量增大天线之间的空间隔离度；在发射机输出端串接环形器或隔离器；在发射机输出端和馈线之间插入高Q值的带通滤波器，增大频率隔离度；发射机、双工器、馈线、天线之间保证良好匹配，以避免信号反射而造成耦合损耗的减小；为了减小馈线之间的耦合，应选用屏蔽良好的馈线，并避免多根馈线互相靠近平行敷设等。

（2）为了减少移动台发射机的互调干扰，可以采用自动功率控制（Automatic Power Control，APC）系统。

（3）选用不会造成三阶互调干扰逻辑的信道组（频率规划）。

（4）改善发射机输出级功率放大器的非线性对减小互调干扰有效，但这方面很难获得大幅度的改善，否则成本太高。

（5）必须注意发射机输出端的外部非线性造成的互调，连接头应尽量避免使用不同的金属材料，要十分注意接触的可靠性。

（6）在引起互调的发射机中使用谐振滤波器也可减少一些互调干扰。

3.4.2 接收机互调

接收机前端的低噪声放大器一般是宽带放大器，通带较宽，往往会有多个信号同时进入放大或混频级，多个信号彼此之间形成的互调产物很可能落入到接收机信号频带内，这时就会造成接收机的互调干扰。

1 移动台接收机互调

基站经常有多台发射机同时工作，如果移动台靠近基站，则基站的多个发射信号会同时以较高的电平进入移动台接收机的前端，由于接收机前端电路的非线性而产生互调。如果移动台的互调抑制指标太低，则会发生严重的互调干扰。如果有用信号和互调产物的相对电平大于或等于射频防卫比，则不至于造成互调干扰。

2 基站接收机互调

当移动台进入基站附近的高场强区并开启发射机时，也可能在基站接收机中引起互调干扰。基站接收机有一个天线共用放大器，它产生的三阶互调将严重影响基站接收机的正常工作。移动台在基站较近的地方对基站接收机的互调干扰，将会使基站和较远的移动台在受干扰的信道上无法正常通信。一般基站和移动台接收机的互调抑制度指标不应低于75dB，天线共用放大器的指标应提高到80dB左右，否则产生的互调干扰很大，难以保证移动通信系统的通信质量。

3 减少接收机互调干扰的方法

（1）可以通过改善接收机的非线性来提高接收机的互调抑制度，但其潜力是有限的，一般要求接收机的射频互调抗拒比优于70dB。

（2）在接收机前端插入滤波器，将干扰信号抑制掉，也可以改善互调性能，其效果与频率有关，如果干扰信号与有用信号的频率接近，这种方法无法滤除干扰信号。

（3）在接收机前端加入衰减器，可以作为降低互调产物的权宜措施。这种方法可以使三阶互调抗拒比获得两倍于衰减器衰减量的增益。例如，加3dB衰减器后，信号衰减了3dB，三阶互调产物将衰减9dB，互调抗拒比将增加6dB。

（4）在进行系统设计时，应尽量增加相邻信道发射机和接收机之间的距离，通过空间损耗来减少互调的产生。一般要求距离1.6km以上，相隔这样的距离，移动通信系统中常用的50W以下的发射机就不会严重影响在相邻信道上工作的接收机。

（5）同解决移动台发射互调一样，采用APC技术或选用无三阶互调信道组可以保证信道频段内的接收机不产生三阶互调干扰。

3.5
近端对远端比干扰

当基站同时接收两个不同距离的移动台的信号，而这两个移动台发信机以相同的频率和发射功率工作时，远端移动台的有用信号就有可能会被近端移动台的发射信号淹没。这种由于两个不同发射机的之间路径损耗不同而引起的接收机功率差，称为近端对远端比干扰（也称远近效应），如图3-14所示。

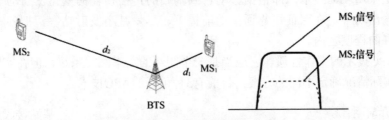

图 3-14　近端对远端比干扰的情况

假设基站同时接收移动台MS_1和MS_2的信号，MS_1距离BTS相对较近，距离为d_1，MS_2距离BTS相对较远，距离为d_2，$d_2 \geqslant d_1$。如果两个移动台发射机的发射频率和功率相同，则BTS接收机收到的MS_2的信号将可能会被从MS_1接收到的信号淹没。

在实际的移动通信系统中，更多的情况是近距离的移动台是有用信号，而远距离的移动台是干扰信号，人们同样可以用近端对远端比干扰的方法，根据允许的干扰程度来确定基站接收机与干扰移动台的最小距离。

在移动通信系统中，移动台的移动范围是不可控制的，这使得近端对远端比干扰不可避免。近端对远端比干扰可以用近端对远端干扰比（ζ：zeta）来表示。

$$\zeta = \frac{L_{d_2}}{L_{d_1}} = \left(\frac{d_2}{d_1}\right)^4 \tag{3-6}$$

也可以用对数方式来表示，即

$$\zeta_{dB} = 40 \lg \frac{d_2}{d_1} (dB) \tag{3-7}$$

减小近端对远端干扰比的主要方法如下。

（1）在频率规划时，将同一频道组的频率间隔分开，提供足够的频率隔离。

（2）采用扩展频谱传输技术（如CDMA技术），提高系统自身的抗干扰性能。

（3）移动台采取自动功率控制。移动台发信机根据其到基站的距离（空间损耗），自动调整自己的发射功率。移动台发射功率自动控制功能是减小近端对远端干扰比的最有效措施。

3.6

移动台的自动功率控制

移动通信系统中的多个移动台发射机会在不同距离、不同信道同时向基站发射信号，可能造成对基站接收机的各种干扰，例如，近端对远端干扰比、移动台发射机互调干扰、基站接收机互调干扰和移动台发射机调制边带干扰等。抑制这些干扰的有效措施之一是采用APC技术，即根据移动台到基站的传播损耗的变化，自动调整移动台发射机的输出功率，在保证可靠通信的前提下，尽量减小发射功率，把各种干扰抑制到系统容许的程度之内。

根据APC技术的工作性质，它应当是一个闭环的功率回授系统，但在实际系统中，可以根据实际情况确定不同的方案。目前有3种可行的APC技术。

1 开环系统

假设移动台和基站之间上、下行链路的路径衰耗一般是互易的，上行链路的传播衰耗可以由下行链路的传播衰耗确定，也就是说可以根据移动台接收到的基站信号电平的高低来确定。移动台通过检测所接收到的基站信号电平就能判断上行链路的传输衰耗，并相应地调整自己的发射机的发射功率，不需要由基站向移动台发送功率控制指令。这种方法便于实现移动台发射机功率的连续控制，但是在实际的无线环境中，上、下行链路的路径衰耗会有一定差别，因此这种控制方法的误差较大、准确度不高。并且，移动台既要对大幅度变化的信号进行检测，又要对发射机功率进行实时控制，实现起来比较困难而且成本也比较高。

2 闭环系统

闭环系统根据基站接收到的移动台的信号大小，由基站向移动台反馈一个相应的控制指令，移动台按照该指令调整功率输出的大小。这种方案的优点是控制准确度较高，但是当呼叫开始时，由于移动台还没有得到基站发来的功率控制指令，只好以高电平呼叫，并一直持续到基站识别并做出响应。在高电平的持续时间内，就会造成各种干扰。另外，在呼叫过程中，由于基站必须向移动台发送控制功率的指令，基站到每个移动台都必须具备某种形式的控制信道。

3 准闭环系统

准闭环系统采用开、闭环系统相结合方法，在发起呼叫时先采用开环方式调整起始电平，呼叫建立后再采用闭环方式工作进行精确控制。它是APC系统的一种常用方案，其基本工作过程如下。

当开始呼叫时，移动台先以低功率发射，如果收不到基站的应答，移动台的发射功率按阶梯逐级上升，一旦收到基站的应答，则证明此次的发射功率是适当的，为了保留一定的安全系数，发射功率再增加一个阶梯，并在呼叫期间保持该功率不变。呼叫建立后，采用闭环方式由基站进行功率控制。

发射机的功率控制方式有连续控制方式和阶梯控制方式。连续控制方式需要一个专用的控制信道，实现的成本较高。阶梯控制方式是将移动台的功率分为若干个不连续的功率等级，只需要有限个控制功率指令，同时，基站也只需要对超过一定范围的信号电平进行精确检测，有利于设备的简化。并且，实际上移动台的发射机功率并不一定需要进行连续控制，连续控制用于慢衰落信道较为有利，对于以快衰落信道为主要特征的移动通信系统来说，一般都采用阶梯控制方式。

在设计APC系统时，有以下两个方面的问题要考虑。

（1）应设置分多少个阶梯以及每个阶梯的步进（调整多少分贝）。

（2）阶梯的保持时间。

APC系统的控制范围主要取决于无线小区的路径损耗的变化范围，按照减少三阶互调干扰来设计APC是一种较为实用的方法。通过提高通信设备的指标和正确架设基站，可以将三阶互调抑制到可以容忍的程度。采用APC技术后，不仅能把互调干扰抑制到更低的程度使得组网时能使用连续信道组，而且系统中的一些其他干扰也会受到相同程度的抑制。采用APC系统后，设备的某些和干扰有关的指标可以适当降低，有利于降低设备成本。

应当指出的是，基站发射机需要为整个覆盖区域不同距离的移动台服务，其发射功率必须保证覆盖区边缘的移动台可以正常接收，抑制干扰不能采用APC技术来解决，必须采用线性放大器、环形器、窄带滤波器等其他技术来解决。

3.7 干扰和系统性能

在一个无线通信系统中，除了接收机本身的内部噪声以外，来自外部环境的各种外部噪声和干扰也都会影响到通信质量。最终的通信质量取决于有用载波与所有噪声＋干扰的比值，即 $C/(N+I)$。

$$\frac{C}{N+I} = \frac{C}{N_0 + N_r + I}$$

（3-8）

式中，N_0 为接收机的内部噪声；

N_r 为总的外部噪声，是多个外部噪声源产生的随机噪声的功率和；

I 为总的外部干扰，是多个随机干扰的功率和。

根据移动通信系统所处的无线环境的特点，外部干扰的影响大于噪声的影响，而且同频干扰是限制系统性能的主要因素。由于采用蜂窝技术进行频率复用，系统中存在大量的同频发射机，如果这些同频发射机之间相隔的距离不够远，发射功率没有得到有效的控制，就会产生同频干扰。在进行移动通信系统的总体设计时，可以由规定的 $C/(N+I)$ 计算出允许的 $(N+I)$ 值，并按照式（3-8）分配 N_r 和 I，以此作为系统设计和组网的参考依据。

本 章 小 结

在无线通信系统中，噪声和干扰是制约系统性能的重要因素，它们不仅直接影响到通信的质量，还会在系统设计时影响到系统容量和频率规划。

噪声包括设备的内部噪声和外部噪声，外部噪声可能来自于自然界的电磁辐射，也可能来自于人类使用的各种电气设备，还可能来自于系统内部的发射机。它们对通信的影响是在一定程度上恶化接收信号的信噪比（S/N），对于无线载波也称载噪比（C/N）。

干扰同样可能来自于系统的内部和外部，对于使用蜂窝频率复用技术的移动通信系统，干扰更多地来自系统的内部，或者是同样使用了蜂窝技术的其他同类系统。蜂窝系统中比较常见的干扰是同频干扰、邻频干扰和互调干扰。

需要注意的是，这里所说的同频和邻频指的是干扰信号的来源，所有最终能够导致接收信号的载干比（C/I）变差的，都是与接收信号相同频率的"同频率干扰"。同频干扰本身就是与接收信号相同频率的同频率干扰。邻频干扰是由于相邻频道信号的寄生信号落在了接收信号的频率范围内，形成了同频率干扰。互调干扰同样也是由于互调产物落在了接收信号的频率范围内，形成了同频率干扰。

　　在移动通信系统中，干扰的影响一般大于噪声，采用移动台自动功率控制技术是减少干扰的一种常用手段，可以有效抑制移动台发射机可能产生的各种干扰，包括对基站接收机的干扰和移动台之间的相互干扰。

练 习 题

　　1．噪声一般分为哪两大类？分别对其进行简单说明。

　　2．什么是人为噪声？在市区环境比较严重的人为噪声是什么？

　　3．来自于通信系统内部的噪声主要有哪些？

　　4．什么是同频干扰？蜂窝系统中产生同频干扰的主要原因是什么？减小同频干扰的主要方法有哪些？

　　5．什么是邻频干扰？蜂窝系统中产生邻频干扰的主要原因是什么？

　　6．什么是互调干扰？产生互调干扰的主要原因是什么？

　　7．两个信号的频率分别为875MHz和876MHz，三阶互调的频率是多少？

　　8．减少发射机和接收机互调的方法分别有哪些？

　　9．什么是近端对远端干扰比？减小近端对远端干扰比的方法有哪些？

　　10．移动台自动功率控制的方式有哪些？

　　11．无线系统的通信质量主要取决于无线载波的哪个指标？

第4章
大尺度衰落

在无线通信系统中，发射机与接收机之间无线信号的传播路径非常复杂，有简单的视距传播，也会遭遇各种复杂物体的阻挡和反射，如建筑物、山丘、运动中的汽车，甚至植物等，移动台或反射体的运动速度也会对信号的传输产生很大影响。

无线信道不像有线信道那样具有确定而且可以预见的传输路径，它具有极大的随机性，非常难以进行理论分析。移动通信系统的性能主要受到无线信道的制约，如何建立无线信道的传播模型历来是移动通信系统设计中的难点，这一问题的解决一般采用统计分析的方法，根据对特定频带上的无线通信系统的实际测量值来进行分析。

研究无线信道的传播特性有两种情况：大尺度衰落和小尺度衰落。大尺度衰落主要是指由大的几何环境（如空间损耗、散射体、遮挡等）所决定的无线信号的宏观特征。小尺度衰落主要是指由于多径传播和时变（运动）引起的无线信号的微观特征。它们的产生原因、分析方法以及对无线通信的影响都是不同的。

本章主要分析大尺度的传播特性。传播模型的分析是非常复杂的，这里仅仅对其进行概念性的介绍，并不要求读者掌握使用这些传播模型进行分析的具体方法。

本章重点内容如下：

- 电磁波的传播机制。
- 电磁波的衰落。
- 自由空间的传播模型。
- 实际环境的传播损耗。
- 室外、室内传播模型。

4.1

电磁波的传播机制

在无线通信系统中，电磁波的传播方式多种多样，但总体上可以归纳为直射、反射、散射和绕射。路径损耗是基于直射、反射、散射和绕射的大尺度传播模型预测的最重要的参数。同时反射、散射和绕射这3种传播机制也决定了小尺度衰落。

（1）直射。当发射机和接收机之间存在视距路径时，电磁波可以直达接收机。

（2）反射。当电磁波在传输过程中遇到比波长大得多的物体时会发生反射。反射可能发生于地球表面、建筑物表面和墙壁表面等。

（3）散射。当电磁波传播路径的媒介中存在小于波长的物体并且单位体积内阻挡体的个数非常大时，会发生散射。电磁波遇到一个粗糙的反射表面，方向无规则改变的现象也是散射。在实际通信环境中，树叶、街道标志和灯柱等都会引起散射。

（4）绕射。当接收机和发射机之间的无线路径被尖利的边缘阻挡时会发生绕射，由阻挡表面产生的二次波散布于空间，甚至于阻挡体的背面。当发射机和接收机之间不存在视距路径时，围绕阻挡体会产生波的弯曲。在高频波段，绕射与反射一样，依赖于物体的形状以及绕射点入射波的振幅、相位和极化等情况。

4.1.1　反射

电磁波在不同性质的介质交界处，会有一部分发生反射，一部分通过。如果平面波入射到理想电介质的表面，则一部分能量进入第二种介质中，一部分能量反射回到第一种介质，没有能量损耗。如果第二种介质为理想反射体，则所有的入射能量被反射回第一种介质，没有能量损耗。反射波和传输波的电场强度取决于费涅尔反射系数（Γ）。反射系数是介质材料的函数，并且与极性、入射角和频率有关。

一般来说，电磁波是极化波，即在空间相互垂直的方向上同时存在电场和磁场成分。极化波在数学上可表示为两个在空间上互相垂直的成分的和，例如，水平和垂直极化、左手环和右手环极化成分等。对一定的极化，可以通过叠加计算反射场。

1　电介质的反射

电磁波在两种电介质之间的反射如图4-1所示。

电磁波的入射角度为θ_i，两种电介质的交界为平面，一部分能量以角度θ_r反射回第一种介质，一部分能量以角度θ_t进入第二种介质（发生折射，这不是下面要分析的传播特性）。入射平面定义为包括入射波、反射波和折射波的平面。反射性质随电场的极性而变，其方向特性可以分为以下两种不同情况。

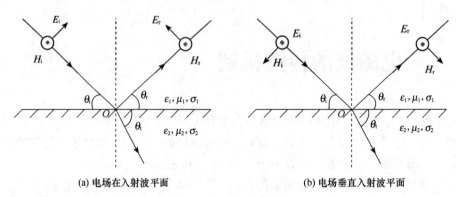

(a) 电场在入射波平面　　　　　　　　　(b) 电场垂直入射波平面

图 4-1　两种电介质之间反射的示意图

在图4-1（a）中，电场极性平行于入射波平面（即电场为垂直极化波或对应于反射面的正交成分）。在图4-1（b）中，电场极性垂直于入射波平面（即电场指向读者，垂直于纸面并平行于反射面）。

2　理想导体的反射

因为电磁波不能穿过理想导体（趋肤效应），平面波入射到理想导体时，其全部能量将被反射回来。遵守麦克斯韦尔方程组，导体表面的电场任何时候都必须为零，反射波必须等于入射波。对于电场极化方向处于入射波平面的情况，边界条件要求 $\theta_i = \theta_r$。

3　地面反射模型

在移动无线信道中，基站和移动台之间的直达路径很少是传播的唯一物理路径，如果仅仅使用直达路径的自由空间传播模型，在大多数情况下是不准确的。图4-2所示的双线地面反射模型是基于几何光学的非常有用的传播模型，不仅考虑了直接路径，而且考虑了发射机和接收机之间的地面反射路径。该模型在预测几千米范围（使用天线塔高度超过50m）的大尺度信号强度时是非常准确的，同时对城区视距内的微蜂窝环境也是非常准确的。

在大多数移动通信系统中，基站和移动台的最大距离为几千米，这时地球可以假设为平面。总的接收电场 E_{TOT} 为直接视距成分 E_{LOS} 和地面反射成分 E_r 的合成。

4.1.2　散射

在实际的移动无线传输环境中，实际接收信号往往比单独使用反射模型预测的要强。这是因为当电磁波遇到粗糙表面时，反射能量由于散射而散布于所有方向，像灯柱和树这样的物体会在所有方向上散射能量，这就可能给接收机提供额外的能量。

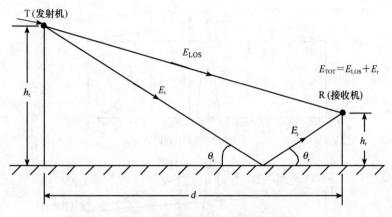

图 4-2　双线地面反射模型

远远大于电磁波波长（λ）的平滑表面可以建模成反射面。粗糙程度不同的表面会产生不同的散射效果，表面粗糙程度可以定义为一定入射角的表面平整度的参考高度，即式（4-1）。

$$h_c = \lambda/8\sin\theta_i \tag{4-1}$$

如果平面上最大的突起高度小于 h_c，则认为表面为光滑的，反之则为粗糙的。对于粗糙表面，反射系数需要乘以一个散射损耗系数以代表减弱的反射场。

4.1.3　绕射

1　刃形绕射

假设发射机和接收机之间的路径情况如图4-3（a）所示，一个具有无限宽度、有效高度（h）的阻挡屏放在距发射机 d_1、距接收机 d_2 的位置上。显然，电磁波从发射机经阻挡屏的顶端到达接收机的绕射传播距离比理论上的直接视距传播距离（d_1+d_2）要长。如果 $h \ll d_1$、d_2，并且 $h \gg \lambda$，则直射路径和绕射路径之差称为附加路径长度。

在实际的无线通信系统中，发射机和接收机的高度不同，如图4-3（b）所示。但是，因为 $h \ll d_1$、d_2，所以 α、β 和 γ 的角度都很小，$h \approx h'$，路径差可以近似为式（4-2）

$$\Delta = \frac{h^2}{2}\frac{(d_1+d_2)}{d_1 d_2} \tag{4-2}$$

相应的相位差见式（4-3）。

$$\varphi = \frac{2\pi\Delta}{\lambda} = \frac{2\pi}{\lambda}\frac{h^2}{2}\frac{(d_1+d_2)}{d_1 d_2} \tag{4-3}$$

由式（4-2）和式（4-3）可见，直接视距路径和绕射路径的相位差是阻挡物高度和位置的函数，也是发射机和接收机之间相对位置的函数。

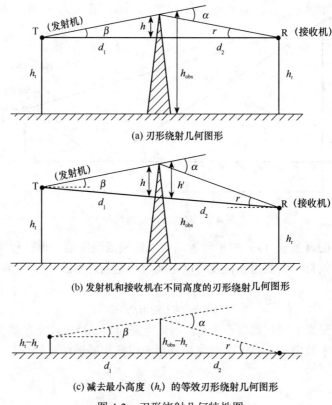

(a) 刃形绕射几何图形

(b) 发射机和接收机在不同高度的刃形绕射几何图形

(c) 减去最小高度（h_r）的等效刃形绕射几何图形

图 4-3   刃形绕射几何特性图

在实际分析绕射问题时，所有高度减去一个常数的做法是非常有用的。这样可以在不改变角度的情况下，简化几何图形，如图4-3（c）所示。

在无线通信系统中，物体对电磁波的阻挡会产生绕射损耗，仅有一部分能量能绕过阻挡体。在已知服务区内，估计由电磁波经过山丘或建筑物绕射引起的信号衰减是预测场强的关键。一般来说，精确估计绕射损耗是不可能的，实际预测一般是理论近似加上必要的经验修正。当遮掩由单个物体（如山脉）引起时，通常可以把阻挡体看作绕射刃形边缘来估计绕射损耗。

2 多重刃形绕射

在很多情况下，特别是在山区和城市中心区，传播路径上的阻挡体往往不止一个，这样所有阻挡体所引起的绕射损失都必须计算。布灵顿提出可以用一个等效阻挡体代替一系列阻挡体的方法，这样就可以使用单刃形绕射模型计算路径损耗。这种方法极大地简化了计算，并给出了比较好的接收信号强度的估计。布灵顿给出了经过两个连续双峰后电磁波的绕射的理论解法，这种方法在实际工程中也是非常有用的，可以用于预测由双峰引起的绕射损耗，如图4-4所示。

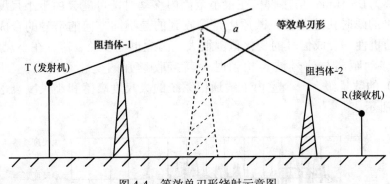

等效单刃形

阻挡体-1

T (发射机)

阻挡体-2

R(接收机)

图 4-4　等效单刃形绕射示意图

当障碍物多于双峰时，理论分析变得很难，技术人员也采用数学方法建立了一些简化的模型来估计多阻挡体的绕射损耗，这里不再叙述。

4.2　电磁波的衰落

在无线通信系统中，发射机发射的电磁波信号经过一定的空间传输后被接收机接收，接收信号的电平会随着距离的增加而衰减（传输损耗）；而且大多数蜂窝系统的基站设置在建筑物密集的城区，基站和移动台之间大都没有直接视距路径，而电磁波在穿过高层建筑物时会产生很大的吸收损耗和绕射损耗（阴影效应）。这些都是大尺度衰落。不同的地理环境和建筑物等反射物体的几何结构也会产生多路径的反射，经过不同反射路径的电磁波相互作用会引起小尺度衰落。此外，由于建筑物等反射体表面是不光滑的，反射能量还会由于散射而散布于很多方向，也会引起信号衰落。

对电磁波传播模型的研究主要关注两个方面：指定区域内接收信号平均电平的预测和在特定位置附近接收信号电平的变化。通过各种传播模型对无线信道进行分析，可以用来确定无线系统应该采取哪些技术措施。用于预测无线覆盖区域接收信号平均电平的传播模型，它们描述的是发射机与接收机之间远距离（几百米或几千米）的场强变化，称为大尺度传播模型。与此相反，描述发射机与接收机之间短距离（几个波长）或短时间（秒级）内接收信号电平的快速波动的传播模型，称为小尺度衰落模型。

当接收机逐渐远离发射机时，接收信号的平均电平会逐渐减弱，平均接收电平可以由大尺度传播模型预测。在典型情况下，信号平均电平由从5λ到40λ范围内的信

63

号测量值计算得到，对于工作频段在800～2500MHz范围的蜂窝移动通信系统，相应的测量距离为1～10m。当接收机在很小范围内移动时，可能会由于小尺度衰落而引起接收电平的瞬时快速波动，其原因是接收到的是不同方向的信号的合成，由于相位变化的随机性，合成信号的变化范围很大，因此也称多径衰落。在小尺度衰落中，当接收机移动距离与信号波长相当时，其接收场强的变化可能会达到30～40dB（10^3～10^4）的数量级。一个室内无线通信系统的大尺度衰落和小尺度衰落的变化情况如图4-5所示。

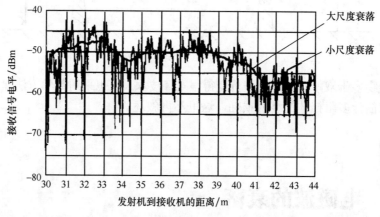

图4-5　大尺度衰落和小尺度衰落

可以看出，随着接收机的移动（距离的变化），信号的大尺度衰减变化很慢，但信号的小尺度衰落变化很快。本章主要分析大尺度传播以及移动通信系统中预测接收信号平均电平的通用方法，小尺度衰落将在第5章介绍。

4.3 实际环境的传播损耗

当接收机和发射机之间是完全没有阻挡的视距路径传输时，可以采用自由空间传播模型来预测接收信号电平，卫星通信系统和视距微波中继通信系统是典型的自由空间传播，移动通信系统在室外宽阔的环境也可能存在视距的直射波。自由空间传播模型预测接收功率电平的衰减是波长（或频率）和发射机到接收机距离的函数，见式（4-4）。

$$P_r=P_t \cdot \frac{1}{4\pi d^2} \cdot A_e=\frac{P_t\lambda^2}{(4\pi)^2 d^2} \tag{4-4}$$

式中，P_r 为接收功率（W或mW）；

  P_t 为发射功率（W或mW）；

  d 为发射机到接收机的距离（m）；

  $A_e = \lambda^2/4\pi$ 为接收天线的有效面积（m^2）；

  λ 为波长（m）。

在通信工程中，一般用路径损耗来表示信号的衰减程度，单位为dB，定义为发射功率和接收功率比值的对数形式。自由空间的路径损耗见式（4-5）（其中，λ和d的单位都是m）。

$$L_0(\text{dB}) = 10\lg\frac{P_t}{P_r} = -10\lg\left[\frac{\lambda^2}{(4\pi)^2 d^2}\right] = 22 - 20\lg\lambda_m + 20\lg d_m \tag{4-5}$$

在实际的通信工程中，电磁波一般用频率来标称，频率 f（Hz）与波长λ（m）的关系为$\lambda = c/f$，c为光速（3×10^8 m/s）。因此可以用式（4-6）或式（4-7）来计算电磁波在自由空间的路径损耗。

$$L_0(\text{dB}) = 22 - 20\lg\lambda_m + 20\lg d_m = -147.5 + 20\lg f_{\text{Hz}} + 20\lg d_m \tag{4-6}$$

$$L_0(\text{dB}) = -27.5 + 20\lg f_{\text{MHz}} + 20\lg d_m \tag{4-7}$$

根据理论分析和实际测试，无论是室内还是室外环境，无线信号的平均路径损耗都是发射机到接收机的距离的幂函数的对数函数，幂函数的指数称为路径损耗指数。自由空间的路径损耗是距离的平方函数，即路径损耗指数是"2"。不同传播环境下的路径损耗指数（n）不同，实际环境的空间损耗的近似计算方法见式（4-8）。

$$L(\text{dB}) = -27.5 + 20\lg f_{\text{MHz}} + n \times 10\lg d_m \tag{4-8}$$

不同环境下的路径损耗指数的参考值见表4-1。

表 4-1　不同环境下的路径损耗指数

无线环境	路径损耗指数 n
自由空间	2
市区蜂窝	2.6～3.5
市区蜂窝阴影	3～5
建筑物内视距传播	1.6～1.8
建筑物遮挡	4～6
工厂遮挡	2～3

4.4

室外传播模型

在无线通信系统中，电磁波经常要在不规则的地区传播。在估计路径损耗时，要考虑特定地区的地形地貌，包括简单的曲线形状的地形、多山区域的地形、城市建筑物群的地形等，同时还要考虑树木、单个建筑物和其他阻挡物。

有很多传播模型可以用来预测不规则地区的路径损耗，所有这些模型的目标都是预测特定地点或特定区域的信号场强，但是在分析方法、复杂性和精确性等方面差异很大。大部分模型都是基于服务区的实际测试数据来对理论分析进行修正。下面简单介绍一些最通用的室外传播模型的基本概念。

4.4.1 Longley-Rice 模型

Longley-Rice（朗利–赖斯）模型可以应用于频率范围为40MHz～10GHz的不同地形中的点对点通信系统，使用地形地貌的路径几何学和对流层的绕射来预测电磁波的中值传输损耗，使用几何光学（主要为双线地面反射模型）来预测电磁波在地平线以内的信号场强，使用刃形模型来预测电磁波通过孤立阻挡体的绕射损耗，使用前向散射理论来预测长距离对流散射，并使用改进的Vander Pol-Bremmer方法来预测双地平线路径的远距离绕射损耗。Longley-Rice传播预测模型也参考ITS不规则地形模型。

根据Longley-Rice模型可以编写成一个计算机程序，用以计算频率在40MHz～10GHz之间的电磁波通过不规则地形的大尺度中值传输损耗。对于给定的传输路径，计算机程序以信号频率、路径长度、极性、天线高度、表面绕射、地球的有效半径、地面导电性和气候因素等作为输入参数，同时也依赖于特定路径参数，如天线水平线距离、水平倾斜角、倾斜交叉水平距离、地形不规则性等其他特定输入参数。

Longley-Rice模型有两种使用方式。如果可以获取详细的地形地貌数据，能够很容易地确定特定路径参数，这种预测称为点到点预测方式；如果不能获取详细的地形地貌数据，也可以用Longley-Rice模型来估计特定路径参数，这种预测称为区域预测方式。

Longley-Rice模型已经有了很多改进，一个重要的改进是市区的无线传播。这种改进增加了一个额外参数来补偿接近接收天线的城区杂波引起的额外衰减，这个额外参数称为城区因子，可以通过原始Longley-Rice模型的预测与Okumura（奥村）模型的对比而获得。

Longley-Rice模型的一个缺点是不能提供在接收机附近时对环境因素的修正，或涉及建筑物和树叶的修正。此外，Longley-Rice模型没有考虑多径传播。

4.4.2　Durkin 模型

Durkin（杜尔金）模型是类似于Longley-Rice模型的典型传播预测，由Durkin、Edwards和Dadson提出。Durkin模型描述了不规则地形信号强度预测的计算机仿真器，已被欧洲联合无线电委员会（JRC）用于进行有效移动无线覆盖区的预测。尽管该仿真器仅预测大尺度路径损耗，但它也提供了对不规则地区传播和阻挡体所引起损耗的研究方法。

Durkin路径损耗仿真器包括两部分。仿真算法的第一部分访问服务区的地形数据库，并沿着发射机到接收机的路径重新构建地形地貌信息。假设接收天线接收所有的沿径向传播的能量，因此无多径传播。换句话说，传播只是简单地以视距和阻挡体沿径向的绕射建模，排除从周围其他物体反射和局部散射的影响，这种假设的结果使得该模型在"峡谷"地区的分析结果存在很大的误差。第二部分仿真计算了电磁波沿径向的路径损耗。仿真建立之后，仿真的接收机位置可被重复地移动到服务区的不同位置来推导出信号强度的轮廓。

这种方法的地理数据可以在数字高程地图上得到，并且对高度数据执行特定位置传播计算，因此很有吸引力。Durkin模型还可以产生信号强度轮廓，在几个dB范围内该方法十分合适。Durkin模型的不足之处是不能精确预测由于树叶、建筑物和其他人造结构引起的传播效应，并且不能计算除地面反射以外的多径传播，因此经常需要增加附加损耗因子。使用地物信息的传播预测算法，常用于现代无线通信系统的设计中。

4.4.3　Okumura 模型

Okumura模型是预测城区信号时使用最广泛的模型之一。应用频率为150～1920MHz（可扩展到3000MHz），距离为1～100km，天线高度在30～1000m。

Okumura开发了一套在准平滑城区内，基站有效天线高度H_{te}为200m，移动台天线高度H_{re}为3m的自由空间中值损耗（A_{mu}）曲线，基站和移动台均使用垂直全向天线。从测量结果得到这些曲线，并画出频率150～1920MHz的曲线和距离1～100km的曲线。采用Okumura模型来预测路径损耗时，首先要确定自由空间的路径损耗，然后从曲线中读出$A_{mu}(f,d)$值，并加入代表地物类型的修正因子。Okumura模型可表示为式（4-9）。

$$L_{50}(\text{dB}) = L_F + A_{mu}(f,d) - G(H_{re}) - G(H_{re}) - G_{AREA} \tag{4-9}$$

式中，L_{50}为传播路径损耗值的50%（即中值）；

　　　L_F为自由空间传播损耗；

　　　A_{mu}为自由空间中值损耗；

　　　$G(H_{te})$为基站天线高度增益因子；

　　　$G(H_{re})$为移动天线高度增益因子；

G_{AREA}为环境类型的增益。

注意：天线高度增益因子是严格的高度函数，与天线形式无关。

Okumura通过研究发现，$G(H_{\text{te}})$以20dB/10倍程的斜率变化，$G(H_{\text{re}})$对于高度小于3m的情况以10dB/l0倍程的斜率变化。

$$G(H_{\text{te}})=20\lg(H_{\text{te}}/200) \qquad 30\text{m}<H_{\text{te}}<1000\text{m}$$

$$G(H_{\text{re}})=20\lg(H_{\text{re}}/3) \qquad 3\text{m}<H_{\text{re}}<10\text{m}$$

$$G(H_{\text{re}})=10\lg(H_{\text{re}}/3) \qquad H_{\text{re}}\leqslant3\text{m}$$

其他修正也可以应用于Okumura模型。一些重要的地形相关参数包括地形波动高度（Δh）、独立峰高度、平均地面斜度和混合陆地–海上参数等。一旦计算了地形相关参数，相应的修正因子就要被加上或去掉。所有的修正因子可从Okumura曲线中获得。

Okumura模型完全基于测试数据，不提供任何分析解释。对许多情况，通过外推曲线来获得测试范围以外的值，尽管这种外推法的正确性依赖于环境和曲线的平滑性。

Okumura模型为成熟的陆地蜂窝移动无线通信系统的路径损耗预测提供了最简单的和相对精确的解决方案。由于其实用性，在日本已成为现代陆地移动无线通信系统规划的标准。该模型的主要缺点是对城区和郊区快速变化的反应较慢。预测结果和实际测试的路径损耗偏差为10～14dB。

A_{mu}和G_{AREA}的取值如图4-6和图4-7所示。

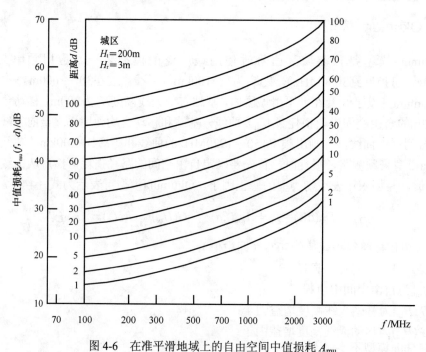

图4-6　在准平滑地域上的自由空间中值损耗 A_{mu}

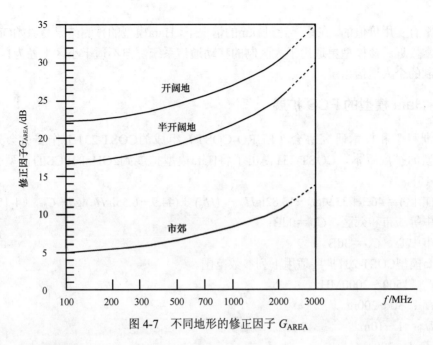

图 4-7　不同地形的修正因子 G_{AREA}

4.4.4　Hata 模型

Hata（哈塔）模型是根据Okumura曲线所生成的经验公式，频率为150～1500MHz。Hata模型以市区传播损耗为标准，其他地区在此基础上进行修正。

市区路径损耗的公式见式（4-10）。

$$L_{50}(\text{dB}) = 69.55 + 26.16\lg f_c - 13.82\lg H_{\text{te}} - a(H_{\text{re}}) + (44.9 - 6.55\lg H_{\text{te}})\lg d \qquad (4\text{-}10)$$

式中，f_c 为频率（MHz），范围为150～1500MHz；

H_{te} 为发射有效天线高度，30～200m；

H_{re} 为接收有效天线高度，1～10m；

d 为T－R距离（km）；

$a(H_{\text{re}})$ 为有效移动天线的修正因子，是覆盖区大小的函数。

对于中小城市，移动天线修正因子见式（4-11）。

$$a(H_{\text{re}}) = (1.1\lg f_c - 0.7)H_{\text{re}} - (1.56\lg f_c - 0.8) \qquad (\text{dB}) \qquad (4\text{-}11)$$

对于大城市，移动天线的修正因子见式（4-12）。

$$a(H_{\text{re}}) = 8.29(\lg 154 H_{\text{re}})^2 - 1.1 \qquad (\text{dB}) \qquad f_c \leqslant 3000\text{MHz} \qquad (4\text{-}12)$$
$$a(H_{\text{re}}) = 3.2(\lg 11.75 H_{\text{re}})^2 - 4.97 \qquad (\text{dB}) \qquad f_c > 3000\text{MHz}$$

为了获得郊区的路径损耗，标准Hats模型的修正见式（4-13）。

$$L_{50}(\text{dB}) = L_{50}(\text{市区}) - 2[\lg(f_c/28)]^2 - 5.4 \qquad (4\text{-}13)$$

对农村地区的公式修正见式（4-14）。

$$L_{50}(\text{dB}) = L_{50}(\text{市区}) - 4.78\lg(f_c)^2 - 18.33\lg f_c - 40.98 \qquad (4\text{-}14)$$

尽管Hata模型不像Okumura模型那样可获得特定路径的修正因子，但上述几个公式还是非常有实用价值的。在距离超过1km的情况下，Hata模型的预测结果与原始Okumura模型非常接近。该模型更适用于大区制的移动通信系统，但不适于小区半径为1km以内的小区制的个人通信系统。

4.4.5　Hata 模型的 PCS 扩展

欧洲科学和技术研究协会（EURO-COST）组成的COST-231工作委员会开发了Hata模型的扩展版本，COST-231提出了将Hata模型扩展到2GHz的PCS的模型公式，即式(4-15)。

$$L_{50}(\text{市区})= 46.3+33.9\lg f_c-13.82\lg H_{te}-a(H_{re})+(44.9-6.55\lg H_{te})\lg d+C_M \quad (4\text{-}15)$$

式中，中等城市和郊区，$C_M=0$dB；

市中心，$C_M=3$dB。

Hata模型COST-231扩展适用下列参数范围。

f_c：1500～2000MHz。

H_{te}：30～200m。

H_{re}：1～10m。

d：1～20km。

4.4.6　Walfish-Bertoni 模型

由Walfish（沃尔菲什）-Bertoni（贝托尼）开发的模型考虑了屋顶和建筑物高度的影响，使用绕射来预测街道的平均信号场强。

模型定义的路径损耗见式（4-16）。

$$L= L_0+ L_{rts}+L_{ms} \qquad (\text{dB}) \qquad (4\text{-}16)$$

式中，L_0为自由空间损耗；

L_{rts}为屋顶到街道的绕射和散射损耗；

L_{ms}为归于建筑物群的多屏绕射损耗。

Walfish-Bertoni模型的几何示意图如图4-8所示。

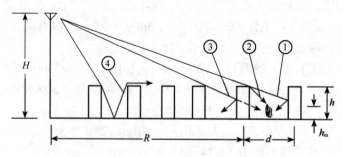

图 4-8　Walfish-Bertoni 模型的几何示意图

4.5

室内传播模型

随着个人通信系统的应用,人们越来越关注电磁波在室内的传播情况。室内无线信道与室外无线信道有两个方面的不同:室内无线信道覆盖距离更小和环境变动更大。建筑物内的无线信号传播受到诸如建筑物类型、内部布局、材料结构等因素的强烈影响。

室内无线传播与室外传播具有同样的机制:反射、散射和绕射,但是传播条件有很大的不同,传输特性随着环境的杂乱程度而变化。例如,建筑物内房间的门是开着还是关着、文件柜是木制的还是金属材料的等,都会造成接收信号电平有很大程度的差异。天线的安装位置也会直接影响到大尺度传播特性,天线安装于桌面高度还是安装在天花板上会使接收信号有极大的差距。同样,较小的传播距离也使天线的远场条件难以满足。

室内无线传播的研究是一个新的技术领域,从20世纪80年代初开始,在贝尔实验室和英国电信,首先对大量的住宅和办公建筑周围及内部的路径损耗进行了仔细的研究。

4.5.1 分隔损耗

建筑物内部有大量的分隔体和阻挡体。住宅建筑的房屋面积较小,可能使用木板或石膏板分隔构成内墙,也可能采用非承重的混凝土内墙。而办公建筑的房间通常有较大的面积,可能使用可移动的分隔以使空间容易划分。楼层间使用钢筋加强的混凝土结构。作为建筑物整体结构一部分的分隔称为硬分隔,可移动的并且未延展到天花板的分隔称为软分隔。不同材料的分隔的物理和电特性变化范围非常大,应用室外通用模型进行特定室内环境的分析是非常困难的,一般需要使用经验统计的损耗数值。

建筑物楼层间损耗由建筑物的类型、建筑物外部面积以及材料决定,甚至建筑物窗口的数量和大小也会直接影响到信号的损耗。一些典型建筑材料的分隔损耗见表4-2。

表4-2 典型建筑材料的分隔损耗

材料类型	频率/MHz	损耗/dB
混凝土承重墙	1000	20~30
砖墙	1000	15~25
石膏墙	1000	10~20

4.5.2 对数距离路径损耗模型

对室内环境的研究表明,室内路径损耗一般满足式(4-17)。

$$L(\text{dB})=L(d_0)+10n\lg(\frac{d}{d_0})+X_\sigma \tag{4-17}$$

式中，$L(d_0)$ 为参考距离 1m 处的路径损耗；

n 为路径损耗指数，依赖于周围环境和建筑物类型；

X_σ 表示标准偏差为 σ 的正态随机变量。

n 和 X_σ 一般使用经验统计数值。

一些典型建筑的参考值见表4-3。

表4-3　一些典型建筑的参考值

建筑物	频率/MHz	n	X_σ/dB
商店	900	2.2	8.7
办公室硬分隔	1500	3.0	7.0
办公室软分隔	900	2.4	9.6
办公室软分隔	1900	2.6	14.1
室内走廊	900	3.0	7.0

4.5.3　Ericsson 多重断点模型

通过对多层办公室建筑的测量，获得了Ericsson多重断点模型。该模型有4个断点并考虑了路径损耗的上下边界。模型假定 $d=1$m 处衰减为30dB，这对于频率为900MHz的单位增益天线是比较准确的。Ericsson模型没有假定对数正态阴影成分，提供了特定地形路径损耗范围的确定限度。基于Ericsson模型的室内路径损耗如图4-9所示。

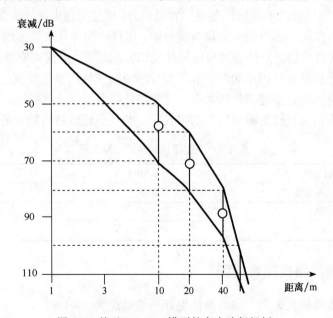

图 4-9　基于 Ericsson 模型的室内路径损耗

4.5.4   衰减因子模型

衰减因子模型包括建筑物类型的影响以及阻挡物引起的变化。这种模型的灵活性很强，预测路径损耗与测量值的标准偏差为4dB，而对数距离模型的偏差达13dB。衰减因子模型的基本表达式见式（4-18）。

$$\bar{L}(d)=\bar{L}(d_0)+10n_{\mathrm{MF}}\lg(\frac{d}{d_0}) \qquad (\text{dB})\qquad\qquad (4\text{-}18)$$

式中，n_{MF} 为多层测试的路径损耗指数值。

表4-4是一个典型建筑物的参考值。

表 4-4   建筑物的路径损耗指数和标准偏差

建筑物	n	X_σ/dB
全建筑物	3.14	16.3
同层	2.76	12.9
穿越一层	4.19	5.1
穿越两层	5.04	6.5
穿越三层	5.22	6.7

4.6
建筑物的穿透损耗

一个位于建筑物外部的发射机发射的无线信号，被建筑物内部的接收机正常接收到，这对于无线通信系统来说是非常重要的。精确的透射模型是很难确定的，然而，人们可从实践中总结出一些有用的规律。在一定的高度内（发射天线的高度，一般为45m以下），随高度的增加建筑物内的接收信号电平会增加，在高楼层由于可能存在视距路径使得外墙处可能具有较强的入射信号。超过一定高度后，由于发射天线的下倾，随着高度的进一步增加，外墙处的入射信号会变得越来越弱。在低楼层中，由于城区的杂散结构会引起较大的衰减，因此减弱了信号的透射能力。

无线信号透射能力是信号频率、建筑物外墙材料及建筑物高度的函数。测试显示，随着频率的增加透射损耗会减小，一项测试结果显示，频率分别为900MHz、1800MHz和2300MHz时，建筑物底层测得的透射衰减典型值分别为14.2dB、13.4dB和12.8dB。

天线高度对信号透射也有非常重要的影响，大多数的测试考虑室外发射机的天线高度小于建筑物本身的高度，从底层到15层（45m）透射损耗以每层1.9dB递减，从15层向上透射损耗开始逐层递增。在窗口前的测试显示，窗口前的平均透射损耗比没有窗户的透射损耗小6dB左右，与建筑物总表面相比，窗体面积所占的百分比会直接影响无线信号的透射损耗，窗体上的金属膜可以在单层玻璃上产生3～30dB的信号衰减。此外，电磁波的入射角度也会对透射衰减产生很大的影响。

4.7 传播模型的计算机辅助分析

随着计算机技术的发展，计算机的运算和可视化能力快速增长。预测无线信号覆盖的新方法包括使用特定站址（SISP）传播模型和地理信息系统（GIS）数据库。SISP模型提供电磁波跟踪作为室内或室外传播环境建模的主要方法。通过使用标准地理软件包中的建筑物数据库，无线通信系统的设计者能够获得建筑物和地物特征的精确数据。

对于室外传播的预测，电磁波跟踪技术与空中拍照相结合，这样建筑物的三维参数可以与模拟反射、散射和绕射的计算机软件相结合。图像技术用于将城市的卫星照片转换为可用的三维数据库。对于室内环境，建筑结构图也用于传播模型的研究中。

当有关环境和建筑物特性的数据库数据足够丰富时，就可以使用计算机辅助设计工具来开发无线通信系统。这些计算机辅助设计工具综合了以上介绍的各种传播模型，能够提供较大范围内确定的大尺度路径损耗的预测模型。

本 章 小 结

衰落是一个针对电磁波功率的概念，研究衰落就是研究电磁波在传输过程中信号功率减小的问题。数字通信中一个最重要的关系就是误码率和信噪比的关系，信噪比下降，误码率就会增大，从而影响信号的正常接收，所以衰落会严重影响信号的误码率。

衰落可以分为大尺度衰落和小尺度衰落。大尺度衰落是在一个较大的范围内考查信号功率平均值的渐变过程。大尺度衰落的原因主要是路径损耗和阴影效应，例如，离基站越远的地方一般信号也越弱，这是人们看到的一种宏观上的变化趋势，这就是大尺度衰落。而小尺度衰落是在小范围内的信号功率瞬时值的急剧变化，一般是与信号波长相当的数量级，小尺度衰落的主要原因是多径效应，所以也称多径衰落。

分析大尺度衰落主要用于预测某个区域的无线信号的平均场强，为移动通信系统的规划和建设提供参考。分析的方法可以是建立传播模型。本章介绍这些传播模型的目的并不是要求读者掌握这些模型去进行分析（这是一项极其复杂的工作），而是使读者建立分析电磁波传播的基本概念。

练 习 题

1．在无线通信系统中，电磁波主要有哪几种传播方式？

2．什么是大尺度衰落？产生大尺度衰落的主要原因是什么？

3．某蜂窝基站发射载波的频率为900MHz，天线口面的信号功率为1W，1km外有视距路径移动台的接收信号电平是多少？

4．如果第3题中的移动台和基站之间没有视距路径，按路径损耗指数为3考虑，则移动台的接收信号电平是多少？

5．在无线通信系统中估计路径损耗要考虑哪些因素？

6．室内无线信道与室外无线信道有哪些不同？

7．为什么在一定的高度内随高度增加建筑物内的接收信号电平会增加，超过一定高度后随高度增加建筑物内的接收信号电平反而会下降？

第 **5** 章

小尺度衰落

小尺度衰落是指无线信号在经过短时间或短距离传播后其幅度出现快速衰落。小尺度衰落是由于同一个无线信号沿两个或多个不同的路径传播，以微小的时间（相位）差到达接收机的信号相互干涉所引起的信号衰落，因此也称多径衰落。这些无线信号也称多径信号。接收机的天线接收到多径信号后，会将它们合成为一个幅度和相位急剧变化的信号，其变化程度取决于多径信号的强度、相对传播时间以及传播信号的带宽。

在无线通信系统的实际环境中，小尺度衰落的变化往往非常剧烈，以至于大尺度路径损耗的影响几乎可以忽略不计。因此在无线通信系统中如何降低小尺度衰落的影响是一项非常重要的工作。

本章重点内容如下：

● 小尺度多径传播。
● 多径信道的参数。
● 小尺度衰落的类型。

5.1

小尺度多径传播

5.1.1　小尺度衰落的概念及特点

在无线传播环境中，到达接收机天线的信号不是经过单一路径传输的，而是众多路径的反射波的合成。这些不同路径的传输距离不同，不同多径信号的到达时间和相位也有差异，不同相位的信号在接收天线处叠加，有的相位相同信号增强，有的相位相反信号减弱，相位的差异还会造成时间的扩展。特别是在蜂窝移动通信系统中，移动台或者路径中的反射体还可能是移动的，多径信道会不断变化。因此，多径信号叠加后的合成信号的幅度会发生剧烈的变化，这就是小尺度衰落。这种衰落主要是由于无线信号的多径传播特性造成的，因此也称多径衰落。小尺度衰落的特点如下。

（1）无线信号经过短时间或短距离传播后，信号强度发生急剧变化。

（2）在不同的多径信号上，存在着时交的多普勒频移引起的随机频率调制。

（3）多径传播时延引起的扩展（表现为回音）。

特别是在高楼林立的城市中心区和室内环境中，由于移动台的高度比周围的建筑物要低很多，几乎不存在从移动台到基站的视距传播路径，这就导致了小尺度衰落的产生。即使存在一条视距传播路径，由于地面和周围建筑物的反射，仍然会构成其他传播路径，小尺度衰落仍然会发生。无线信号会从不同的传播方向到达接收机，具有不同的传播时延。移动台所收到的无线信号由许多平面波组成，它们具有随机分布的幅度、相位和入射角度。这些多径信号被接收机天线按向量合并，合成信号的幅度也是随机的，从而使接收信号产生衰落失真。即使移动台本身处于静止状态，接收信号也会由于无线信道传播环境中的物体运动（如汽车的运动）而产生衰落。当接收机在1m以下到几米（与信号波长相当）范围内移动时，由于小尺度衰落引起的接收机信号强度的变化可能是非常剧烈的，因此其接收场强的变化可能会达到30～40dB（10^3～10^4）的数量级。

如果无线信道中的物体处于静止状态，只有移动台移动，则小尺度衰落只与空间路径有关。当移动台穿过多径区域时，信号的空间变化可以看作瞬时变化，在空间不同路径的多径信号的影响下，高速运动的接收机可能在很短时间内经过若干次衰落。更为严重的是，接收机可能会正好停留在某个特定的出现严重衰落的位置（深度衰落区），在这种情况下，要想维持良好的通信状态是非常困难的，通信的中断往往是不可避免的。

无线信道具有的小尺度衰落特性是制约无线通信提高信道容量和服务质量的主要原因之一，在移动通信系统中，必须采用抗小尺度衰落技术才能实现有效的信息传输。具体的抗衰落技术将在后面的章节中介绍。

5.1.2　小尺度衰落的原因

在无线信道中，造成小尺度衰落的主要物理因素包括以下方面。

1　多径传播

信道中存在的反射路径构成了一个不断消耗信号能量的反射传播环境，导致信号的幅度、相位及时间发生变化，发射机发射的电磁波到达接收机时形成了在时间和空间上相互不同的多个无线电波。不同的多径成分具有随机的幅度和相位特性，会引起合成信号强度的剧烈波动，导致小尺度衰落。多径传播常常会延长信号到达接收机所用的时间，由于码间干扰而引起信号失真。

2　移动台的运动速度

基站与移动台之间的相对运动会引起随机频率调制，这是由多径分量存在的多普勒频移现象引起的。多普勒频移是正频移还是负频移取决于移动台是相向于还是背向于基站运动，多普勒频移的大小取决于基站与移动台之间的相对速度和无线信号的频率。

3　环境物体的运动速度

如果无线信道中的环境物体处于运动状态，也会引起时交的多普勒频移。如果环境物体以大于移动台的速度运动，则这种运动将对小尺度衰落起到决定性作用。如果环境物体运动很慢，则可以只考虑移动台运动速度的影响。

4　信号的传输带宽

如果信号的传输带宽比多径信道带宽大得多，则接收信号会失真，但接收机的接收信号不会产生严重衰落，即小尺度衰落不占主导地位。信道带宽可以用相干带宽来量化，相干带宽是一个最大频率差的量度，与信道特定的多径结构有关，在此范围内，不同信号的幅度保持很强的相关性。若传输信号带宽比多径信道带宽窄，信号幅度就会迅速改变，但信号不会出现时间失真。所以，接收信号的强度和短距传输后信号失真的可能性与多径信道的衰落幅度、时延及传输信号的带宽有关。

5.1.3　多普勒频移

多普勒效应是奥地利科学家克里斯琴·约翰·多普勒（Christian Johann Doppler）在1842年首先提出的，其主要内容为"物体辐射的波长会因为波源和观测者的相对运动而产生变化，相对速度越高，所产生的效应越大"。多普勒效应的示意图如图5-1所示。

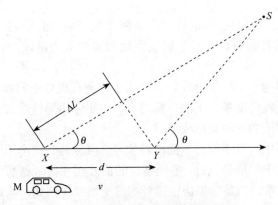

图 5-1　多普勒效应示意图

距离发射源S点很远的移动台M，以恒定速度v从X点向Y点运动，路径长度为d，移动台M接收到发射源S点发出的信号。θ是X点和Y点处移动台运动方向与入射波的夹角，由于移动台M与发射源S点距离很远，可假设X、Y处的θ是相同的。

无线电波从S点发出，在X点与Y点处分别被移动台M接收时所走的路径差见式（5-1）。

$$\Delta L = d \times \cos\theta = v \times \Delta t \times \cos\theta \tag{5-1}$$

式中，Δt为移动台从X点运动到Y点所需的时间。

由路程差造成的接收信号相位变化值见式（5-2）。

$$\Delta\varphi = \frac{2\pi\Delta l}{\lambda} = \frac{2\pi v\Delta t}{\lambda}\cos\theta \tag{5-2}$$

X点和Y点接收频率的变化值（即多普勒频移）f_{d}见式（5-3）。

$$f_{\mathrm{d}} = \frac{1}{2\pi} \cdot \frac{\Delta\varphi}{\Delta t} = \frac{v}{\lambda} \cdot \cos\theta \tag{5-3}$$

可以看出，多普勒频移与移动台运动速度、移动台运动方向和无线电磁波入射方向之间的夹角有关。若移动台向入射波方向运动，则多普勒频移为正（接收频率提高）；若移动台背向入射波方向运动，则多普勒频移为负（接收频率下降）。信号经不同方向传播，其多径分量会造成接收机信号的多普勒扩散，因而会增加信号带宽。

5.1.4　多径信道的冲激响应

无线信道的小尺度衰落与移动无线信道的冲激响应直接相关。冲激响应是宽带信道的特性，它包含了所有用于模拟和分析无线信道传播的信息，这是因为无线信道可以建模成一个具有时变冲激响应特性的线性滤波器，其中的时变是由于接收机的空间运动所引起的。多径信道的接收信号由许多幅度被减弱、有不同延时和不同相移的传输信号组成，信道的滤波特性以任一时刻到达的多径波为基础，其幅度与时延之和会影响信道滤波。

冲激响应是信道的一个有用特性，可以用于预测和比较不同移动通信系统的性能，以及某一特定移动无线信道条件下的传播带宽。在实际的无线通信系统中，采用信道测量技术来测出多径信道的冲激响应模型。

在相同多径信道中具有不同带宽的两种信号，可能具有完全不同的小尺度衰落。当传输信号的带宽远大于信道带宽时，多径结构的信号在任何时刻都可以被接收机分离出来，不会产生严重衰落。但是如果传输信号的带宽很窄（例如，基带信号的持续时间比信道附加时延大很多），那么多径信号就不能被接收机分离出来，许多未分离的多径分量的不同相移会导致合成信号的幅度的剧烈起伏，产生严重的小尺度衰落。

5.2
多径信道的参数

5.2.1 功率延迟分布

很多多径信道的参数来自于功率延迟分布。功率延迟分布是一个基于固定时延参考量的附加时延的函数，常以相对接收功率图的形式表示。室外和室内信道典型的功率延迟分布图如图5-2所示，图中RMS表示均方根。

图5-2中的数值来源于大量的近距离瞬时分布采样测量。将基于本地的瞬时功率延迟分布取平均就可以得到功率延迟分布，可用它来求解平均小尺度功率延迟分布。基于探测脉冲的时间分辨率以及多径信道的类型，采样空间距离取1/4波长。室外信道接收机运动距离不超过6m，室内信道运动不超过2m，信道频率范围为450MHz～5GHz。这种小尺度分析方法避免了在小尺度统计结果中存在大尺度平均误差。

5.2.2 时延扩展和相干带宽

为了比较不同多径信道以及研究无线通信系统的设计方法，对多径信道的一些参数进行了量化，其中包括平均附加时延、均方根时延扩展以及附加时延扩展（X dB），这些参数可以由功率延迟分布得到。

宽带多径信道的时间色散特性通常用平均附加时延（τ）和RMS时延扩展（σ_τ）来描述，平均附加时延是功率延迟分布的一阶矩（随机变量的期望），RMS时延扩展是功率延迟分布二阶矩（随机变量平方的期望）的平方根。户外无线信道的RMS时延扩展的典型值是ms或μs级，室内无线信道为ns级。

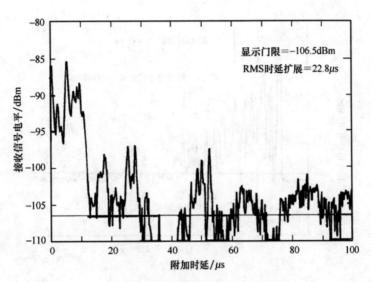

(a) 室外信道的功率延迟 (RMS＝22.8 μs)

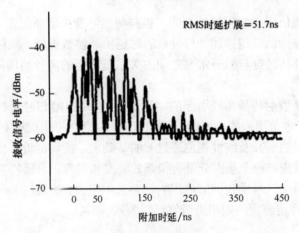

(b) 室内信道的功率延迟 (RMS＝51.7 ns)

图 5-2　多径信道功率延迟分布的测量结果

需要注意的是,RMS时延扩展和平均附加时延扩展是由一个功率延迟分布来定义的。功率延迟分布来源于本地连续冲激响应的测量值取短时或空间平均。一般地,在一个大尺度区域的移动通信系统中,多径信道参数的统计就来源于许多本地区域的测量值。

功率延迟分布的最大附加时延定义为多径能量从初值衰落到低于最大能量 X dB处的时延。在 X dB处的最大附加时延定义了高于某特定门限的多径分量的时间范围。在所有情况下,都必须规定一个门限值,将多径噪声水平与接收的最大多径分量联系起来。图5-3所示为不低于最强信号10dB的多径分量最大附加时延的计算结果。

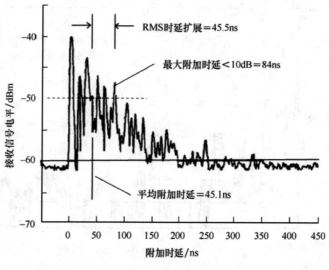

图 5-3　室内延迟分布

功率延迟分布与无线信道的幅频特性之间可以与傅里叶变换联系起来，通过信道的幅频特性在频域内建立等价的信道描述。与时域的时延扩展参数类似，频域的相干带宽也用于描述信道特性。RMS 时延与相干带宽之间的关系是特定的多径结构的函数，它们之间总的来说成反比。

时延扩展是由反射及散射传播路径引起的，而相干带宽是由 RMS 时延扩展得出的一个关系值。相干带宽是一定范围内的频率的统计测量值，建立在平坦信道（在该信道上，所有谱分量均以几乎相同的衰减及线性相位通过）的基础上。换句话说，相干带宽就是指在一个特定的频率范围内，两个频率分量有很强的幅度相关性，衰落特性相同。而频率间隔大于相干带宽的两个信号受到的信道影响将会大不相同。如果相干带宽定义为频率相关函数大于 0.9 的某特定带宽，则相干带宽近似为式（5-4）。

$$B_c \approx \frac{1}{50\sigma_\tau} \tag{5-4}$$

如果将定义放宽至相关函数值大于 0.5，则相干带宽近似为式（5-5）。

$$B_c \approx \frac{1}{5\sigma_\tau} \tag{5-5}$$

以上等式只是一个近似值，相干带宽与 RMS 时延扩展之间并没有确切的数学关系。在通信工程中，可以采用频谱分析技术和仿真技术来分析多径信道对某一特定信号的影响。在无线通信系统的实际应用中，当设计特定的调制解调方案时，必须采用精确的信道模型作为设计依据。

5.2.3　多普勒扩展和相干时间

时延扩展和相干带宽是用于描述信道的时间色散特性的两个参数，但并未提供描述信道的时变特性的信息。时变特性可能由移动台与基站之间的相对运动引起，也可能由信道传输路径中物体的运动引起。多普勒扩展和相干时间就是用来描述小尺度内信道的时变特性的两个参数。

多普勒扩展是频谱展宽的测量值，这个频谱展宽是移动无线信道的时间变化率的一种量度。多普勒扩展被定义为一个频率范围，在此范围内接收的多普勒频谱有非零值。当发送信号是频率为 f_{C} 的正弦信号时，接收信号的频谱（即多普勒频谱）会在 $f_{\mathrm{C}} - f_{\mathrm{D}}$ 至 $f_{\mathrm{C}} + f_{\mathrm{D}}$ 的频率范围内存在分量，其中 f_{D} 是多普勒频移。多普勒扩展取决于 f_{D}，f_{D} 是移动台与发射源的相对速度、运动方向与入射波方向的夹角的函数。如果基带信号的带宽远远大于多普勒扩展，就可以忽略多普勒扩展的影响，这是一个慢衰落信道。

相干时间是多普勒扩展在时域的表示，用于在时域描述信道频率色散的时变特性。时间间隔大于相干时间的两个接收信号受到信道的影响各不相同。在现代数字通信中，一种普遍的方法是将相干时间定义为

$$T_{\mathrm{C}} = \sqrt{\frac{9}{16\pi \cdot f_{\mathrm{D}}^{2}}} = \frac{0.423}{f_{\mathrm{D}}} \tag{5-6}$$

例如，以100km/h速度行驶的汽车上的移动用户，如果接收信号为900MHz，为了避免由于频率色散引起的失真，需要 $T_{\mathrm{c}} = 5.08\mathrm{ms}$（符号速率必须超过 $1/T_{\mathrm{c}} = 197\ \mathrm{bps}$）。

5.3

小尺度衰落的类型

移动无线信道中的时间色散与频率色散可能产生4种显著效应，这是由信号、信道及发送速率的特性引起的。4种不同类型的小尺度衰落如图5-4所示。

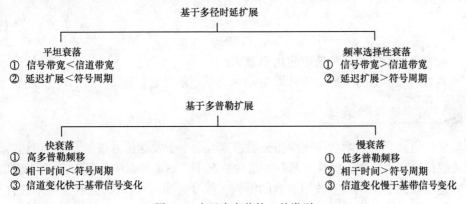

图 5-4　小尺度衰落的 4 种类型

信号参数（如带宽、符号间隔等）与信道参数（如RMS时延和多普勒扩展）决定了不同的发送信号将经历不同类型的衰落。当多径时延扩展引起时间色散以及频率选择性衰落时，多普勒扩展就会引起频率色散以及时间选择性衰落，这两种传播机制彼此独立。

5.3.1　多径时延扩展引起的衰落

多径时延扩展会导致发送的信号产生平坦衰落或频率选择性衰落。

1　平坦衰落

如果移动无线信道的带宽大于发送信号的带宽，并且在带宽范围内有恒定的衰减和线性相位关系，则信号就会经历平坦衰落过程。这种衰落是最常见的。在平坦衰落的情况下，发送信号的频谱特性在接收机内仍能保持不变，但是由于小尺度衰落导致了信道损耗的起伏，接收信号的强度会随着时间发生变化。平坦衰落信道的特性如图5-5所示。

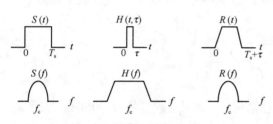

图5-5　平坦衰落信道的特性

可以看出，如果信道损耗随时间变化，则接收端信号会发生幅度变化。接收信号幅度随时间变化，但其发送时的频谱特性仍保持不变。在平坦衰落信道中，发送信号带宽的倒数远大于信道的多径时延扩展，可近似认为没有附加时延。平坦衰落信道即幅度变化信道，有时可以看作窄带信道，这是因为信号的带宽比平坦衰落信道的带宽要窄很多。

典型的平坦衰落信道会引起深度衰落，在深度衰落期间需要增加20～30dB的发送功率，以达到比特误码率的要求。平坦衰落信道的损耗分布对设计无线系统非常重要，最常见的幅度分布是瑞利分布，可以通过瑞利平坦衰落信道模型进行分析。产生平坦衰落的条件见式（5-7）。

$$B_S \ll B_C$$
$$T_S \gg \sigma_\tau \qquad\qquad (5\text{-}7)$$

式中，B_S为信号带宽，B_C为信道的相干带宽；

T_S为信号带宽的倒数（信号周期），σ_τ为信道的时延扩展。

2　频率选择性衰落

如果信道具有恒定增益和线性相位的带宽范围小于发送信号带宽，则该信道特性会导致接收信号产生频率选择性衰落。在这种情况下，信道冲激响应具有多径时延扩展，而且时延扩展大于发送信号波形带宽的倒数（信号周期）。此时，接收信号中包含经历了衰减和时延的发送信号波形的多径波，因而会产生信号失真。

频率选择性衰落是由信道中发送信号的时间色散引起的，这样信道会引起码间干扰。频域中接收信号的某些频率比其他分量获得了更大增益。频率选择性衰落信道的建模比平坦衰落信道的建模更困难，因为必须对每一个多径信号建模，而且必须把信道看作一个线性滤波器。为此要进行宽带多径测量，并在此基础上进行建模。

分析移动通信系统时，一般用统计冲激响应模型，如双线瑞利衰落模型（该模型将冲激响应看作由两个 δ 函数组成，这两个函数的衰落具有独立性，并且它们有足够的时间使信号产生选择性衰落），用计算机生成或测量出的冲激响应来分析频率选择性小尺度衰落。频率选择性衰落的特点如图5-6所示。

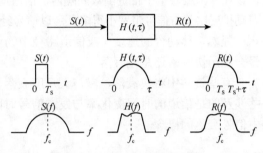

图 5-6 频率选择性衰落的特点

对于频率选择性衰落而言，发送信号的带宽大于信道的相干带宽。由频域可看出，不同频率获得不同增益时，信道就会产生频率选择。当多径时延接近或超过发送信号的周期时，就会产生频率选择性衰落。频率选择性衰落信道也称宽带信道，发送信号的带宽大于信道冲激响应带宽。随着时间变化，发送信号的频谱范围内的信道增益与相位也发生了变化，导致接收信号发生时变失真。产生频率选择性衰落的条件见式（5-8）。

$$B_S > B_C$$
$$T_S < \sigma_\tau$$

(5-8)

通常若 $T_S \leqslant 10\sigma_\tau$，该信道也认为是频率选择性的，具体范围依赖于调制类型。

5.3.2 多普勒扩展引起的衰落

多普勒扩展同样也会产生信号衰落，根据发送信号周期与信道变化快慢程度的比较，可以分为快衰落信道和慢衰落信道。

1 快衰落信道

在快衰落信道中，信道冲激响应在符号周期内变化很快，即信道的相干时间比发送信号的信号周期短。由于多普勒扩展而产生时间选择性衰落（也称频率色散），从而导致信号失真。从频域可看出，信号失真随发送信号带宽的多普勒扩展的增加而加剧。信号经历快衰落的条件是 $T_S > T_C$ 并且 $B_S < B_D$。

需要注意的是，当信道被认为是快衰落或慢衰落信道时，就不用再指出它是平坦衰落或频率选择性衰落信道。快衰落仅与由运动引起的信道变化率有关。对平坦衰落信道而言，可以将冲激响应简单近似为一个 δ 函数（无时延）。所以平坦衰落、快衰落信道就是 δ 函数变化率快于发送基带信号变化率的一种信道。而频率选择性衰落、快衰落信道是任意多径分量的幅度、相位及时间变化率快于发送信号变化率的一种信道。实际上，快衰落仅发生在数据速率非常低的情况下。

2 慢衰落信道

在慢衰落信道中，信道冲激响应变化率比发送的基带信号的变化率低得多，因此可以假设在一个或若干个带宽倒数间隔内，信道均为静态信道。在频域中，这意味着信道的多普勒扩展比基带信号带宽小得多。所以信号经历慢衰落的条件是$T_S \ll T_C$并且$B_S \gg B_D$。

显然，移动台的速度（或信道路径中物体的速度）及基带信号发送速率，决定了信号会经历快衰落还是慢衰落。

有些资料中将快衰落、慢与大尺度衰落、小相混淆。应该强调的是，快衰落、慢衰落涉及的是信道的时间变化率与发送信号时间变化率之间的关系，而不是分析传播路径中信号衰落的概念。

本 章 小 结

在无线通信系统中，由于天线波束较宽，受地物、地貌和海况等诸多因素的影响，接收机会收到经过直射、反射和绕射等多条路径到达的电磁波，这种现象就是多径效应。这些经过不同路径到达的电磁波的相位不一致而且具有时变性，导致接收信号呈现衰落状态。这些电磁波的到达时延不同，又会导致码间干扰。如果多个多径信号的强度较大，时延差又不能忽略，就会产生误码，而且这种误码依赖增加发射功率是不能消除的。这种由多径效应产生的衰落称为小尺度衰落，小尺度衰落的基本特性表现为信号的幅度衰落和时延扩展。

从空间的角度考虑，由于多径信号到达接收机的相位不同，合成后的接收信号幅度会随着移动台移动距离的变动而剧烈变化，即产生严重的幅度衰落；从时间的角度考虑，由于信号的传播路径不同，所以到达接收端的时间也不同，当基站发出一个脉冲信号时，接收信号不仅包含该脉冲，还会包括此脉冲的各个时延信号，这种由于多径效应引起的接收信号中脉冲的宽度扩展现象称为时延扩展。

练 习 题

1. 什么是小尺度衰落？小尺度衰落为什么也称多径衰落？
2. 小尺度衰落的特点是什么？
3. 产生小尺度衰落的主要原因是什么？
4. 基站发射信号频率为900MHz，以120km/h接近基站的移动台接收频率是多少？
5. 小尺度衰落有哪几种类型？产生的条件分别是什么？
6. 小尺度衰落的基本特性表现在哪两个方面？

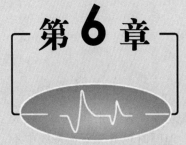

第 6 章

无线蜂窝技术

无线蜂窝技术是现代公共陆地移动网（Public Land Mobile Network，PLMN）的基础，现在的移动通信网络又被称为蜂窝移动通信系统。无线蜂窝技术是一个系统级的概念，采用蜂窝技术进行频率复用，就能够用非常有限的频率资源覆盖无限的地理区域、支持众多的移动用户，而不会互相干扰。特别是要建立"小区簇"的概念，蜂窝系统实现全球覆盖的单元并不是一个个独立的蜂窝小区，而是由若干个蜂窝组成的小区簇。

蜂窝系统的特点和难点之一是移动用户在通信过程中会出现越区切换，在越区切换的过程中如何保证通信不会中断是一项复杂的技术。

本章重点内容如下：

- 蜂窝系统的频率复用。
- 蜂窝系统的频率规划。
- 蜂窝系统的越区切换。
- 干扰、远近效应和功率控制。
- 提高蜂窝系统容量的方法。

6.1 概　述

　　早期的移动通信系统是通过安装在高塔上的单个大功率发射机来获得一个很大面积的覆盖范围。这种方式可以获得很大的覆盖区域，但同时也意味着在系统中不能重复使用相同的频率，否则将会导致互相干扰，因此系统的用户容量极其有限。例如，20世纪70年代美国纽约的贝尔移动系统的覆盖范围可达1000平方英里（1平方英里≈2.59km^2），但最多只能支持12个同时呼叫。随着移动通信的发展，政府部门已经不能保证频率分配能够满足移动用户大量增长的需求。因此调整移动通信系统的网络结构，使其既能覆盖大面积的区域，又能用有限的无线频率资源提供大容量的通信服务，已经迫在眉睫。

　　无线蜂窝的概念是美国的贝尔实验室在20世纪70年代初提出来的，这是解决移动通信系统频率资源不足和用户容量巨大这个主要矛盾的一个重大突破，它能在有限的频谱上提供非常大的容量而不需要在技术上做重大修改。

　　无线蜂窝技术是一个系统级的技术，其核心思想是用许多小功率的基站发射机来代替单个大功率的发射机，将一个大覆盖区分割成许多小的覆盖区，每一个小覆盖区只提供覆盖范围之内的通信服务。每个小覆盖区的基站分配整个系统可用信道中的一部分，相邻覆盖区的基站分配另外一些不同的信道，这样所有的可用信道就分配给了一定数目的相邻的基站（小区簇）。由于相邻的基站分配了不同的信道组，它们之间以及在它们控制下的移动用户之间的干扰就可以控制到最小。通过系统地规划整个系统的基站站址及它们的信道组，只要基站之间的同频干扰低于可以接受的水平，那么可用信道就可以在整个系统的地理区域内重复分配，而且理论上可以无限地复用。随着服务需求的增长（例如，某一区域需要更多的信道），基站的数目还可以继续增加，只要每个基站发射机的功率相应减小（覆盖范围也相应减小），就可以增加系统容量，而不需要增加额外的频率资源。

　　无线蜂窝技术是所有现代无线通信系统的基础，因为它通过在整个覆盖区域内复用信道，实现了用一定数量的信道来为任意多的用户服务的功能。此外，蜂窝概念还允许在全世界范围内，按照同一种标准、使用统一的信道组来生产标准化的移动终端，这种移动终端可以在采用相同标准建立了通信网络的全世界任何地方使用。

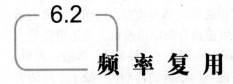

6.2
频 率 复 用

　　蜂窝无线系统的频率复用依赖于整个覆盖区域内的无线信道规划。每个蜂窝基站都分配一组无线信道，这组无线信道用于称为小区的一个较小地理范围内。该信道组所包含的所有信道都不能在相邻的小区中使用，相邻小区的基站分配其他信道组。基站发射机和天线的设计要做到能覆盖某一特定区域，通过将覆盖范围限制在小区边界以内，相同的信道组就可以用于覆盖不相邻的小区（同频小区），只要这些同频小区之间相隔的距离足够远，相互之间的干扰就能够控制在可以接受的水平之内。蜂窝频率复用的示意图如图6-1所示，图中标有相同字母的小区是同频小区，使用相同的信道组。

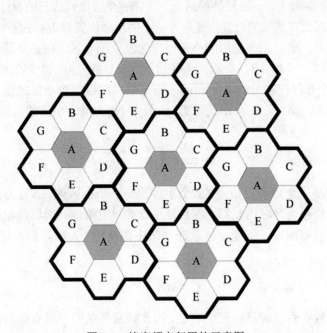

图 6-1　蜂窝频率复用的示意图

相同字母的小区使用相同的频率组，粗线轮廓是小区簇，可以在覆盖区域内进行复制。

在本例中，簇的大小 N 为7，频率复用因子为1/7，每个小区可分配可用信道总数的1/7

　　图6-1中所示的正六边形小区是概念上的蜂窝小区，是每个基站的简化覆盖模型，因为六边形的蜂窝系统分析起来比较简单和容易理解，因而被广泛采用。实际上，一个小区的无线覆盖是一个不规则的形状，具体的形状取决于信号场强测量或传播预测模型。但也需要有一个规则的小区形状来用于系统的设计和分析，以适应未来的增长需要。

  蜂窝系统被广泛采用源于一个数学理论，即以相同半径的圆形覆盖平面，当圆心处于正六边形网格的中心时所用圆的数量最少。根据电磁波的辐射模型，用一个圆来表示一个基站的覆盖范围是最适合的，但是相邻的圆不可能没有间隙或没有重叠地覆盖整个地图区域。能够覆盖整个区域而没有间隙和重叠的几何形状只有3种选择：等边三角形、正方形和正六边形。小区设计的原则是可以为覆盖区域内最远的移动台（处于小区边界的移动台）提供服务，如果多边形中心与其边界上最远点之间的距离是确定的，那么正六边形在3种几何形状当中的覆盖面积最大，因此用正六边形作为覆盖模型，覆盖整个地理区域所用的小区数量最少。而且正六边形也最接近于圆形的辐射模型，全向基站天线和自由空间传播的辐射模式就是圆形的。当然，实际的小区覆盖形状是一个不规则的轮廓线，在这条轮廓线以内，基站的发射机能成功地为移动台提供服务。

  这种正六边形的小区组合在一起，形状非常像蜂窝，因此被称为蜂窝网络。用正六边形来模拟覆盖范围时，基站发射机可以安置在小区的中心（中心激励小区），使用全向天线；也可以安置在小区6个顶点中不相邻的3个顶点上（顶点激励小区），使用120°扇形的定向天线。实际上，一般基站的站址不可能完全按照六边形的设计图案来设置，大多数系统的设计都允许基站的设置位置与理论上的理想位置有1/4小区半径的偏差。

  需要强调的是，实现频率复用的不是一个个独立的小区，而是共同分享了全部信道的"小区簇"。以一个总共有S个双向无线信道、N个小区为一个簇的蜂窝系统为例，S个信道首先在N个小区中被分为各不相同的信道组，假设每个小区的信道组都分配相同数量的K个信道（$K<S$），则可用信道S、簇的大小N和每个小区的信道数量K之间的关系见式（6-1）。

$$S=K\times N \tag{6-1}$$

  这些共同分享了全部可用信道的N个小区称为一个小区簇，N称为小区簇的大小。小区簇可以在系统覆盖区域内复用，而且复用次数没有限制，所以理论上系统的信道总数（系统容量）没有限制。如果小区簇在系统中被复用了M次，则系统的容量（C）可以表示为

$$C=M\times S \tag{6-2}$$

  由于信道总数在系统设计时已经确定，因此蜂窝系统的容量直接与小区簇在某一特定覆盖区域内的复用次数成正比，增加复用次数就可以提高系统容量。例如，保持每个小区的覆盖面积不变，减小小区簇的大小，就需要更多的小区簇来覆盖特定区域，可以获得更大的系统容量。同样，保持小区簇的大小不变，减小每个小区的覆盖面积，同样也需要更多的小区簇来覆盖特定区域，也可以获得更大的系统容量。

  同时，小区簇的大小还直接决定了移动台或基站可能受到干扰的程度。一个大的小区簇意味着同频小区之间的距离与小区半径的比例值（D/R）更大，即同频小区之间的相对距离更远，干扰程度低。相反，一个小的小区簇意味着同频小区之间的相对距离更

近，干扰程度高。

　　在图6-1中，簇的大小$N=7$，每个小区有6个等距离的六边形邻区，并且小区中心与它的邻区之间的连线的夹角都是60°的倍数。小区簇的大小并不可以任意取值，只有一些特定的小区簇大小和小区规划才是可能的，小区簇的大小N必须满足下面的公式。

$$N=i^2+ij+j^2 \tag{6-3}$$

式中，i和j均为正整数（$i≤j$），并且i、j中一个可以为零。

　　因此N的可能取值见表6-1。

表 6-1　N 的可能取值

N	1	3	4	7	9	12	13	16	19	21
i	0	1	0	1	0	2	1	0	2	1
j	1	1	2	2	3	2	3	4	3	4

　　可以按照以下步骤找到某个小区相距最近的同频小区。首先沿正六边形的任何一个边移动j个小区，然后逆时针旋转60°再移动i个小区。图6-2所示为$N=19$的小区簇的示意图。

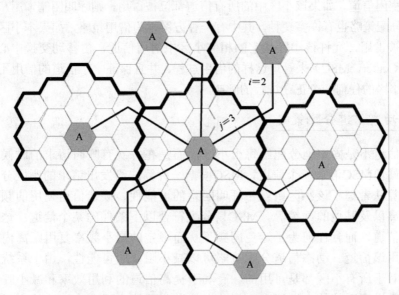

图 6-2　$N=19$ 小区簇示意图

　　小区簇的大小N也称频率复用因子，即一个小区簇中的每个小区只能分配系统中所有可用信道的$1/N$。从系统设计者的角度出发，当然希望N取尽可能的最小值，这样每一个覆盖小区内的容量最大（可分配的信道数最大），但是同频干扰的程度也越大，在进行系统设计时要综合考虑容量和干扰的矛盾，制定合理的频率规划。

6.3 频率规划

为整个蜂窝系统中的所有基站选择和分配信道组的设计过程称为"频率规划",频率规划是在基于地图的基础上确定在哪个小区中使用哪个信道组。

频率规划的核心是确定小区簇的方案和信道分配策略。为了充分利用有限的无线频谱,必须采用一个既能增加用户容量又可以减小干扰的频率复用方案。为了达到这一目标,发展起来了多种不同的信道分配策略,归纳起来可以分为两大类:固定分配和动态分配。选择哪一种信道分配策略会直接影响到蜂窝系统的性能,特别是在移动用户从一个小区越区切换到另外一个小区时的呼叫处理方面的性能。

1 固定信道分配策略

每个小区都分配一组预先确定好的话音信道,小区中的任何呼叫都只能使用分配给该小区的空闲信道。如果该小区中的所有信道都已被占用,则呼叫阻塞,用户得不到服务。固定分配策略也有许多变种,其中有一种方案称为借用策略,如果本小区的所有信道都已经被占用,允许该小区从它的相邻小区中借用信道,由移动交换中心(Mobile Switching Center,MSC)来管理这样的借用过程,并且保证一个信道的借用不会中断或干扰借出小区的任何一个正在进行的呼叫。

2 动态信道分配策略

话音信道不是固定地分配给每个小区,而是在每次有呼叫请求的时候,由为它服务的基站向MSC请求一个信道,MSC根据一种算法给发出请求的小区分配一个信道。这种算法考虑了该小区中发生呼叫阻塞的可能性、候选信道使用的频次、信道的复用距离以及其他的开销等。MSC只分配符合以下条件的某个信道:这个小区没有使用该信道,而且任何为了避免同频干扰而限定的最小频率复用距离内的小区也都没有使用该信道。动态信道分配策略可以减小阻塞的可能性,由于系统中的全部可用信道对于所有小区都是可用的,有利于提高信道的利用效率和减小呼叫阻塞的概率,从而提高系统的中继能力。但动态信道分配策略要求MSC连续实时地收集信道占用情况、话务量分布情况等数据,并且要实时地监测所有信道的无线信号强度,这会增加系统的存储要求和计算工作量。

6.4

越区切换

当一个正在通话的移动台从一个基站小区移动到另一个基站小区时，MSC会自动将呼叫转移到新基站的信道上，这就是"越区切换"。这种切换操作不仅要将话音和信令信号及时转移到新基站的信道上，而且要在用户没有觉察的情况下完成。

越区切换是蜂窝无线系统中的一项非常重要的功能，在为小区内分配信道时，切换策略要保证切换请求优先于初始呼叫请求。越区切换必须很顺利地完成，并且要做到用户觉察不到。由于每一次越区切换都是一个复杂的控制过程，还应当尽可能的减少切换的发生。为了适应这些要求，必须要确定一个启动切换操作的最恰当的时机。一般将某个特定的信号强度指定为基站接收机可以接收的最小可用信号（通常为 $-100 \sim -90$dBm），然后用稍微大一点的信号强度作为启动切换的门限，其差值为 $\Delta P = P_{切换门限} - P_{最小可用}$。$\Delta P$ 的设置不能太小也不能太大。如果 ΔP 太大，就可能会出现不必要的切换来增加MSC的负担；如果 ΔP 太小，又可能会没有足够的时间在信号降低到最小可用电平之前完成切换，造成掉话指用户通信过程中发生异常释放。ΔP 的设置还要考虑到MSC处理切换请求的延时，如果相对于系统的切换时间来说 ΔP 设置的太小，就会发生掉话情况。因此必须谨慎选择 ΔP 来均衡这些相互冲突的要求。

在一次通话中，要尽量减少切换的次数，当话务量大的时候，切换可能会导致延时过长，原因可能是MSC的负担太重，也可能是邻近的若干个基站中都已经没有可用的信道，这时MSC就只有一直等到邻近基站有一个空闲信道为止才能完成切换。

在决定何时进行切换的时候，还有一点很重要，就是要保证所检测到的信号电平下降是由于移动台正在离开当前服务的基站，而不是因为瞬间的信号衰落。为了保证这一点，基站在准备切换之前需要对信号进行一段时间的连续监视，必须优化这种信号能量的连续检测以避免不必要的切换，同时又要保证在由于信号太弱而造成通话中断之前必须完成切换。移动台移动速度的信息，在决定是否切换时也是很有用的，移动台的速度可以根据基站接收信号电平的短期变化情况来计算，如果在某个固定时间间隔内接收到移动台的短期平均信号强度下降很快，说明移动台在高速远离基站，就要进行快速切换。

一次呼叫在某个小区内没有经过切换的通话时间称为驻留时间，有关驻留时间的统计数据在实际的切换算法设计中是很重要的。某一特定用户的驻留时间会受到一系列因素的影响，包括传播特性、干扰、用户与基站之间的距离以及其他的随时间而变化的因素。即使移动用户是静止的，基站和移动台之间的信道也可能会由于环境的变化产生衰落，因此即使是静止的用户也可能有一个随机的、有限的驻留时间。有关驻留时间的数据变化很大，它取决于用户的移动速度和无线覆盖的具体情况。例如，在火车或高速公路上行驶的汽车中的用户，大多数时间都有一个相对比较稳定的速度，并且是在有很好的无线覆盖的铁路或高速公路上行驶，在这种情况下，用户在某个小区的平均驻留时间是一个均匀的分布。而对于处在用户密集、信号混乱的城市中心的微小区中的用户来说，平均驻留时间有很大的变化，而且驻留时间要比在别的小区中短很多。

在第一代模拟蜂窝系统中，信号强度的检测是由基站来完成的，并由MSC来管理。每个基站连续监视它的所有反向话音信道的信号电平，以决定每一个移动台对于基站发射台的相对距离。为了检测相邻小区中正在进行的呼叫的无线信号强度，需要使用基站中的定位接收机来测量相邻基站中移动用户的信号电平。定位接收机由MSC来控制，用来监视相邻基站中有可能切换到本小区的移动用户的信号电平，并且将所有的监测数据传给MSC，MSC根据每个基站的定位接收机接收到的信号电平数据来决定是否需要进行切换。

在使用数字技术的第二代蜂窝系统（如GSM）中，是否切换是由移动台来辅助完成的，称为移动台辅助切换（Mobile Assisted Handoff，MAHO）。每个移动台检测从周围基站中接收到的信号电平，并且将这些检测数据连续的回送给当前为它服务的基站。当从一个相邻小区的基站中接收到的信号比当前基站的信号高出一定电平并维持了一定的时间时，就准备进行切换。MAHO方式使得基站之间的越区切换比第一代模拟系统要快得多，因为切换的检测是由每个移动台来完成的，这样MSC就不再需要连续不断地监视信号电平，特别适用于切换频繁的微蜂窝环境。

在一个呼叫过程中，如果移动台离开某个MSC控制的蜂窝系统，进入另一个MSC控制的蜂窝系统中，则需要进行MSC系统之间的切换。当小区中某个移动台的信号减弱到接近切换门限，而MSC又在它自己管辖的系统中找不到一个适合的小区来转移正在进行的通话时，MSC就要做系统之间的切换，将该移动台移交给相邻的MSC系统。要完成一个MSC系统之间的切换需要解决许多问题，例如，当移动台离开本地MSC系统而变成外地MSC系统中的一个"漫游"者时，本地电话就变成了长途电话，资费会提高。同时，在MSC系统之间进行切换之前还必须定义好这两个MSC之间的兼容性。

不同的蜂窝系统会采用不同的策略和方法来处理切换请求。早期系统处理切换请求的方式与处理初始呼叫是一样的，在这样的系统中，切换请求在新基站中失败的概率与一个新呼叫的阻塞概率是一样的。但是从用户的角度来看，正在进行的通话突然中断要比新呼叫无法建立更加令人难以接受，为了提高用户能够感受到的服务质量，需要设计出各种办法来保证切换请求优先于初始呼叫请求。

使切换具有优先权的一种办法称为信道监视方法，这种方法保留小区中所有可用信道的一小部分，专门用于那些可能要切换到该小区的正在进行中的通话所发出的切换请求。这种方法的缺点是会降低小区所能承载的话务量，因为预留信道减少了可以用来通话的信道数量。然而，这种方法在使用动态分配策略时还是很有效的，因为动态分配策略可以通过有效的按需分配方案使所需要的预留信道数量减小到最小值。

减小由于缺少可用信道而造成强迫中断的发生概率的另一种方法是对切换请求进行排队。由于接收信号电平下降到切换门限与因信号强度太弱而造成通话中断之间有一定的时间间隔，因此可以对切换请求进行排队，延时和队列长度由当前特定服务区域的业务流量模式来决定。当然，对切换进行排队也不能保证强迫中断的概率为零，因为过大的延时将导致所接收到的信号强度下降到维持通话所需的最小值以下，从而导致通话强迫中断。

在实际的蜂窝系统中，移动台的速度变化范围很大，系统设计会遇到许多问题。步行用户在整个通话中可能都不需要切换，而高速车辆可能只要几秒就驶过了一个微小区的覆盖范围。因此，在那些为了提高容量而采用了微蜂窝小区的地方，MSC很快就会因为经常有高速用户在小区之间穿行而不堪负荷。这就需要系统能够分别处理同一时刻的高速用户和低速用户的通信，同时将MSC介入切换管理的次数减小到最小值。

另一个现实的局限性是对获得新基站站址的限制。蜂窝概念虽然可以通过增加小区站点来增加系统容量，但是在实际应用中，蜂窝系统的运营商要在市区内获得理想的新小区站点的物理位置是很困难的。分区法、管理条例以及其他非技术性的障碍，使得蜂窝系统的运营商宁愿在一个已经存在的基站的相同地点安装新基站和增加信道，而不愿意去寻找新的站点位置。通过使用不同高度的天线（通常是在同一建筑物或发射塔上）和不同强度的发射功率，可以在一个站点上分别设置"大的"和"小的"覆盖区，这种技术称为伞状小区，可以用来为高速移动的用户提供大面积的覆盖，同时为低速移动的用户提供小面积、大容量的覆盖。一个伞状宏蜂窝小区和一些比它小很多的微蜂窝小区同地点设置的例子如图6-3所示。

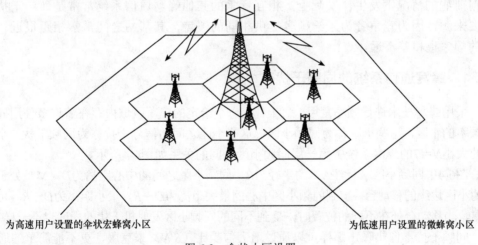

为高速用户设置的伞状宏蜂窝小区　　　　　　　　　　　　　　　为低速用户设置的微蜂窝小区

图 6-3　伞状小区设置

高速运动的用户将被分配到伞状宏蜂窝小区的信道上。伞状小区使高速移动用户的切换次数下降到最小，同时为步行用户提供更多的微蜂窝信道。每个用户的移动速度可以由基站或MSC来测量，方法是通过计算短期的平均信号强度相对于时间的变化率，或者采用更先进的算法来评估和区分用户是高速用户还是低速用户。当然，这种方式也会减小系统容量，因为宏蜂窝覆盖区域的所有微蜂窝基站都不能使用宏蜂窝基站的信道。

6.5

蜂窝系统的干扰

干扰是制约蜂窝无线通信系统性能的主要因素之一，也是提高蜂窝系统容量的一个瓶颈。干扰的来源很复杂，包括同一个小区中的其他移动台、相邻小区中正在进行通话的移动台、使用相同或相邻频率的其他基站、无意中渗入蜂窝系统频带范围内的其他无线系统的发射信号等。话音信道上的干扰会导致话音质量下降甚至出现掉话，信令信道上的干扰则会导致数字信号发送错误，造成呼叫无法建立或阻塞。由于市区内各种无线系统的发射源很多，基站和移动台的数量也很多，因此市区内的干扰相当严重。

蜂窝系统经常会遇到的两种主要干扰是同频干扰和邻频干扰。同频干扰信号主要是由蜂窝通信系统自己的内部产生的，但是由于无线信号传播特性的随机性，在实际系统中要想控制它们是很难的。带外用户引起的邻频干扰则更加难以控制，这种干扰往往是由于用户设备前端的饱和效应或者间歇的互调效应造成的，会在没有任何前兆的情况下发生。实际上，相互竞争的其他蜂窝通信系统常常是邻频干扰的重要来源，因为竞争者为了给顾客提供相同的覆盖，其基站之间常常相距很近，使用的频率也相差不远。

6.5.1 蜂窝通信系统的同频干扰

采用蜂窝技术进行频率复用，意味着在一个给定的覆盖区域内存在着许多使用同一组频率的小区，这些小区称为同频小区，这些小区之间的信号干扰称为同频干扰。小区簇的大小$N=7$的蜂窝系统中第一层同频小区之间的关系如图6-4所示。

图6-4中同频小区（标注A）的半径为R，同频小区之间的中心距离为D。M是处于中间的小区边缘的移动台，M到同频小区中心的最大距离为$D+R$，最小距离为$D-R$。可以看出，当移动台处在不同的位置时，受到不同的同频小区发射机干扰的程度也不一样。

同频干扰不像热噪声那样可以通过增大信噪比（S/N）来克服，更不能简单的通过增加发射机的发射功率来克服，增加发射功率反而会增大对相邻同频小区的干扰。为了减小同频干扰，同频小区之间必须在物理上隔开一个最小可以接受的距离，利用电磁波的传播损耗来为同频信号提供充分的空间隔离。

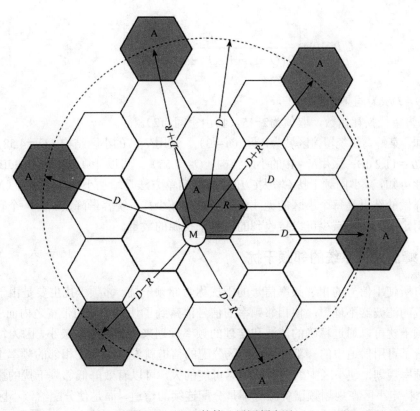

图 6-4　$N=7$ 的第一层同频小区

假设蜂窝系统中每个小区的大小都几乎相等，基站的发射功率也都相同，那么同频干扰的程度将是小区半径R和相距最近的同频小区之间的中心距离D的函数，即取决于两者的比值"D/R"。在蜂窝无线通信系统中将D/R定义为一个描述干扰程度的参数，称为同频复用比，D/R的值取决于簇的大小N，$D/R=\sqrt{3N}$。

N值越大，D/R的值也越大，相对于小区的覆盖半径，同频小区之间的空间隔离就会增加，来自同频小区的射频信号的干扰越小，通信质量越好，但是N的值越大，同时也意味着每一个蜂窝小区中可以提供的用户信道越少（总信道的$1/N$），小区的用户容量越低。提高小区容量的简单办法是减小N的值，但这又会降低D/R，增加同频干扰，降低通信质量。由此可见，同频干扰不仅决定了蜂窝系统的链路性能，同时也决定了频率复用方案的选择和蜂窝系统的总体容量。

在蜂窝移动通信系统中，达到主观上可以接受的接收质量时所需的最小的"载波/同频干扰比（C/I）"称为信号对干扰的"射频防卫比"，为了保证通信质量，必须保证接收机输入端的C/I的值不小于射频防卫比。通常把叠加上一个同频干扰时从起始$C/N=$20dB下降到$C/I=$14dB作为判决的准则，射频防卫比取决于接收机的通带特性、有用信号和干扰信号的频差以及调制频偏等。蜂窝系统中同频基站之间的C/I值主要取决于D/R的值。

$$C/I=10\lg\left[\frac{1}{2(Q-1)^{-n}+2Q^{-n}+2(Q+1)^{-n}}\right]$$ （6-4）

式中，$Q=D/R$为同频复用比；

n为路径损耗指数，取值为2～5（自由空间为2）。

例如，某蜂窝系统覆盖区域为市区（$n=3$），采用$N=7$的小区结构（$Q=4.58$），可以计算出$C/I=11.2$ dB；采用$N=19$的小区结构（$Q=7.55$），可以计算出$C/I=18.3$dB。

由此可知，减小同频干扰（增大C/I值）的最简单方法是增加小区簇的大小（N的值），但是这样做的结果是每个小区的无线信道数量会减少，系统容量降低。另一个有效的方法是采用定向天线，减少可以接收到的同频干扰源的数量。

6.5.2 蜂窝通信系统的邻频干扰

来自所使用信号的相邻频率信号的干扰称为邻频干扰，邻频干扰主要是由于发射机或接收机的滤波器不理想，使相邻频率的信号泄露到了使用信号的带宽之内而引起的。

邻频干扰可以通过精确的滤波和合理的频率规划来使其减小到最小，因为每个小区只分配给了可用信道中的一部分，给小区分配的信道就没有必要在相邻的频率上。通过合理的频率规划，使小区中的信道间隔尽可能的大，可以有效降低邻频干扰的影响。因此，每个特定小区在规划频谱资源时不是分配连续的信道，而是使分配给该小区的信道有尽可能大的频率间隔。通过合理地将连续的信道分配给不同的小区，可以使一个小区内的邻频信道间隔为N个信道带宽，其中N是小区簇的大小。还有一些信道分配方案，通过避免在相邻小区中使用邻频信道来阻止一些次要的邻频干扰。

这里所说的邻频干扰是指蜂窝系统内频率差最小、具有实际影响的邻频干扰。蜂窝系统进行频率规划时，假设小区簇的大小为N，那么第K个小区分配频道为K、$K+N$、$K+2N$、$K+3N$、…。例如，对于小区簇的大小$N=7$的GSM蜂窝系统，小区内邻近载频的最小间隔为200kHz×7=1.4MHz。假设邻近频道的发射功率相同，抑制邻频干扰的方法主要是依靠接收机解调之前的滤波器，利用滤波器陡峭的衰减特性，对邻近频道的干扰提供足够的阻带衰减量。

在实际移动通信系统的蜂窝小区中，如果一个距离基站很近的移动台的发射功率没有得到有效地控制，小区中距离基站较远的工作在邻近频率的移动台的发射信号就可能会受到干扰，近处移动台发射机的邻频干扰信号可能接近或超过基站接收机的灵敏度，使该接收机无法接收远处移动台的正常信号，如图6-5所示。

移动台A和B的发射功率相同，频率分别为f_1和f_2（f_1和f_2为邻频频率），距离基站距离分别为d_1和d_2。基站接收远处移动台A的有用信号f_1，同时也会接收到近处移动台B发射频率f_2的边带辐射。如果移动台A距离基站很远（小区边缘），而移动台B距离基站很近，就可能会产生所谓的远近效应，此时基站接收机接收到移动台A的信号很微弱，非常容易受到移动台B的边带辐射干扰。

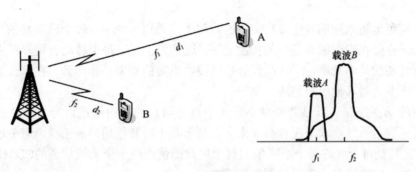

图 6-5　邻频干扰模型

为了有效减少邻频干扰，对发射机的邻频辐射必须进行严格的限制，保证发射机的邻频辐射在规定的电平以下。同时，在蜂窝移动通信系统中普遍采用移动台自动功率控制技术，在保证可靠通信的前提下，尽量减小移动台的发射功率（邻频辐射相应降低），这也是降低邻频干扰的有效手段。

6.6　远近效应

在蜂窝移动通信系统中，移动台在一个小区内是随机分布的，而且还经常处在移动状态，有的移动用户可能处在小区的边缘，有的则可能很靠近基站。如果所有移动台的发射功率都按照最远的通信距离设计，那么当移动台靠近基站时，功率就会过剩，甚至会成为有害的电磁辐射干扰。

所谓远近效应就是指当基站同时接收两个距离不同的移动台发来的信号时，如果两个移动台的发射功率相近，则距离基站近的移动台会对远处的移动台产生严重的干扰。如果基站的附近有一个正在发射信号的移动台，而基站想要接收到一个离基站较远的、使用相同或相邻信道的弱信号移动台时，基站就会发生远近效应，基站接收机会被近处的移动台发射机"捕获"，使基站无法接收到远处移动台的正常信号。

同样，如果使用相同或相邻信道的基站在离移动用户很近的范围内发射，而用户移动台想要接收到使用预定信道的较远基站的信号，也会出现远近效应，近处的基站发射机（可能是也可能不是蜂窝通信系统本身的发射机）可能"捕获"移动台的接收机，使移动台无法接收到预定信道的正常信号。

远近效应是蜂窝系统的一个固有问题，特别是采用CDMA方式的蜂窝系统，由于允许所有的用户使用相同频率的载波，所以远近效应更加严重。为了克服远近效应，蜂窝系统中的移动台需要采取自动功率控制技术。

为了避免远近效应的发生，在实际的蜂窝无线通信系统中，每个移动台的实际发射功率都会一直处在当前服务基站的控制之下。这是为了保证每个移动台用户所发射的功率都是所需要的最小功率，而且在到达基站接收机时的功率基本一致，在保证高质量通信的前提下不会对其他用户造成严重干扰。

有效的功率控制可以显著地减小系统中每个用户的反向信道信号功率，使载噪比（C/N）既能满足系统要求又没有必要太大，从而减小对其他用户的干扰，避免远近效应的发生。尤其是对于允许每个小区中的每个用户都使用同一个无线信道的CDMA扩频通信系统来说，精确的自动功率控制特别重要。

对于服务于大量移动用户的蜂窝通信系统来说，采用自动功率控制技术的好处很多。它可以有效地降低各种干扰和噪声，大大提高通信系统的性能，还有助于延长移动台的电池使用寿命。

自动功率控制的基本原则是，当信道的传播条件突然变好时，自动功率控制单元应快速响应，以防止信号突然增强而对其他用户产生附加干扰；当传播条件突然变坏时，功率调整的速度可以相对慢一些，即宁愿单个用户的信号质量短时间恶化，也要防止对其他众多用户产生较大的背景干扰。

6.7 中 继 理 论

中继的概念是指允许大量的用户共享相对较少的信道，即从有限的可用信道库中给每个用户按需分配信道。例如，一个单位的电话交换机，连接内部分机电话的称为用户端口，连接电话运营商的称为中继端口，很显然，用户端口的数量会远远大于中继端口的数量，中继端口由所有的分机用户共享，按需分配给要使用外线的分机用户。分配的原则是先来先得，一旦中继线全部被占用，其他的分机用户将无法使用外线。蜂窝无线系统同样也要依靠中继理论才能在有限的无线频谱内为数量众多的用户服务，在蜂窝无线系统中，每个用户只是在有呼叫时才分配一个信道，一旦通话结束，原先占用的信道就立即释放并回到可用信道库中。

中继理论可以使一定数量的信道（或线路）为数量更大的、随机的用户群体提供通信服务。电话公司就是根据中继理论来决定那些有上千部电话的办公大楼所需要分配的线路数量。中继理论也用于蜂窝通信系统的设计，在可用的信道数量与呼叫高峰时没有信道可用的可能性之间做一个折中，当信道数量下降时，对于一个特定的用户而言，由于所有信道都被占用因此无法接入系统的可能性就会变大。在蜂窝无线通信系统中，当所有的无线信道都被占用而用户又请求服务时，就会发生呼叫阻塞而造成用户被系统拒绝接入，这时可以用排队来保存正在请求通话的用户信息，直到有空闲信道为止。为了设计一个能在特定的服务等级上提供一定通信容量的中继无线系统，必须对中继理论有所了解。

中继理论的基本原理首先由19世纪末丹麦数学家厄兰（Erlang）提出，他致力于研究有限的服务能力如何为数量庞大的用户服务。现在，用他的名字作为话务量强度（即单位时间的呼叫时长）的单位。一个Erlang表示一个信道被完全占用，而1h内被占用了30min的信道的话务量强度为0.5个Erlang。

服务等级（Grade of Service，GOS）是用来衡量在系统最忙的时间段用户接入系统的能力。忙时基于一周、一个月或一年内顾客最忙时间的统计，蜂窝系统的忙时一般出现在周四下午4～6点或周六晚上等高峰时间。GoS作为设计某个中继系统的预定性能的基准，估算符合GoS所需的最大通信容量和分配适当数目的信道是设计蜂窝无线系统的重要工作之一。GoS通常定义为呼叫阻塞的概率或呼叫延迟时间大于特定排队时间的概率。

中继理论的一些基本术语如下。

（1）建立时间：给正在请求的用户分配一个中继无线信道所需要的时间。

（2）阻塞呼叫：由于拥塞而无法在请求时间内完成的呼叫，又称损失呼叫。

（3）保持时间：通话的平均保持时间，以s为单位。

（4）话务量强度：信道的平均占用率。以Erlang为单位，是一个无量纲的值，可以用来表征单个或多个信道的时间利用率。

（5）负载：整个系统的话务量强度，以Erlang为单位。

（6）服务等级：表示拥塞的量，定义为呼叫阻塞概率或是延迟时间大于某一特定时间的概率。

（7）请求速率：单位时间内平均的呼叫请求次数，表示为次/s。

需要注意的是，系统需要处理的实际话务量很可能超过系统的最大话务量，这时实际承载的话务量会受到系统容量的限制，主要是信道数量的限制，最大可能承载的话务量取决于信道总数。例如，AMPS系统设计GoS为2％的阻塞率，这意味着给小区分配的信道是按照在最繁忙时间、由于信道被占用而造成100个呼叫中有2个呼叫被阻塞设计的。

在实际的通信系统中，通常用到的有以下两种中继系统。

（1）不对呼叫请求进行排队。也就是说，对于每一个请求服务的用户，如果有空闲信道就立即接入，如果已经没有空闲信道，则呼叫阻塞，被拒绝接入并释放掉，只能以后再试。这种类型的中继称为阻塞呼叫清除。

（2）用一个队列来保存阻塞呼叫。如果不能立即获得一个信道，呼叫请求就一直延迟到有信道空闲为止。这种类型的中继称为阻塞呼叫延迟。

6.8

提高蜂窝系统容量的方法

随着无线通信服务需求的高速增长，原来分配给每个小区的信道数量会逐渐变得无法支持所要服务的用户数量，此时需要采用进一步的蜂窝技术来给单位覆盖区域提供更多的信道。在实际蜂窝无线通信系统的应用中，可以采取小区分裂、裂向和微小区等技术来增大蜂窝系统容量。

小区分裂允许蜂窝系统有计划地增长；裂向是用方向性天线来进一步控制干扰，提高信道的频率复用率；微小区是将小区覆盖分散，将小区边界延伸到难以到达的地方。小区分裂是通过增加基站数量（相应减小发射功率）的方法来提高系统容量，裂向和微小区是通过在基站采用定向天线的方法来减小同频干扰以提高系统容量。裂向会降低系统的中继效率，而小区分裂和微小区技术不会。采用微小区技术时，基站可以监视与微小区有关的所有切换，可以减少MSC处理切换的计算量。

下面分别介绍这3种提高蜂窝系统容量的流行技术。

6.8.1　小区分裂

小区分裂是将出现拥塞的小区分成更多、更小的小区的方法，每个新的小区都有自己的基站并相应的降低天线高度和减小发射功率。小区分裂可以提高一定地理区域内的信道复用次数，因而能够提高系统容量。通过设定比原小区半径更小的新小区并在原有小区之间安置一些新的小区（称为微小区），可以增加单位面积内的信道数量，从而增加系统容量。

以每个小区都按照原来半径R的一半来分裂为例进行分析，如图6-6所示。

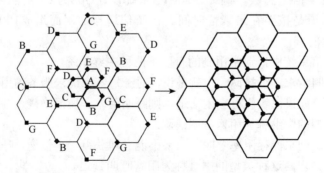

图 6-6　小区分裂示意图

因为以$R/2$为半径的圆所覆盖的区域是以R为半径的圆所覆盖区域的1/4，因此为了用这些更小的小区来覆盖原来的服务区域，需要的小区数量是原来的4倍。小区数量的增加会相应增加覆盖区域内的小区簇的数量，这样就增加了覆盖区域内的信道数量，从而增加了容量。小区分裂通过用更小的小区代替较大的小区来增加系统的容量，同时又不影响为了维持同频小区间的最小同频复用比所需要的信道分配策略。

在图6-6所示的小区分裂中，基站放置在小区六边形的3个顶点上，假设A基站服务区域内的话务量已经饱和（即A基站的阻塞超过了可以接受的值），则该区域需要设置新的基站来增加区域内的信道数目，同时要减小单个基站的覆盖范围。原来的A基站被6个新的微小区基站所包围，更小的小区是在不改变系统的频率复用计划的前提下增加的。例如，标识为B的微小区基站安置在两个使用同样信道的、也标识为B的大基站中间，图中其他的微小区基站也是同样的情况。可以看出，小区分裂只是按比例缩小了簇的几何形状，每个新小区的半径都是原来小区的一半，D/R的值并没有改变。

对于半径更小的新小区，它们的发射功率也应该相应降低，新小区的半径是原来小区的一半，如果覆盖区域按照自由空间考虑，为了用微小区来填充原有的覆盖区域又能达到相同的信号强度和S/N的要求，发射功率需要降低6dB（即降低到原发射功率的1/4）。在实际工程中，新小区的发射功率可以通过测量新、旧小区边界所接收到的信号功率并使它们相等来确定。这需要保证新的微小区的频率复用方案和原来的小区一样。

在实际应用中，并不是所有的小区都同时分裂。对于系统运营商来说，要找到完全适合小区分裂的确切时间点通常是很困难的，因此不同覆盖半径的小区将会同时存在。在这种情况下，需要特别注意保持同频小区之间所需的最小距离，因而频率分配变得更复杂。同时也要注意切换问题，为了使高速和低速移动的用户都能得到合理的服务，普遍使用的是伞状小区的方法，如图6-3所示。在图6-6中，当同一个区域内有两种规模的小区时，不能简单地让所有新小区都用原来的发射功率，或者让所有旧小区都改用新的发射功率。如果所有小区都用大的发射功率，更小的小区使用的一些信道将不足以从同频小区中分离开；另一方面，如果所有小区都用小的发射功率，大的小区中将会有一部分区域被排除在服务区域之外。因此旧小区中的信道必须分成两组，一组适应新的微小区的复用需求，另一组适应原来的小区的复用需求。用大的小区服务于高速移动的用户，这样就可以有效减少越区切换的次数。

两个信道组的大小取决于分裂的进程，在分裂过程的最初阶段，小功率组中的信道数量会少一些，随着需求的增长，小功率组将需要更多的信道，这种分裂过程一直要持续到该区域内的所有信道都用于小功率组。此时，小区分裂将覆盖整个区域，整个系统中每个小区的半径都变小了。在实际工程中，常采用天线下倾的方法来限制新构成的微小区的无线覆盖范围，即将基站的辐射能量按照一定的角度集中指向地面而不是水平方向。

小区分裂是通过从根本上重组系统来增加系统的容量。小区分裂减小了小区半径R，不改变同频复用比D/R的值，可以增加单位面积内的信道数。理论上，如果所有的小区都分裂成半径为原来小区的一半的微小区，单位面积的信道容量可以增长4倍。

6.8.2 裂向

裂向是一种使用定向天线来减小同频干扰从而提高系统容量的技术。这种方法是在保持小区的半径不变的前提下，寻找一种可以减小D/R值的方法。在这种方法中，容量的提高通过减小小区簇的大小（N）来提高频率复用率。为了做到这一点，需要在不降低发射功率的前提下减小同频干扰。蜂窝系统中的同频干扰可以通过采用多个定向天线来代替基站中原来的一个全向天线来减小，每个定向天线辐射某一特定角度的扇区，特定扇区的天线将只会接收到同频小区中一部分小区的干扰。

采用裂向技术减小同频干扰的因素决定于裂向扇区的数目，通常会将一个小区划分为3个120°的扇区或是6个60°的扇区，如图6-7所示。

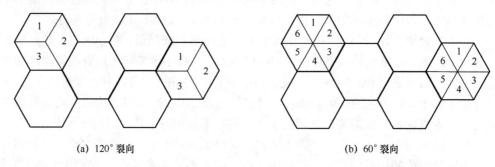

(a) 120°裂向　　　　　　　　　　　　(b) 60°裂向

图 6-7　裂向示意图

采用裂向以后，原小区中使用的一组信道被分成几组信道，每一组只在某个扇区中使用，同频干扰源将会减少。例如，对于7小区复用，采用120°扇区的定向天线后，第一层的同频干扰源数目由6个下降到2个，如图6-8所示。

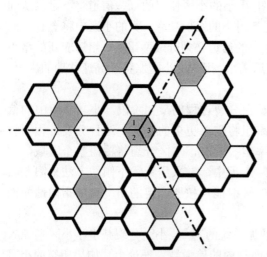

图6-8　7小区复用的120°裂向示意图

采取扇区天线下倾的方法还可以进一步提高载波/同频干扰的比值（C/I）。由裂向带来的干扰减小，使得系统设计人员可以通过减小簇的大小（N）来增加系统容量，同时也给信道分配增加一定的自由度。通过提高C/I的值从而增加系统容量也会带来一些不利的方面，如会导致每个基站的天线数目增加，同时由于基站的信道被进一步划分而使中继效率降低。此外，由于裂向减小了某一组信道的覆盖范围，越区切换的次数将会增加，但现代蜂窝系统的基站都支持裂向，允许移动台在同一个基站小区内进行扇区与扇区间的切换，不需要MSC的干预，因此切换次数的增加并不是关键的问题。

由于在裂向后每个基站使用了多个天线，小区中的可用信道必须进一步划分并且由特定的天线专用，这就把有限的可用信道又分成多个部分，从而降低了中继效率，由于中继效率下降，话务量会有所损失。

6.8.3 微小区

使用裂向会增加切换次数，这就导致移动系统的交换和控制链路的负荷增加。为了解决这一问题，又提出了一种基于7小区复用的微小区概念，如图6-9所示。

在这个方案中，每3个（或者更多）微小区的站点（图6-9中用Tx/Rx表示）与一个单独的基站相连，并且共享同样的无线设备。微小区通过光纤、同轴电缆或微波链路与基站连接。多个微小区和一个基站组成一个小区，当移动台在小区内行驶时，由信号最强的微小区来服务。这种方法优于裂向，因为它的天线安放在小区外边缘，并且基站的每个信道都可以由基站来分配给任何一个微小区。

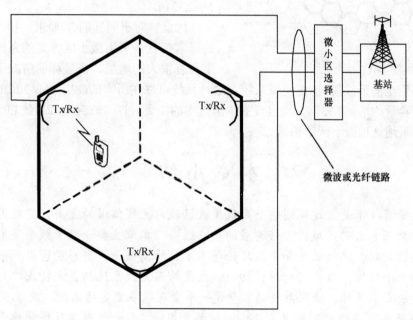

图 6-9　微小区示意图

当移动台在小区内从一个微小区移动到另一个微小区时，可以通过基站来控制信道的分配，移动台仍然使用原来的信道。因此，与裂向不同，当移动台在小区内的微小区之间移动时不需要进行信道切换。采用这种方式，某一信道只是当移动台行驶在微小区内时使用，因此基站的辐射被限制在局部范围，干扰也相应减小。信道根据时间和空间在3个微小区之间动态分配，也像通常一样进行同频复用。这种技术在高速公路附近或市区的开阔地带特别有用。

微小区技术的优点在于可以保证小区的覆盖半径，同时又减小蜂窝系统的同频干扰，一个大的中心基站已经由多个在小区边缘的小功率发射机代替。同频干扰的减小提高了信号的质量（C/I），也增大了系统容量，而且不会产生裂向引起的中继效率下降。一个典型的微小区结构如图6-10所示。

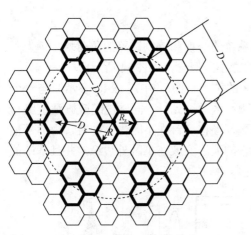

图6-10中每个独立的六边形代表一个微小区，每3个六边形一组代表一个小区，微小区系统的容量直接与同频小区间的距离相关，而与微小区无关。在图6-10中，小区半径R约等于六边形的直径，微小区半径R_z约等于六边形的半径，同频小区的距离为D。可以计算出，小区的同频复用比$D/R=3$，而微小区的$D_z/R_z=4.6$，相当于簇从$N=7$减小到$N=3$，根据蜂窝小区的概念，系统的容量将增加$7\div3\approx2.33$倍。

因此，对于同样的C/I要求，相对于传统的蜂窝规划，采用微小区方式的系统在容量上会有很大的增加。在最坏的情况下，相对于传统的用全向天线的7小区复用系统，这种系统可以在所需的C/I上提供2dB的余量，同时系统容量约增加2.33倍，而且没有中继效率的损失。许多蜂窝无线系统和个人通信系统正在采纳这种微小区结构。

图 6-10　$N=7$ 的微小区结构

本 章 小 结

无线蜂窝技术是通过规划整个无线覆盖区域内无线信道的复用，实现用有限数量的信道为任意大的区域内、任意多的用户服务。本章主要介绍了频率复用、频率规划、越区切换、远近效应和中继理论等基本的蜂窝概念。当移动台离开一个小区进入另一个小区时，需要进行越区切换，这是蜂窝无线系统的最大特点，完成越区切换的方法有很多种。蜂窝系统的容量是一个含有很多变量的函数，载波/同频干扰比（C/I）限制了系统的同频复用比，而同频复用比又限制了覆盖区域的信道数。中继效率会受到可用信道数和它们在中继蜂窝系统中的裂向方式的影响，中继效率限制了能够进入系统的用户数，一般用服务等级（GoS）来表示。小区分裂、裂向和微小区技术都可以在一定程度上提高系统容量，这些方法的一致目标都是增大蜂窝系统可以服务的用户数量。无线信号的传播特性将会影响所有这些技术手段在一个实际蜂窝系统中的有效性。

练 习 题

1. 无线蜂窝技术是由谁提出来的？其核心思想是什么？

2. 某蜂窝系统的小区簇大小$N=19$，其频率复用因子是多少？

3. 某蜂窝系统共有60个信道，平均分配后每个小区的信道为5个，簇的大小是多少？

4. 簇的大小的设置原则是什么？常用的簇的大小有哪些？

5. 蜂窝系统的信道分配策略有哪几种？动态分配有什么优点？

6. 什么是越区切换？越区切换的基本要求是什么？

7. 什么是MAHO？它的优点是什么？

8. 在蜂窝通信系统中，如何减少高速运动用户的越区切换频率？

9. 蜂窝通信无线系统中经常遇到的两种主要干扰是什么？

10. 分别计算出$N=3$、7、12、19时的同频复用比D/R。

11. 蜂窝通信系统中同频干扰的C/I与D/R的关系是什么？假设某个蜂窝通信系统的小区簇$N=12$，覆盖区域的路径损耗指数为3，计算C/I。

12. 什么是远近效应？为什么采用功率控制技术可以克服远近效应？

13. 一个信道每小时被占用15min，话务量强度是多少？

14. 提高蜂窝系统容量的主要方法有哪些？各有什么特点？

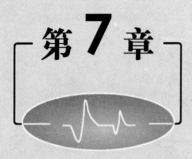

第**7**章

无线多址技术

无线蜂窝技术将整个无线覆盖区域规划成一个个的蜂窝小区（簇）。那么，在一个无线小区内如何进一步将有限的频率资源分配给众多的用户呢，这就需要利用无线多址技术。

多址技术是指许多用户同时使用一段频谱，通过不同的处理技术，使不同用户的信号之间互不干扰，可以分别接收和解调的技术。多址方式允许很多移动用户同时共享有限的无线频率资源，在保证系统性能不降低的前提下，将有效的带宽（信道）分配给多个用户使用，从而获得更高的系统容量。

多址技术也是无线通信系统的关键技术之一，甚至是移动通信系统换代的一个重要标志。无线通信系统中登记的用户数量往往远远大于同一时刻实际请求服务的用户数量，多址技术就是研究如何将有限的频率资源在多个用户之间进行有效的分配和共享，在保证通信质量的同时尽可能地降低系统的复杂程度并获得较高系统容量的一项技术。

多址技术对无线信号进行了多维的空间划分，在不同的维度上进行不同的划分就对应着不同的多址技术。常见的维度有信号的频域、时域和空域，因此也就有相应的频分多址、时分多址和空分多址。此外还有信号的各种扩展维，如码域对应的码分多址。信号空间划分的目标是要使不同用户的无线信号之间在所划分的维度上达到逻辑上的正交，这样，这些用户就可以共享有限的频率资源而不会相互干扰。

本章重点内容如下：

● 双工和多址方式。
● 频分多址。
● 时分多址。
● 码分多址。
● 空分多址。
● 分组无线电。
● 多址方式和系统容量。

7.1

双工和多址方式

在无线通信系统中,用户可以在发送信息给基站的同时接收从基站来的信息。例如,在蜂窝电话系统中,"讲"和"听"可以同时进行,发送和接收必须有各自独立的信道,这种通信方式被称为双向全双工通信。用频域技术和时域技术都可以做到双向双工。

1 频分双工

FDD方式为每一个用户提供了两个确定的信道(频段),前向(下行)信道提供从基站到移动台的信息传输,反向(上行)信道提供从移动台到基站的信息传输。在FDD方式中,双工信道实际上是由两个单工信道组成的,利用用户和基站中的一种被称为双工器的设备将发射和接收信道分离,可以在双工信道上同时进行无线发射和接收。前向信道和反向信道的频率间隔在整个系统中是固定的,如图7-1(a)所示。

2 时分双工

TDD是用时间而不是频率来分隔前向信道和反向信道。采用TDD方式时,发射和接收使用相同频率的信道,但发送和接收都是间歇性的(不同时进行),只不过由于时间间隔很短,用户并不会感觉到,使用起来就像是连续传输的一样。TDD方式不需要双工器,但是需要发射端和接收端在时间关系上严格同步,如图7-1(b)所示。

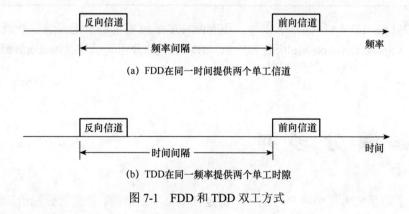

(a) FDD在同一时间提供两个单工信道

(b) TDD在同一频率提供两个单工时隙

图 7-1 FDD 和 TDD 双工方式

FDD是为每个用户提供一对单独频率的无线通信系统,收发信机需要同时发射和接收无线信号,而发射信号和接收信号的电平会相差100dB(10^{10}倍)以上,所以必须非常谨慎地分配用于前向信道和反向信道的频率,还要与同样使用这两个频段的其他用户保持协调，而且频率间隔还必须适用于采用不太昂贵的射频设备。

TDD使每一个收发信机可以在同一频率上或者作为发射机或者作为接收机运行，不需要单独的前向和反向频段，然而发射和接收之间必须存在一段短暂的时间间隔，而且有严格的同步要求，信道的利用率会降低。

由双工技术分割的前向和反向信道，还需要通过多址技术进一步分配给每一个具体用户，在蜂窝无线通信系统中经常采用的多址接入技术主要有3种：频分多址、时分多址、码分多址。

在通信系统中，通常用双工和多址技术一起来描述和定义无线通信系统的信道分配方式，如FDMA/FDD、TDMA/FDD、CDMA/TDD等。还可以采用几种多址技术的组合方式，如TDMA/FDMA/FDD，即首先采用FDD分配前向信道和反向信道，然后采用FDMA划分不同的载频，最后采用TDMA对每个载频划分不同的用户时隙。

实际应用的蜂窝移动通信系统所采用的双工和多址技术见表7-1。

表 7-1　蜂窝系统的双工和多址技术

蜂窝移动通信系统	双工和多址技术
高级移动电话系统（AMPS）	FDMA/FDD
全球移动通信系统（GSM）	TDMA/FDMA/FDD
美国数字蜂窝（USDC）	TDMA/FDMA/FDD
窄带 CDMA（IS-95）	CDMA/FDMA/FDD
小灵通（PHS）	TDMA/TDD
无绳电话（CT2 和 DETC）	FDMA/TDD
WCDMA（3G）	CDMA/FDMA/FDD
CDMA2000（3G）	CDMA/FDMA/FDD
TD-SCDMA（3G）	CDMA/FDMA/TDD

除FDMA、TDMA和CDMA以外，还有两种多址技术也用于无线通信系统，它们是空分多址（Space Division Multiple Access，SDMA）和分组无线电（Packet Radio，PR）。

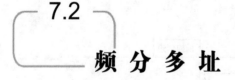

7.2 频 分 多 址

频分多址系统为每个用户分配一个特定频率范围的信道，该信道分配给请求服务的用户专用，在呼叫的整个过程中，其他用户不能共享这一信道，如图7-2所示。

在FDMA系统中，分配给每个用户一个双向信道，即一对载波（载频）。一个载波用做前向信道，而另一个用作反向信道。FDMA系统的特点如下。

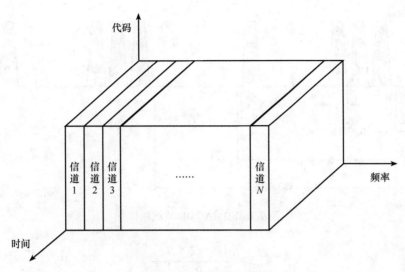

图 7-2　FDMA 信道示意图

（1）如果一个FDMA信道没有被使用，那么它就处于空闲状态。

（2）在分配好话音信道后，基站和移动台就会同时连续不断地发送信号。

（3）FDMA信道的带宽相对较窄（如AMPS为30kHz），每个信道的一对载波仅支持一个双向电路连接（如每次只能传送一路电话）。

（4）FDMA信道的符号时间与平均延迟扩展相比较是很大的，码间干扰比较低，因此在FDMA窄带系统中几乎不需要均衡。

（5）与TDMA和CDMA系统相比，FDMA系统要简单得多。

（6）由于FDMA是一种不间断发送模式，因此相对于TDMA和CDMA而言，只需要较少的二进制比特来满足系统开销（如同步和组帧比特），信道效率高。

（7）FDMA系统相对于TDMA和CDMA系统有更高的小区站点系统开销，因为FDMA系统是每载波单个信道的设计，需要使用带通滤波器来消除基站的杂散辐射。

（8）FDMA需要用精确的射频滤波器来把相邻信道的干扰抑制到最小。

此外，FDMA系统还要考虑到非线性效应，在FDMA系统中，许多不同频率信道的发射信号会在一个基站中共用同一个天线，当功率放大器或功率合成器工作在达到或接近最大功率时的非线性区时，就会产生互调，互调是不希望得到的射频辐射信号，在系统中会干扰其他信道（互调干扰）。非线性还会导致信号的频域扩展，包括边带噪声和寄生辐射，会对相邻的信道造成干扰（邻频干扰）。不希望得到的信号还有杂散和谐波，存在于系统频带内的杂散会造成对移动系统中其他用户的干扰，而在系统频带以外产生的谐波可能会造成对临近的其他无线系统的干扰。

采用FDD方式的FDMA系统（FDMA/FDD）的载波频谱如图7-3所示。

在FDMA系统中，一定的系统带宽可以同时支持的信道数量用式（7-1）来计算。

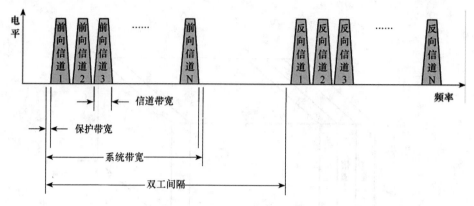

图 7-3　FDMA/FDD 载波频谱

$$N=\frac{B_{系统}-2\times B_{保护}}{B_{信道}}$$

(7-1)

式中，N为信道数量；

$B_{系统}$为总的系统带宽；

$B_{保护}$为保护带宽；

$B_{信道}$为每个信道载频的带宽。

注意：这里有两个保护带宽，分别分配在系统频带的低端和高端，设置这两个保护频带是为了保证载波的边缘不会溢出而进入临近的其他无线系统，同时临近的无线系统也会采取同样的措施，这样就可以保证两个系统之间不会互相干扰。

第一代模拟蜂窝系统就是以FDMA/FDD为基础的模拟窄带调频系统，当通话进行时，一个用户占用一个双向信道，这个信道是具有45MHz双工频率间隔的一对带宽为30kHz或25kHz的载波。话音信号在前向信道上从基站发送到移动台，在反向信道上从移动台发送到基站。当通话完成或切换到其他信道时，这个信道就空闲出来供其他用户使用。

7.3

时 分 多 址

时分多址系统把无线频谱按时隙划分，每一个时隙仅允许一个用户使用，或者发射或者接收，如图7-4所示。

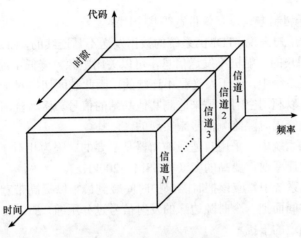

图 7-4　TDMA 信道示意图

　　每一个用户占用一个周期性重复的时隙，因此可以把一个信道看作每一个帧都会出现的特定时隙，N个时隙组成一帧。TDMA系统发送数据是用"缓存＋突发"的方式，因此对于任何一个用户而言发射和接收都不是连续的。这就意味着传统的模拟调制方式将无法在TDMA系统中使用，模拟信号数字化技术和数字调制技术必须与TDMA一起使用，这一点与采用模拟频率调制的FMDA系统有根本的不同。在TDMA系统中，多个用户的发射在时间上相互连成一个重复的帧结构，如图7-5所示。

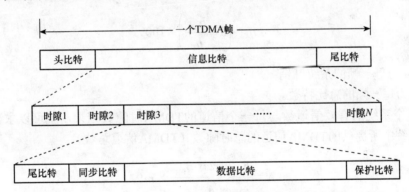

图 7-5　TDMA 的帧结构

　　TDMA帧是由时隙组成的，每一帧都由头比特、信息数据和尾比特组成，不同的TDMA无线标准的系统会有不同的TDMA帧结构。在TDMA/TDD系统中，每个TDMA帧的一半时隙用于前向信道，另一半用于反向信道。在TDMA/FDD系统中，有一对完全相同或相似的帧结构，一个用于前向信道，一个用于反向信道，但前向和反向信道的载波频率是不同的。TDMA系统可以在一个特定用户的前向和反向时隙之间设置几个延迟时隙，以便在用户单元中不需要使用双工器。TDMA系统的特点如下。

　　（1）在TDMA系统中，几个用户共享同一个载频，每个用户使用不同的时隙。每一帧的时隙数取决于调制方式、有效带宽等几个因素。

（2）对于每个用户来说，TDMA系统的数据发送不是连续的，而是分组分时发送的。在大多数时间中用户的发射机不发送信息，可以关闭电源，降低电池消耗。

（3）在TDMA系统中，由于发送是不连续的，因此越区切换对一个用户移动台来说是很简单的，它可以利用空闲时隙来监测其他基站的信号。移动台辅助切换就是通过用户在TDMA帧中的空闲时隙监测信号来实现的。

（4）在TDMA系统中，采用自适应均衡器是必要的。因为相对于FDMA信道而言，TDMA信道的发射速率通常要高的多（如GSM为200kHz）。

（5）在TDMA系统中，应该把时隙保护时间减到最小以提高带宽利用率。但是，如果为了缩短保护时间而把一个时隙边缘的发射信号过分压缩，那么发射频谱将增大并可能会导致对临近信道的干扰。

（6）TDMA系统采用的是分组发射，需要较高的同步开销。因为TDMA发射被时隙化了，所以就要求接收机与每一个数据分组保持同步。而且保护时隙对于分开用户也是必要的，这导致TDMA系统相对于FDMA系统有更大的系统开销。

（7）TDMA的一个优点是它可以分配给不同用户一帧中不同数目的时隙。可以利用基于优先权重新分配时隙的方法，按照不同用户的要求来按需分配带宽。

TDMA系统的效率：TDMA系统的效率是指在发射的数据中有用信息所占的百分比，不包括为接入模式而提供的系统开销。TDMA系统的效率可以用式（7-2）求出。

$$\eta_f = \left(1 - \frac{b_{OH}}{b_T}\right) \times 100\% \tag{7-2}$$

式中，b_{OH}为每一帧的系统开销；

b_T为每一帧的总比特数。

把整个系统的有效信道数与每一个信道的TDMA时隙数相乘，就可以求出在一个TDMA系统中所提供的TDMA信道的总时隙数（TDMA信道总数）。

$$N = \frac{B_{系统} - 2 \times B_{保护}}{B_{信通}} \times m \tag{7-3}$$

式中，m为每一个无线信道中所能支持的最大TDMA时隙数。

以GSM蜂窝移动通信系统为例，在900MHz频段，它的前向信道总带宽为25MHz。首先采用FDMA方式将25MHz分为若干个200kHz的无线信道（载频），然后采用TDMA方式将每个载频分成8个时隙（支持8个话音信道），保护带宽为100kHz，可以求出900MHz的GSM中一个蜂窝小区理论上所能容纳的最大用户数量是

$$N = \frac{25 - 0.2}{0.2} \times 8 = 992$$

这个概念是非常重要的，在GSM中可以采用宏蜂窝，通过增加基站的发射功率、提高基站的接收性能来增加小区的覆盖半径，但是一个小区可以容纳的用户数量是有限的。由于这一原因，在用户密集的城市中心区，不能采用这种方式，反而需要采用微蜂窝的方式来减小小区的半径、增加小区的数量，以此来保证服务用户的数量。

7.4 码 分 多 址

码分多址是一种采用扩频技术的多址方式。扩频通信是一种信息传输方式，其信号所占有的带宽远远大于所传输信息所必需的最小带宽，频带的展宽是通过编码及调制的方法实现的，与所传输的信息数据无关，在接收端可以用相同的扩频码进行相干解调来解扩并恢复所传输的信息数据。

扩频技术是近年来发展非常迅速的一种无线通信技术，它首先在军事通信中发挥了不可取代的作用，随后开始广泛地渗透到民用通信的各个领域，包括卫星通信、移动通信、微波通信、无线定位系统、无线局域网、全球个人通信等。

当小区中只有少量用户时，CDMA并没有很好的带宽效率，甚至是一个带宽效率极低的系统，因为每一个用户都需要占用很大的带宽。然而，当用户数量很大时，很多用户可以互不干扰（正交）地共享同一个扩频带宽，因此CDMA在大量用户的环境中就变成了具有很高带宽效率的系统，而这一点正是无线通信系统的设计者非常需要的。

目前，码分多址技术主要有两种类型：直接序列扩频码分多址（Direct Sequence CDMA，DS-CDMA）和跳频码分多址（Frequency Hopping CDMA，FH-CDMA）。

7.4.1 直接序列扩频码分多址

人们通常所说的CDMA系统一般都是指采用DS-CDMA技术的系统。例如，第二代移动通信系统中的CDMA（IS-95）系统，第三代移动通信系统中的WCDMA系统，都是采用的DS-CDMA技术。

在DS-CDMA系统中，窄带调制信号与伪随机序列（Pseudo Noise，PN，伪噪声）直接相乘，PN码片的速率比信息数据的速率要高若干个数量级，因此相乘后的信号频谱被扩展到很宽的带宽，简称直扩码分多址。DS-CDMA系统中的每个用户都有自己的PN码，并且与其他用户的PN码在逻辑上是正交的，为了检测出信号，接收机需要知道发射机所使用的PN码，接收机通过执行相关操作来检测唯一的PN码，并将其恢复成窄带信号（解扩），所有其他的不相关的PN码都被认为是噪声，只会在一定程度上降低载噪比（*C/N*）。由于不同用户的PN码之间是正交的，因此所有用户可以在同一时间使用同一个扩频频带，这时每个用户都可以看作独立于其他用户而不会相互干扰，如图7-6所示。

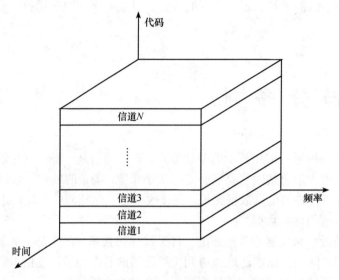

图 7-6　DS-CDMA 信道示意图

在DS-CDMA系统中，由于很多移动用户共享同一信道，这些移动台的发射功率决定了系统的基准噪声，较强的接收信号会提高较弱信号在基站解调器上的背景噪声，降低较弱信号被接收到的可能性。如果小区中距离基站很近的某个用户的发射功率没有得到有效控制，它在基站接收机处的噪声就会很高，就会出现远近效应，最强的接收信号将会捕获基站的解调器，使得基站无法正常接收其他用户的信号。为了解决远近效应问题，在DS-CDMA系统中必须采用更加精确的功率控制技术，基站通过快速抽样每一个移动台的无线信号强度来实现对移动台的功率控制，保证基站覆盖区域内的每一个用户给基站提供相同强度的信号，这就解决了由于一个临近用户的信号过大而覆盖了远处用户信号的问题。尽管在每个小区内都使用了功率控制，但小区外的移动台还是有可能产生不在接收基站控制内的噪声干扰。

DS-CDMA系统的特点如下。

（1）在DS-CDMA系统中，许多用户共享同一频带，不管使用的是TDD还是FDD。

（2）与FDMA和TDMA不同，DS-CDMA具有软容量限制。增加DS-CDMA系统中的用户数量会线性增加背景噪声，因此，DS-CDMA系统虽然理论上对用户数量没有绝对的限制，但是当用户数量增加时，对所有用户而言系统的性能会逐渐下降。相应的，当用户数量减少时，系统的性能会有所提高。

（3）在DS-CDMA系统中，信号被扩展在一个较宽频谱上，频谱带宽比信道的相干带宽大很多，固有的频率分集会减小小尺度衰落的影响。

（4）在DS-CDMA系统中，信道的数据速率很高，因此，符号（码片）时长很短，而且通常比信道的时延扩展小得多。因为PN序列有很低的自相关性，所以超过一个码片延迟的多径将被认为是噪声。可以使用RAKE接收机，通过收集所需要信号中不同时延的信号进行叠加来提高接收的可靠性。

（5）由于DS-CDMA使用同信道小区，所以它可以用宏空间分集来进行软切换。软切换由移动交换中心控制，移动控制中心可以同时监视来自两个或多个基站的特定用户信号，选择任意时刻信号最好的一个为用户服务，而不用切换频率。

（6）自干扰是DS-CDMA系统的一个固有问题。自干扰是由于不同用户的PN序列并不完全正交而造成的。在一个特定PN码的解扩中，对于一个指定用户而言，接收机判决统计的非零成分可能来自系统中其他用户的发射。

（7）如果其他用户有比目标用户更高的功率，DS-CDMA接收机就会出现远近效应问题，因此，DS-CDMA系统需要采取比FDMA或TDMA更精确的功率控制技术。

7.4.2 跳频码分多址

跳频码分多址是一个数字多址系统，系统中每个用户的载波频率都在宽带信道范围内按照PN序列变化。数字数据被分为同样大小的组并在不同的载波上发射出去，因为采用了窄带FM或FSK，一个跳频信号仅占用一个相对较窄的信道，任意一个发射载波的瞬时带宽都比整个扩频带宽小的多。用户载频的伪随机变化使得在任意时刻对一个具体信道的占用也随机变化，这样可以实现一个大频率范围的多址接入。在FH接收机中，用当地产生的PN代码来使接收机的瞬时频率与发射机同步。

FH-CDMA和传统的FDMA系统的区别在于，在通信过程中FH-CDMA跳频信号快速地更换信道。如果载波变化速率大丁系统符号速率，就称为快跳频系统；如果载波变化率小于或等于符号速率，就称为慢跳频系统。一个快跳频的系统可以被认为是使用频率分集的FDMA系统。FH-CDMA系统经常使用能量效率高的恒包络调制，用廉价的接收机来提供FH-CDMA的非相干检测。这就意味着对于FH-CDMA系统而言，线性并不是问题，也说明在接收机上的多用户功率并不降低FH-CDMA的性能。

跳频系统还具有很高的安全性，特别是当使用大量的跳频信道时，一个并不知道频率是怎样随机改变的接收机，不能很快地调谐到它希望监测的信号。跳频序列中偶尔会发生深度衰落，可以用纠错编码和交织来保证跳频信号不受衰落的影响。纠错编码和交织技术也可以用来防止当两个或多个用户在同一信道上同时发射时可能出现的碰撞现象。

7.4.3 混合扩频技术

除了DS-CDMA和FH-CDMA扩频多址技术以外，还有一些混合扩频技术，这些技术具有某些独特的优点。

1 混合 FDMA/CDMA

混合FDMA/CDMA（FCDMA）可以看作DS-CDMA的一种替代技术。在这种混合模式中，宽带频谱被划分成带宽小一些的子频谱，每一个较小的子信道都采用窄带CDMA技术，具有比宽带CDMA系统低一些的处理增益。这种混合系统有一个突出优点就是带宽不需要连续，而且可以依据不同用户的要求分配在不同的子频谱上。这种FCDMA系统的容量是所有子频谱中运行的系统容量之和，如图7-7所示。

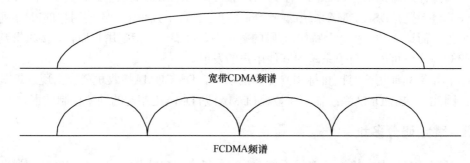

图 7-7 宽带 CDMA 与 FCDMA 频谱的比较

2 混合直扩/跳频码分多址

混合直扩/跳频码分多址（DS/FH-CDMA）由一个直接序列调制信号构成，该信号的中心频率以伪随机序列的方式跳变，这种跳频系统的一个突出优点就是避免了远近效应。但是，这种跳频系统不适用于软切换处理，因为很难使基站的跳频接收机和多路跳频信号同步，如图7-8所示。

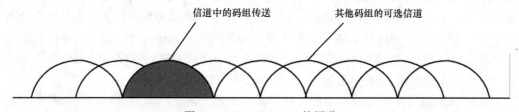

图 7-8 DS/FH-CDMA 的频谱

3 时分跳频多址

时分跳频多址（TD/FH-CDMA）在解决严重的小尺度衰落或同频干扰问题时具有优势。用户可以在一个新的TDMA帧开始时跳到一个新的频率，因此避免了在一个特定信道上的严重衰落或碰撞事件。GSM标准已经采用这项技术，在GSM标准中，已预先定义了跳频序列，并且允许用户在指定小区的特定频率上跳频。如果使两个互相干扰的基站发射机在不同频率和不同时间发射，那么这个模式也避免了临近小区的同频干扰问题。

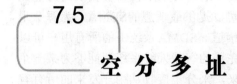

空 分 多 址

空分多址是控制用户在空间方向上的辐射能量，使用定向波束的天线来服务于不同的用户，如图7-9所示。

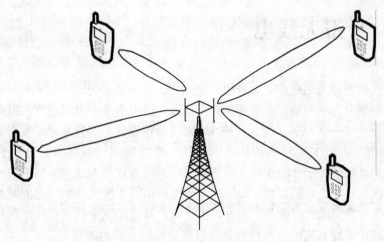

图 7-9　SDMA 信道示意图

在实际应用中上，SDMA通常都不是独立使用的，而是与其他多址方式（FDMA、TDMA和CDMA）结合使用，处于同一波束内的不同用户用其他多址方式加以区分。采用SDMA方式后，相同频率（TDMA或CDMA系统）或不同频率（FDMA系统）的无线信道都可以服务于被天线定向波束所覆盖的这些不同区域。采用定向天线可以看作SDMA的一个基本方式，这种天线最适合于TDMA和CDMA系统。在第三代移动通信系统中使用的自适应天线（又称智能天线），可以迅速地引导信号能量沿着用户的方向发送和接收，达到充分利用移动用户信号并抑制干扰信号的目的。

在蜂窝无线通信系统中，由于很多原因造成了反向信道（手机-基站）的困难较多。基站可以很容易地控制前向信道上所有发射信号的功率，但由于每个用户和基站之间的无线传播路径不同，每个用户的传播路径也会随着用户的移动而改变，因此每个用户移动台的发射功率都必须动态控制，以防止发射功率太高而干扰其他用户。发射功率还受到移动台的发射能力和电池能量的限制，也限制了反向信道上对功率的控制程度。如果想从每个用户接收到更多的能量，通过定向波速来空间过滤用户信号是一个很好的方法，每个用户的反向信道都可以得到明显的改善，并且需要更少的功率。

SDMA实现的关键是智能天线技术，用在基站（最终可以用在移动台）的智能天线可以解决反向信道的很多问题。采用智能天线可以提供最理想的SDMA，为每个用户提供一个在本小区内不受其他用户干扰的唯一信道。SDMA系统中的所有用户可以使用同一信道在同一时间双向通信。而且，一个完善的智能天线系统还能够为某一个用户搜索多个多径分量，以最理想的方式叠加起来，来分集接收从用户发来的所有有效信号的能量。

7.6

分组无线电

在分组无线电接入系统中，大量用户试图用一种分散的方式来接入同一个信道，发射可以通过数据突发来完成。基站接收机一旦检测出由于多个发射机同时发射而产生的碰撞，它就会发射一个ACK（确认）或NACK（否定确认）信号来通知发射信号的用户和所有其他用户。ACK信号表示基站承认从一个特定用户发射来的分组被接收，而NACK表示先前发射的分组没有被基站正确接收。通过使用ACK和NACK信号，分组无线电接入系统具有了完善的反馈，即使在由于碰撞而产生较大传输延迟的时候也没有问题。分组无线电的实现比较容易，但是，由于用户是使用竞争技术在一个共用信道上发射的，因此这种多址方式的效率较低并且可能导致较大的时间延迟。

分组无线电技术最典型的应用是早期卫星通信系统的随机接入ALOHA协议，ALOHA协议允许每一个用户在它们有数据要发射的任何时候发射。正在发射的用户通过监听确认反馈来判定发射是否成功，如果发生碰撞，用户等待一段随机时间后再重新发射分组。分组竞争技术的优点在于服务大量用户时的开销很少。可以用吞吐量（T）和一个典型分组所经历的平均延迟（D）来衡量竞争技术的性能，T定义为单位时间成功发射信息的平均数量。

7.6.1 随机接入协议

根据接入类型的差别，竞争协议可以被分为随机接入、调度接入和混合接入3类。在随机接入类型中，用户之间没有协调并且消息一到达发射机就会被发射出去。调度接入以信道上用户的协调接入为基础，用户在所分配的段或时隙内发射消息。混合接入则是随机接入和调度接入的组合方式。

随机接入协议又分为纯ALOHA和分段ALOHA两种方式。对于高负荷通信，纯ALOHA和分段ALOHA的效率都很低，这是因为发射分组之间的竞争造成了大量的碰撞，会导致多次重新发射和时延的增加。

（1）纯ALOHA协议是用于数据发射的随机接入协议。用户一旦有消息需要发射就马上接入信道，发射以后，用户在同一信道或一个独立的反馈信道上等待确认信息。当有碰撞发生（收到一个NACK）时，用户就等待一段随机时间后再重新发射消息。当用户数量很多时，由于产生碰撞的概率增加因此会出现更长的延迟。

（2）在分段ALOHA中，时间被分为相同长度的时隙，它比分组时间长。每个用户有同步时钟，并且消息仅仅在一个新时隙的开始时发射，因此形成了分组的离散分布。这就防止了部分碰撞，也就是防止了一个分组与另一个分组的一部分发生碰撞。当用户数增加时，也会由于完全碰撞和重复发射那些已丢失的分组而使延迟增大，其中，重新发射前发射机等待的段数决定了传送的延迟特性。因为通过同步操作防止了部分碰撞，分段ALOHA的易损阶段仅仅是一个分组时间。

7.6.2　载波侦听多址访问协议

ALOHA协议在发射前不监听信道，因此不能利用其他用户的信息来防止碰撞。实际上只要在发射之前监听一下信道，就可以获得更高的效率。采用载波侦听多址访问（Carrier Sense Multiple Access，CSMA）协议，网络中的每个终端在发射信息之前都测试一下信道状态，如果信道空闲（即没有检测到载波），就允许用户按照在网络中的所有发射机共用的特定算法来发射分组。

在CSMA协议中，检测延迟和传播延迟是两个重要参数。检测延迟是接收机硬件的一个函数，是终端用来检测信道是否空闲所需的时间，检测延迟越短，终端越能更快地检测到一个空闲信道。传播延迟是一个分组从基站传送到移动终端速度的相对测量，小的传播延迟，就意味着分组可以在一个相对于分组持续时间而言较小的间隙中通过信道发射出去。因为只有在一个用户开始发射分组以后，另一用户才可以检测这一信道并同时准备发射，所以传播延迟是很重要的。如果传播延迟过大，准备发射的用户还没有监测到正在保持发射状态的用户（后面的用户将检测到一个空闲信道）并且也发射它的分组，就会导致两个分组的碰撞。传播延迟直接影响到CSMA协议的性能。另外，在实际的移动系统中，CSMA协议不能检测在反向信道上遭受了深度衰落的分组无线电信号。

7.6.3　预留 ALOHA

预留ALOHA是以TDMA技术为基础的一个分组接入模式。在该协议中，某个分组段被赋予优先级，并且有可能为用户预留发射分组的时间段，时间段可以永久预留或者按请求预留。在通信繁忙的情况下，按请求预留可以保证较好的吞吐量。在预留ALOHA的一种类型中，虽然非常长的发射有可能被打断，但是成功发射一次的终端将长时间预留一个段直到它的发射完成。另一中模式允许用户在每一帧都预留的一个子段上发送请求，如果发射成功（没有检测到碰撞），那么就分配帧的下一个子段用于该用户的数据发射。

7.7

多址方式和系统容量

蜂窝无线通信系统的容量被定义为一定频段内所能提供的信道或用户的最大数量。系统容量是衡量一个蜂窝无线通信系统频谱效率的重要参数,主要取决于采用的多址技术、系统带宽、信道带宽和特定小区的载波/干扰比(C/I)等因素。

1 FDMA 和 TDMA 系统的容量

FDMA和TDMA系统的容量受限于带宽和干扰,每个小区的平均信道容量为

$$C=\frac{B_S}{B_C N}\times m \tag{7-4}$$

式中,C为每个蜂窝小区的无线容量(用户信道数量);

B_S为分配给系统的总的频率带宽;

B_C为每个用户信道的带宽;

N为频率复用的小区簇的大小;

M为时隙数(采用FDMA时为1)。

每一种系统在设计时B_S、B_C和m的值已经确定,因此簇的大小N直接决定了每个蜂窝小区的信道容量。而N的大小又是由特定小区的C/I决定,C/I则由无线传播特性决定。基站的干扰主要来自相邻小区的用户,称为反向信道干扰。移动台的干扰主要来自它周围的同频基站,称为前向信道干扰,最邻近的同频小区可以看作第一级同频干扰。

(1)FDMA系统。由于模拟FDMA系统的一对信道是通信双方一直占用的,小区容量可以直接用式(7-4)计算出来($m=1$)。模拟FDMA系统需要较高的C/I,因此同频复用比D/R的要求也较高,小区簇的大小N较大,因此每个蜂窝小区的信道容量很有限。

(2)TDMA系统。相对于模拟FDMA系统,数字TDMA系统把容量提高了3~6倍。在干扰环境中,通过数字化的差错控制和语音编码使系统具有更好的链路性能,大大降低了对C/I的要求,可以采用更小的簇。利用语音激活技术,一些TDMA系统能够更好的利用无线信道。移动辅助切换允许移动台去监测临近的基站,有利于用户选择最好的基站信号,移动辅助切换还允许采用分布密集的微小区,使系统获得相当大的容量增长。TDMA也使自适应信道分配成为可能,大大减少了系统规划的工作量。GSM、USDC(美国数字蜂窝系统)和PDC(太平洋数字蜂窝系统)等系统都是采用数字TDMA多址方式

以获得更大的小区容量。

需要指出的是，TDMA系统虽然采用了大量数字技术，在一定程度上提高了小区容量，但是FDMA和TDMA系统都受限于带宽，小区的容量很难满足用户发展的需求。

2 CDMA 系统的容量

CDMA系统的小区容量与FDMA和TDMA系统的受限因素完全不同，FDMA和TDMA系统的容量受限于带宽和干扰，而CDMA系统的小区容量只受限于干扰。只要干扰足够小、PN码足够长（当然，这两个条件在实际的系统中都是不可能达到的），CDMA系统的小区容量在理论上是没有限制的。CDMA系统的容量一般被称为"软容量"，减少干扰可以使CDMA的容量线性增加，反过来看，在一个CDMA系统的小区中，当用户的数量增加时，每个用户的链路性能就会有所下降。

在CDMA系统中，对于每一个用户来说，所有其他用户的发射信号都会归一到噪声，会不同程度地造成载噪比（C/N）的恶化，因此CDMA系统中功率控制显得更为重要。在CDMA系统中，控制每一个移动发射机的功率水平，使它的信号以所需要的最小功率电平和C/N到达基站，就可以得到最大的系统容量。如果一个移动台的发射功率太大，这个移动台本身的性能会很好，但它将给小区内的所有其他用户增加不希望的干扰。

在CDMA系统中，减少干扰的最直接的方法就是使用定向天线，如图7-10所示。

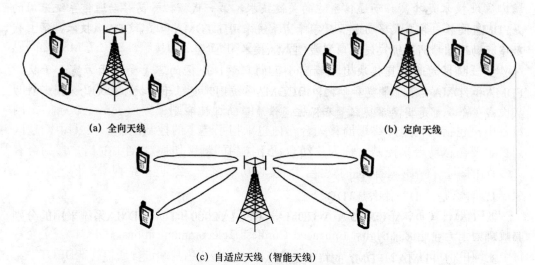

(a) 全向天线　　　　　　　　　　　　　　　(b) 定向天线

(c) 自适应天线（智能天线）

图 7-10　不同天线模式的对比

全向天线接收小区内所有用户的发射信号，其他所有移动台的信号都是某一个用户的噪声干扰。定向天线可以在空间上将用户隔离开，天线只接收小区内部分用户的发射信号，只有天线扇区内移动台的信号是某一用户的噪声干扰。智能天线只接收指定用户的信号，小区内其他用户的发射信号不会对该用户造成任何影响。在第三代移动通信系统中使用的自适应天线，即智能天线，为小区内的每一个用户分别提供单个波束的覆盖，因而可以将干扰减小到最小，也可以认为是CDMA和SDMA的组合。

增加CDMA容量的另一个方法是采用不连续发射模式（DTX），这种模式利用了通话本身就是断断续续的特点，在DTX中，没有话音时可以关闭发射机。移动通信系统中的话音信号有大约1/2的激活因子，利用背景噪声和振动来触发话音激活检测器，CDMA系统的平均容量可以按照激活因子的比例增加。

在陆地蜂窝无线系统中，FDMA和TDMA的小区簇大小（N）受限于频率复用比（D/R），而D/R取决于由路径损耗所产生的同频小区之间的隔离。而CDMA小区可以复用所有频率（即$N=1$），因而容量有了很大程度地增加。

本 章 小 结

多址技术是指把处于不同地点的多个用户接入一个公共传输媒介，实现各用户之间通信的技术。常用的多址技术包括频分多址、时分多址、码分多址和空分多址。频分多址是以不同频率的信道实现多址通信，时分多址是以不同的时隙实现多址通信，码分多址是以不同的代码序列来实现多址通信，空分多址是以不同的方位实现多址通信。多址技术是蜂窝移动通信系统的关键技术，第一代模拟蜂窝移动通信系统采用的是FDMA技术，第二代移动通信数字蜂窝系统采用了TDMA和窄带CDMA技术，第三代数字移动通信蜂窝系统广泛采用宽带CDMA技术。

多址技术的选择直接决定了蜂窝小区的容量，小区的容量受限于带宽和干扰，FDMA和TDMA受限于带宽和干扰，而CDMA系统则只受限于干扰。但无论采用哪种方式，减少干扰都是提高系统容量和保证通信质量的有效手段。

练 习 题

1．什么是FDD？什么是TDD？

2．GSM、CDMA（IS-95）、WCDMA、CDMA 2000和TD-SCDMA系统采用的分别是哪种双工方式和多址方式？

3．什么是FDMA？FDMA的特点是什么？

4．某蜂窝移动通信系统采用FDMA方式，总带宽为25MHz，保护带宽为25kHz，载波带宽为25kHz，可以提供的信道总数是多少？

5．什么是TDMA？TDMA的特点是什么？

6．某个GSM的总带宽19为MHz，保护带宽为100kHz，载波带宽为200kHz，可以提供的信道总数是多少？

7．什么是CDMA？什么是DS-CDMA？DS-CDMA的特点是什么？

8．什么是FH-CDMA？什么是快跳频？什么是慢跳频？

9．什么是SDMA？采用SDMA的好处是什么？

10．某蜂窝系统采用FDMA方式，总带宽为25MHz，保护带宽为25kHz，载波带宽为25kHz，小区簇的大小为19，每个小区可以提供的信道总数是多少？

11．某个GSM的总带宽为19MHz，保护带宽为100kHz，载波带宽为200kHz，每载波8个时隙，小区簇的大小为4，每个小区可以提供的信道总数是多少？

12．为什么CDMA的小区容量被称为软容量？它主要取决于哪些因素？

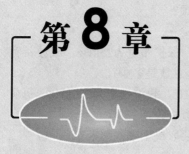

第8章

抗衰落技术

衰落是无线通信系统特别是移动通信系统遇到的一个特殊问题，衰落会造成接收信号电平出现剧烈的随机起伏，对无线通信系统的信号传输质量和传输可靠性都有很大的影响，严重的衰落会造成通信无法建立或者已建立的通信中断。

衰落主要是由非正常衰减和多径效应引起的。非正常衰减的典型例子包括降水衰减、绕射衰减和阴影效应等。这种衰减发生时，接收信号电平会低于正常值，从而形成衰落。由于多径效应的原因，经过不同传播路径的电磁波之间会相互干涉，这是最常见也是最重要的衰落原因。不同传播路径的产生，可能是由于地面或天线附近的地形地物的反射，也可能是由于电离层的多次反射等，多径效应形成的衰落即为小尺度衰落，通常称为多径衰落。在移动通信系统中，非正常衰减对通信的影响相对比较小，而小尺度衰落的影响相当严重，是移动无线信道需要重点解决的问题。

移动通信系统中需要利用信号处理技术来改善恶劣的无线传播环境中的链路性能。由于小尺度衰落和多普勒频移的影响，移动无线信道极其易变，这对于任何调制技术来说都会产生很强的负面效应，必须采取必要的技术手段来减小衰落对通信质量的影响。

本章重点内容如下：

- 抗衰落技术。
- 均衡技术。
- 分集技术。
- 交织技术。
- 信道编码技术。

8.1　概　　述

在蜂窝移动通信系统中，普遍采用均衡、分集和信道编码这3种抗衰落技术来改善无线信道中接收信号的质量，这些技术既可单独使用，也可组合使用。

均衡技术可以减少或消除无线信道中由于多径效应而产生的码间干扰（Inter Symbol Interference，ISI）。在数字通信系统中，由于小尺度衰落等因素的影响，在接收端经常会产生码间干扰，增加误码率。为了减少码间干扰，提高通信系统的性能，可以在接收端采用均衡技术。均衡是指对信道特性的均衡，接收端的均衡器可以产生与信道特性相反的特性，以此来减小或消除因信道的时变多径传播特性引起的码间干扰。在数字通信系统中，如果调制信号的带宽超过了无线信道的相干带宽，就会产生码间干扰，并且调制信号将会被展宽，而接收机内的均衡器可以对无线信道的幅度和延迟进行补偿。由于无线信道具有未知性和多变性，因而要求均衡器是自适应的。

分集技术可以补偿衰落信道的损耗，它利用无线传播环境中存在同一信号的互不相关的独立样本的特点，通过分集接收和信号合并技术来改善接收信号的质量，抵抗衰落引起的不良影响。同均衡技术一样，它不需要增加传输功率和带宽就可以改善移动通信链路的传输质量。不过，均衡技术用来削弱码间干扰的影响，而分集技术通常用来减少接收端窄带平坦衰落的深度和持续时间。基站和移动台的接收机都可以应用分集技术。最常用的分集技术是空间分集，即几个天线被分隔一定距离后安装，然后连接到一个公共的接收系统中，当一个天线未检测到满足要求的信号时，另一个天线却有可能检测到正常的信号，接收机可以随时选择接收到的最佳信号作为输入信号，即只要其中的一个天线能够接收到满足要求的信号，通信就可以正常。其他的分集技术还包括极化分集、频率分集和时间分集等。码分多址系统通常使用RAKE接收机，它能够通过时间分集来改善链路性能。交织技术也可以看作一种时间隐分集。

信道编码技术是通过在发送信息时加入冗余的数据位来改善通信链路性能的一种技术。信道编码就是在信源编码的基础上，按一定规律加入一些新的监督码元，以实现纠错。在发射机的基带部分，信道编码器把要传送的数字信息序列映射成另一段包含了纠错信息的更多数字比特的码序列，然后把已经被编码的码序列进行调制并在无线信道中发送出去。接收机中的信道解码器执行发射机中的信道编码器的逆过程，用信道编码来检测和纠正由于在信道中传输而引入的部分或全部误码，以保证正确恢复要传送的数字信息序列。由于解码是在接收机进行解调之后执行的，所以编码被看作一种后检测技术。信道编码技术可以有效改善低C/N情况下的误码特性，但是编码而附加出来的数据

127

比特会降低在信道中传输的有效数据速率，也就是会增加信号的传输速率，相应增加信道的传输带宽。信道编码通常有两类：分组编码和卷积编码。信道编码技术和调制技术以前被相互独立地作为两种不同的技术看待，不过现在随着网格编码调制技术（TCM）的使用，这种概念已经有所改变，因为网格编码调制是把信道编码技术和调制技术相结合，不需要增加带宽就可以获得很大的编码增益。

均衡、分集和信道编码这3种技术都被广泛用于改善无线信道的性能，也就是用来减小数据传输的瞬时误码率。但是在实际的无线通信系统中，每种具体技术在实现方法、成本和效果等方面都有很大的不同，应当根据系统的实际情况选择使用。

8.2

均 衡 技 术

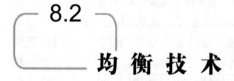

8.2.1 均衡技术的原理

根据通信理论，如果一个数字传输系统具有无限带宽，那么该系统是线性的并且在整个频段范围内无失真。但实际上每个数字传输系统的带宽总是有限的，总会存在不同程度的频率响应失真，出现脉冲展宽以及码元重叠的现象，这就是通常所说的码间干扰。在移动通信环境中，由于传播时延差而引起的码间干扰与信号的传输速率和工作频率是无关的，主要受带宽限制和小尺度衰落的影响。移动无线环境的固有问题是无法改变的，必须通过其他的技术手段减小码间干扰。

在带宽受限且时间扩散的无线信道中，由于小尺度衰落的影响而导致的码间干扰会使被传输的信号产生畸变，从而在接收时出现误码。码间干扰是移动无线通信信道中传输高速率数据时的主要障碍，而均衡正是解决码间干扰的一项有效技术。从广义上讲，均衡可以指任何用来削弱码间干扰的信号处理技术，在无线通信系统中，可以用各种各样的均衡技术来消除码间干扰。

均衡器通常是采用滤波器来实现的，在数字通信系统中可以插入一种可调滤波器来校正和补偿无线信道的衰落特性，减少码间干扰的影响。在接收端首先使用滤波器来补偿失真的信号脉冲，判决器得到的解调输出样本是已经经过均衡器修正过的或者清除了码间干扰之后的样本，这种起补偿作用的滤波器称为均衡器。

由于移动无线信道的衰落具有随机性和时变性，因此要求均衡器必须能够实时地跟踪移动无线信道的时变特性，这种均衡器称为自适应均衡器。自适应均衡器可以直接从传输的实际数字信号中根据某种算法不断调整参数，因而能适应信道的随机变化，使均衡器总是保持最佳的参数，从而有更好的失真补偿性能。

自适应均衡器一般包含两种工作模式：训练模式和跟踪模式。发射机首先发射一个已知的固定长度的训练序列，以便接收机的均衡器可以做出正确的设置。典型的训练序列是一个预先约定的二进制伪随机信号或一串数据序列，而被传送的用户数据紧随训练序列之后发送。接收机的均衡器将通过递归算法来评估信道特性，并且修正滤波器系数来对信道特性作出补偿。在设计训练序列时，要求即使在很差的信道条件下，均衡器也能通过这个序列获得正确的滤波系数，这样，均衡器就可以在收到训练序列后将滤波系数调整到接近于最佳。在接收用户数据时，均衡器的自适应算法就可以跟踪不断变化的信道，自适应均衡器将根据信道情况不断改变其滤波特性。

均衡器从调整参数到形成收敛的整个过程所需要的时间，取决于均衡器的结构、均衡算法和多径无线信道变化率等参数。为了保证能够有效地消除码间干扰，均衡器需要周期性地做重复训练以保证始终处于最佳状态。

均衡器被广泛应用于数字通信系统中，特别是采用时分多址的无线通信系统非常适合使用均衡器。时分多址无线通信系统的用户数据本身就是被分成若干个数据段，并被放在相应的长度固定的时隙中传送，训练序列可以在每个时隙的头部发送，每次收到新的时隙数据时，均衡器将用其中的训练序列进行修正。

均衡器实际上是一个与信道传输特性相反的反向滤波器，如果传输信道是频率选择性的，那么均衡器将增强频率衰落大的频谱部分，而削弱频率衰落小的频谱部分，使所接收到频谱的各部分衰落趋于平坦，相位趋于线性。对于时变信道，自适应均衡器可以跟踪信道的变化，这时的自适应均衡器是一个时变滤波器，其参数必须不断地调整。

均衡器的自适应算法是由误差信号控制的，而误差信号是通过对训练信号和均衡器输出进行比较而产生的。可以使均衡器快速收敛并且误差最小化的算法有很多，如梯度算法和最快下降算法等。在收敛之后，自适应算法将维持滤波器的权重不变直到误差信号超过允许的范围或者又接收到新的训练序列。

在经典的滤波理论中，最常用的代价函数（最后要达到目的的那个函数）是期望的输出值和均衡器的实际输出值之间的均方差，系统必须周期性地传送已知的训练序列，这样均衡器才能正确输出被传送的信号。均衡器通过检测训练序列，采用自适应算法对信道进行估测，调整均衡器的参数以使代价函数最小，直到下一个训练序列来临。

均衡器通常在接收机的基带或中频部分实现，因为基带包络的复数表达式可以描述带通信号的波形，信道响应、解调信号和自适应均衡器的算法通常都可以在基带部分被仿真和实现。图8-1是一个通信系统的示意图，在接收系统中包含自适应均衡器。

现在，有一些更先进的自适应算法能够利用被发送信号本身的特性而不再需要发送训练序列，这些新的自适应算法可以通过对传送信号采用特性恢复技术来实现均衡。由于这些算法不需要在发射端附加训练序列就可使均衡器收敛，因此也被称为"盲算法"。这些算法包括常模数算法（CMA）和频谱相干复原算法（SCORE）等。常模数算法用于恒包络调制，它调整均衡器权重以使得信号维持包络的恒定不变，而频谱相干复原算法则是利用被传送信号频谱中的冗余信息。在无线通信系统的均衡技术中，盲算法正变得越来越重要。

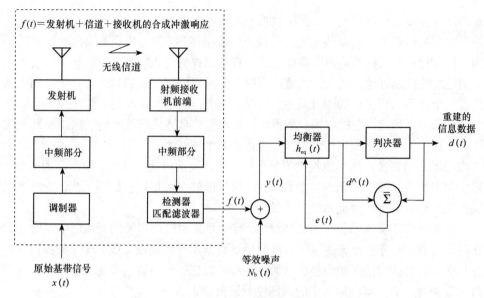

图 8-1 使用自适应均衡器的通信系统示意图

8.2.2 均衡技术的分类

均衡技术可以分为两大类：线性均衡和非线性均衡。这两类均衡技术的主要差别在于自适应均衡器的输出被用于反馈控制的方法。通常，模拟信号经过接收机中的判决器，然后由判决器进行限幅或阈值（临界值）操作，并决定信号的数字逻辑值$d(t)$。如果$d(t)$未被应用于均衡器的反馈逻辑中，那么均衡器是线性的；而如果$d(t)$被应用于反馈逻辑中并帮助改变了均衡器的后续输出，那么均衡器是非线性的。实现均衡的滤波器结构有很多种，而且每种结构在实现均衡时又有许多种算法。一般按照均衡器所用的类型、结构和算法的不同对常用的均衡技术进行分类，如图8-2所示。

最常用的均衡器结构是线性横向均衡器（LTE），它由若干级延迟线构成，级与级之间的延迟时间间隔都是T_s，而且每个延迟单元的增益相同，所以其传递函数可以表示成延迟符号的函数。当最简单的线性横向均衡器只使用前馈延时时，被称为有限冲激响应（FIR）滤波器。如果均衡器同时具有前馈和反馈链路，则称为无限冲激响应（IIR）滤波器。IIR滤波器在出现回声脉冲之后紧随着到达一个强脉冲信号时，会出现不稳定现象，很少被使用。

1 线性均衡器

线性均衡器可以用有限冲激响应滤波器来实现。在可用的滤波器类型中，这种滤波器是最简单的，它把所接收到信号的当前值和过去值按滤波系数（即权重）做线性叠加，并把生成的和作为输出。如果延时单元和抽头增益是模拟信号，那么均衡器输出的连续信号波形将以符号速率被采样并送至判决器。实际应用的均衡器通常是在数字域中实现的，其采样信号将被存储在移位寄存器中。

130

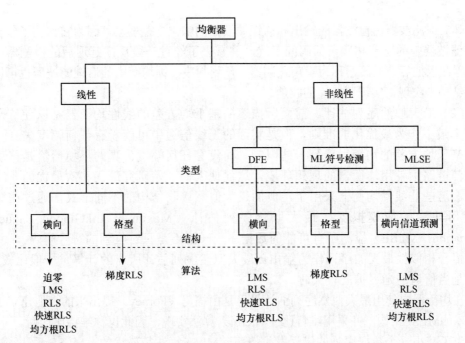

图 8-2 均衡技术分类

线性均衡器也可以用格型滤波器来实现，输入信号被转变成一组作为中间值的前向或后向误差信号，这组中间信号被当作各级乘法器的输入，用来计算并更新滤波系数。

格型均衡器有两大优点：数值稳定性好，收敛速度更快。但是，格型均衡器结构比线性横向滤波器复杂。格型均衡器的特殊结构允许进行最有效长度的动态调整，当信道的时间扩散特性不很明显时，可以只用少量的级数实现；而当信道的时间扩散特性增强时，均衡器的级数可以由算法自动增加，不用暂停均衡器的操作。

2 非线性均衡器

当信道中有深度衰落，信号失真太严重时，采用线性均衡器往往不能取得满意的效果，为了补偿频谱失真，线性均衡器会对出现深度衰落的那段频谱及近旁的频谱产生很大的增益，从而会大大增加这段频谱的噪声。这时采用非线性均衡器可以得到更好的效果。有以下两个非常有效的非线性算法，可以很好地改善均衡效果。

（1）判决反馈均衡。一旦一个信息符号被检测并被判定后，就可以在检测后续符号之前预测并消除由于这个信息符号而带来的码间干扰，这就是判决反馈均衡（Decision Feedback Equalizer，DFE）的基本概念。判决反馈均衡既可以直接由横向滤波器实现，也可以由格型滤波器实现。横向滤波器由一个前馈滤波器和一个后馈滤波器组成，后馈滤波器由检测器的输出驱动，其滤波系数可以被调整以消除先前符号对当前符号的干扰。

判决反馈均衡的另一形式被称为预测判决反馈均衡。与传统的判决反馈均衡不同的是，其后馈滤波器由检测器的输出和前馈滤波器的输出之差驱动。因为它预测了包含在前馈滤波器中的噪声和残留的码间干扰，并减去了经过一段反馈延迟后的检测器的输出，因此也把后馈滤波器称为噪声预测器。预测判决反馈均衡中的后馈滤波器也可以用格型结构来实现，实现更快速的收敛。

（2）最大似然序列估计。前面所描述的基于均方差的线性均衡器是以使符号错误概率最小作为最优化的准则，但是实际的无线信道中可能没有任何幅度失真，这使得基于均方差的均衡器受到一些限制。而没有任何幅度失真的环境恰恰是移动无线通信链路中使用均衡器的理想环境，这促使人们开始研究最优和次最优的非线性结构。这些非线性均衡器采用了经典的最大似然接收结构的不同形式，通过在算法中使用冲激响应模拟器，最大似然序列估计（Maximum Likelihood Sequence Estimation，MLSE）检测所有可能的数据序列（而不是只对收到的符号解码），并选择与信号相似性最大的序列作为输出。最大似然序列估计所需的计算量一般比较大，特别是当信道的延迟扩展较大时。

在均衡器中使用最大似然序列估计最早是由福尼（Forney）提出来的，他建立了一个基本的MLSE结构，并采用维特比（Viterbi）算法实现，因此也称维特比均衡。

为了减小一个数据序列的错误发生概率，MLSE算法是最优的。MLSE不但需要知道信道的特性以便做出判决，而且需要知道干扰信号的噪声的统计分布，噪声的概率密度函数决定了对噪声信号的最佳解调形式。基于MLSE的非线性均衡技术已经在移动无线信道的均衡器中得到了成功的应用。

8.2.3 自适应均衡算法

由于自适应均衡器要对未知的时变信道做出补偿，因而它需要有特别的算法来更新均衡器的系数以跟踪信道的变化。滤波器系数的算法很多，对自适应均衡算法的研究是一项非常复杂的工作，这里只是介绍自适应均衡器算法的一些基本概念和在实际系统中应用。决定均衡算法性能的因素有很多，可以归纳如下。

（1）收敛速度。它是指对于恒定输入而言，当迭代算法的迭代结果已经收敛并充分接近最优结果时，算法所需的迭代次数。快速收敛算法可以快速地适应稳定的环境，而且也可以及时地跟踪非稳定环境的特性变化。

（2）失调。这个参数对于均衡算法很重要，它给出了对自适应滤波器取总平均的均方差的终值与最优的最小均方差之间的差距。

（3）计算复杂度。它是指完成迭代算法所需的操作次数，这会直接影响到成本和功耗。

（4）数值特性。当均衡算法以数字逻辑实现时，由于噪声和计算机数字表示所引入的舍入误差会导致计算的不精确，因此这种误差会影响算法的稳定性。

在实际应用中，无线信道传播特性以及成本、功耗等因素决定着均衡器的结构及其算法的选择。特别是在便携式无线终端的应用中，需要考虑用户移动台的待机和通话时间，电池的使用时间是一个很关键的问题，只有当均衡器所带来的链路性能的改进能抵消成本和功耗所带来的负面影响时，均衡器才会得到实际应用。

无线信道的环境和用户单元的使用状态也是关键，用户单元的移动速度决定了信道的衰落速率和多普勒频移，它与信道的相干时间直接相关，而均衡算法的选择将依赖于信道的数据传输速率和信道相干时间。

信道的最大期望时延决定了设计均衡器时所使用的阶数，一个均衡器只能均衡小于或等于滤波器最大时延的延时间隔。由于电路的复杂性和处理时间都会随着均衡器的阶数及延时单元的增多而增加，因而在选择均衡器的结构和算法时，确定延时单元的最大数目是一项很重要的工作。

典型的均衡器算法主要有 3 种：迫零算法（ZF）、最小均方算法（LMS）和递归最小二乘算法（RLS）。迫零算法的性能一般，不常用。递归最小二乘算法的性能优于最小均方算法，但所需的运算量大，程序结构复杂。

8.2.4　分数间隔均衡器

以上所讨论的均衡器的抽头都是以符号速率分隔的。被高斯噪声干扰的无线信号的最佳接收机，应当包含一个以符号速率作为采样周期的匹配滤波器。当有信道失真时，均衡器之前的匹配滤波器必须与信道相应，并且要与被干扰的信号相匹配。在实际的无线环境中，信道响应是未知的，因而最佳匹配滤波器必须具有自适应性。

分数间隔均衡器（FSE）对输入信号的采样率至少达到了奈奎斯特速率，它能够在由于以符号速率采样而产生失真之前对信道做出补偿。这种均衡器能够对任意定时相位下发生的任意时延作出补偿。实际上，FSE 就是把匹配滤波器和均衡器合并到一个单一的滤波器结构之中。FSE 在较低的噪声环境下可以补偿更严重的时延和幅度失真，而且由于没有频谱重叠现象，FSE 对采样噪声不敏感。

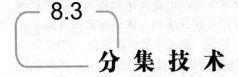

8.3　分　集　技　术

8.3.1　分集的原理

小尺度衰落是移动无线信道中特有的问题，会严重影响通信的质量和可靠性。改善小尺度信道衰落特性最常用的技术手段是分集技术。它利用无线传播环境中同一信号经过不同路径传输的独立样本之间互不相关的特点，使用一定的信号合并技术来改善接收信号的质量，达到抵抗衰落引起的不良影响的效果。

分集技术的适用范围很广、非常实用，是无线通信系统中最常用的抗衰落技术，是一种用相对较低廉的成本就可以大幅度改善无线链路性能的强有力的接收技术。与均衡技术不同，一般情况下，分集技术是一种只需要在接收端采用的抗衰落技术，发送端不需要采取任何措施，也不需要发送训练序列，从而节省无效开销。在所有的实际系统中，分集技术各个方面的参数都是由接收机决定的，发射机并不需要知道分集的情况。

分集技术是通过查找和利用自然界无线传播环境中独立的（至少是高度不相关的）多径信号来实现的。分集接收的原理可以简单概括如下。

在多径传播的无线环境下，如果某一条无线路径中的信号经历了深度衰落，而此时在另一条相对独立的路径中很可能仍然包含较强的信号，因此，如果通过分集接收技术在多径信号中选择两个或两个以上的信号同时进行接收，则接收到正常信号的可能性会大幅度提高。采用分集接收可以提高接收端的瞬时信噪比和平均信噪比，而且效果非常明显，通常可以提高20～30dB。

在蜂窝无线通信系统中，衰落有两种：大尺度衰落和小尺度衰落。当移动台的移动距离只有几个波长时，小尺度衰落的特性由幅度波动的深度和速度来表征，这些衰落是由于移动台附近物体的复杂的反射引起的。小尺度衰落通常会导致小距离范围内信号强度的瑞利衰落分布。为了防止发生深度衰落，可以采用微分集技术来处理快速变化的信号。最简单的做法是设置两个接收天线，两个天线分开设置，当一个天线收到的信号发生深度衰落时，另一个天线很有可能还能收到较强的信号。接收机只要能够选择其中的最佳信号，就可以大大削弱小尺度衰落的影响，这种分集技术被称为空间分集或天线分集。

大尺度衰落是由传播路径中的环境地形和地物的差别而导致的阴影区引起的。在严重阴影区内，移动台接收到的信号强度可能会远远低于在自由空间中传播时的强度。大尺度衰落表现为对数正态分布，在市区中，其分布的标准偏差大约为10dB。当其他基站所发射的信号处于阴影区时，移动台可以通过选择一个发射信号不在阴影区中的基站，从本质上改善前向链路上的信号质量。由于为移动台提供业务的不同基站之间的分隔距离较远，因而这种分集技术被称为宏分集。宏分集对于基站的接收机同样很有效，只要在基站铁塔上设置多个在空间上充分分隔的基站天线，基站就可以选择接收信号最强的天线发射的信号，从而改善反向链路的信号质量。

在讨论实用的分集技术之前，先了解一下使用分集技术的好处。

最简单的分集方式是选择分集，只需要在接收机处使用一个附加监测接收机和一个天线切换开关，易于实现。选择分集总是保证选择最佳信号，所选出的支路的平均信噪比必然会提高。所以选择分集改进了链路性能，而且不需要增加传输功率和复杂的接收电路，性能的改进只是与所使用的调制方式的平均误码率和信噪比曲线有直接的关系。

但是，选择分集不是最佳的分集技术，因为它并未在同一时刻使用所有的可用支路。而"最大比率合并法"则不同，它采用相位同步和加权技术，利用了多条支路中的每一路信号，因而它可以保证接收机在每一时刻均达到可实现的最大信噪比。采用最大比率合并分集技术时，多条分集支路中的信号首先被调整为同相信号，然后进行叠加。进行叠加时，不同支路的信号可以设置不同的权重，以实现最大的信噪比，叠加后的输出信号的信噪比可以简单的认为是各支路信号的信噪比之和。

设置最大比率合并接收机的增益和相位的控制算法，与均衡器的算法相似。与其他的分集技术相比，使用最大比率合并分集的费用和复杂度通常都要高很多，但由于其突出的性能，这种分集技术在很多实际系统中都被普遍采用。

按照信号的传输方式又可以将分集技术分为显分集和隐分集两种。显分集指的是构成明显分集信号的传输方式，一般指利用多副天线来接收信号的分集。隐分集是指将分集技术包含在传输信号中，在接收端利用信号处理技术来实现分集，它主要包括频率隐分集技术（跳频）和时间隐分集技术（交织）等。由于隐分集技术是在数据域采用的分集技术，一般只能用在数字移动通信系统中。

8.3.2 空间分集

空间分集（天线分集）是无线通信系统中最常用的分集技术。无线蜂窝通信系统的发射和接收天线可能是安装得很高的基站天线，也可能是贴近于地面的移动台天线，在这样的系统中，很难保证在发射机和接收机之间存在一个直达路径，而且移动台周围物体的大量反射还可能导致信号的小尺度衰落。根据小尺度衰落的特点，如果两个天线之间的相隔距离大于波长的一半，那么从不同的天线上收到的信号幅度将基本上是非相关的。

空间分集技术被广泛用于基站系统的设计中。在每个蜂窝小区的基站中，为了进行分集接收，都会安装多个接收天线。由于移动台接近于地面，很容易产生严重的信号散射现象，因此安装在基站的分集接收天线之间必须分隔的足够远才能够实现信号的非相关，通常相隔的距离是波长的几十倍。

空间分集技术既可以用于移动台，也可以用于基站，还可以两者同时使用。根据接收方法的不同，空间分集可以分为以下4类。

（1）选择分集。

（2）扫描分集。

（3）最大比率合并分集。

（4）等增益合并分集。

1 选择分集

选择分集是一种最简单的空间分集技术。这种分集方式中，多个天线接收到的多条支路的信号同时送到分集接收机或切换逻辑电路，每个支路的增益可以被控制以便实现各支路的信噪比（S/N）均值相等，切换逻辑电路的功能是将瞬时S/N最高的支路信号送给解调器。在实际应用中，选择分集技术需要以瞬时S/N为基础进行工作，这一点实现起来是很困难的，但是系统又必须这样设计，以便择优电路的内部时间常数小于信号衰落速率的倒数。选择分集的基本结构如图8-3所示。

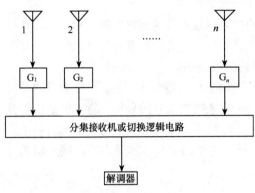

2 扫描分集

扫描分集与选择分集非常相似，但是它并不总是采用多个支路中信号最好的支路，而是以一个固定的顺序扫描多个支路，如果发现某一支路的信号质量超过了预设的阈值，这路信号就会被选中并送到接收机。一旦这路信号的质量降低到阈值以下，扫描就会重新开始。与其他的分集技术相比，它的抗衰落性能稍差一些，但是这种方法的突出优点是非常容易实现，而且只需要一个接收

图 8-3 选择分集的基本结构

机。扫描分集的基本结构如图8-4所示。

3 最大比率合并分集

最大比率合并分集可以对多路信号进行加权求和，而权重是由各路信号的信噪比决定的。为了保证各支路信号在叠加时相位一致，每个天线都要有各自的接收机和移相电路。合并后输出信号的S/N等于各支路信号的S/N之和，所以即使当每个支路的信号都很差，没有一路信号可以被单独解调出来时，仍然有可能合成出一个达到S/N要求的可以被正常解调的信号，具有最佳的抗衰落特性。随着数字信号处理技术和数字接收技术的发展，这种最优的分集技术正在逐步被广泛采用。最大比率合并分集的基本结构如图8-5所示。

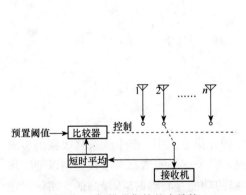

图 8-4 扫描分集的基本结构

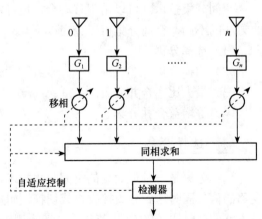

图 8-5 最大比率合并分集的基本结构

136

4　等增益合并分集

在某些应用中，按照最大比率合并分集的要求产生可变的权重很不方便，可以采用等增益合并分集。这种方法同样也是把各支路的信号进行同相后再叠加，但是每个支路信号的权重相同。这样，接收机仍然可以利用同时收到的各支路信号，从大量无法解调出来的信号中合成一个可以解调的信号的概率仍然很大，其性能只是比最大比率合并分集要差一些，但比选择分集要好很多。

8.3.3　极化分集

电磁波是一种极化波，在无线信道中，水平极化和垂直极化的路径是非相关的。这是由于不同极化方向的反射系数可能不同，信号在传输信道中进行了多次反射以后，信号的幅度和相位变化会存在差异，经过足够多次数的随机反射后，不同极化方向上的信号就变成互不相关或者相关性很差的信号。这样就出现了另外一种可能，当某个极化方向接收不到满足要求的信号时，与其正交的极化方向很可能可以接收到很好的信号。当人们把环状和线状双极化天线用于建筑物中的多径环境时，收到了很好的效果。当传输路径中存在障碍物时，极化分集减小多径延时扩展的效果很好，而且不会明显降低接收功率。

在早期的移动通信系统中，绝大多数用户的移动台都安装在交通工具上，使用固定在交通工具上的直立的鞭状天线，极化方向是固定的。而在现在的蜂窝移动通信系统中，绝大多数用户的移动台都是便携式的手持终端，这意味着天线不再是保持直立的，而是随着使用者的姿势产生倾角，正是这个现象使人们对极化分集产生了浓厚的兴趣。

用于极化分集的双极化天线就是把垂直极化和水平极化（也可能是＋45°和－45°极化）两副接收天线集成到一个物理实体中，通过极化分集接收来达到与空间分集接收相同的效果，所以极化分集实际上可以看作空间分集的一种特殊情况，只不过其分集支路只使用了两个极化相互正交的分集支路。由于两个极化的天线安装在一个整体的天线结构中，从外观上看，双极化天线可以被看作一个整体。

最初研究极化分集技术主要是用于特性变化缓慢的固定无线链路，例如，在视距微波通信和卫星通信的传输信道中，一条无线信道的传输特性的变化不会很大，所以两个极化方向上的无线信号之间的相互干扰也很小，可以利用极化分集技术在一个无线信道的两个极化方向上使用相同的频率来同时传送两个用户的无线信号（频率复用）。随着蜂窝移动通信系统的大规模应用和移动用户数量的激增，为了改善移动无线信道的传输质量和提高系统容量，极化分集也得到了越来越广泛的应用。

8.3.4　频率分集

频率分集是在发射端将一个信号利用两个间隔较大的不同发射频率同时发射，

在接收端同时接收这两个射频信号后进行合成，由于工作频率不同，电磁波之间的相关性很小，出现衰落的概率也不同。频率分集在改善频率选择性衰落方面特别有效，但付出的代价是要相应地增加发射机和接收机设备，还要增加占用信道带宽，降低了频谱利用率。但是对于一些特定的业务需求，这个代价是可以接受的。这种分集技术的工作原理是基于衰落信道的相干带宽，一般情况下，在信道相干带宽之外的频率上不会出现同样的衰落，不相关信道产生同样衰落在理论上的概率是各自产生的衰落概率的乘积。

频率分集技术经常用在频分双工方式的视距微波链路中。在实际应用中，有一种工作方式被称为1∶N保护切换方式，在这种方式中，系统会设置一个平常处于空闲状态的备用信道，用来作为同一条通信链路中的业务相互独立的N个信道中任意一个信道的频率分集信道。如果某一个信道发生深度衰落，相应的业务就切换到备用信道的频率上，实现频率分集。在蜂窝移动通信系统中经常采用跳频技术，用户数据被分为一定大小的组并在不同的载波上发射出去，这可以看作一种频率隐分集技术。

8.3.5　时间分集

时间分集是指将同一信号以一定的时间间隔重复发送，只要每次发送的时间间隔足够大，则各次发送出现衰落的概率统计是相互独立的，时间分集正是利用这些衰落在统计上互不相关的特点来实现改善时间选择性衰落的功能。

为了保证重复发送的数字信号具有独立的衰落特性，重复发送的时间间隔应该超过信道的相干时间，这样就可以使得再次接收到的信号有独立的衰落环境，接收机就可以获得衰落特性相互独立的几个信号，从而产生分集效果。时间分集对于处在移动状态的移动台非常有效。时间分集与空间分集相比较，优点是减少了接收天线及相应设备的数量，缺点是因需要占用时间资源而增大了开销，降低了传输效率。

在CDMA移动通信系统中，时间分集技术已经被广泛应用于RAKE接收机中，用来接收和处理多径信号。时间分集的概念还可以延伸到数字信号处理的过程中，在移动通信系统中经常使用的交织技术就是一种在编码过程中引入的时间隐分集技术。

8.3.6　RAKE 接收机

在CDMA扩频通信系统中，信道带宽远远大于信道的平坦衰落带宽。一些传统的调制技术需要用均衡算法来清除相连符号之间的码间干扰，而CDMA系统在选择扩频码时要求其自相关特性很好，在无线信道的传输过程中出现的时延扩展也可以被看作被传送信号的再次传送，如果这些多径信号相互之间的延时超过了一个码片的时间长度，那么它们将被CDMA接收机看作非相关的噪声，而不再需要进行均衡。

在无线通信系统中，小尺度衰落会影响通信质量。但是，多径信号中也含有可以利用的信息，CDMA接收机可以通过分集合并多径信号来改善接收信号的信噪比，这就是

RAKE接收机。RAKE接收机的示意图如图8-6所示。

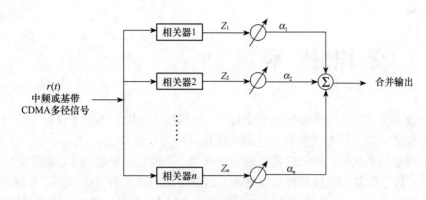

图 8-6　n 个支路的 RAKE 接收机示意图

　　RAKE接收机是专门为CDMA系统设计的分集接收设备，RAKE接收机的作用就是通过多个相关检测器接收多径信号中的各支路信号，并把它们合并在一起。

　　RAKE接收机的基本工作原理就是将那些幅度明显大于噪声背景的多径分量取出来，对它们分别进行延时和相位校正，使这些多径信号在某一时刻相位对齐，然后按照一定的规则进行合并，有效地利用多径分量，提高多径分集的效果，达到明显改善接收信号信噪比的效果。其理论基础是，当信号传播时延超过一个码片周期时，多径信号实际上可被看作互不相关的，可以利用分集接收技术来改善接收质量。

　　在室外环境中，多径信号的延迟通常比较大，如果码片速率选择得当，那么CDMA的扩频码就可以具有良好的自相关特性，可以确保多径信号相互之间表现出较好的非相关性。RAKE接收机利用几个相关器分别检测大量多径信号中最强的几个支路的信号，然后对每个相关器的输出按照一定的权重进行加权合并，可以提供远远优于单路相关器检测的信号质量，然后在此信号的基础上进行解调和判决。

　　如果接收机中只有一个相关检测器，那么当其输出被衰落扰乱时，接收机就无法做出纠正，从而使判决器做出大量的错误判决。而在RAKE接收机中有多个相关检测器，这些检测器的输出经过加权后，被用来作为信号判决，如果一个相关检测器的输出被扰乱了，可以用其他支路来补救，并且还可以通过改变被扰乱支路的权重来消除此路信号的负面影响。由于RAKE接收机提供了对多个多径信号的良好的统计判决，使得它成为一种克服衰落、改进CDMA信号接收质量的非常有效的分集接收机。

　　在研究自适应均衡和分集合并技术时，权重的生成方法有很多种。由于蜂窝移动通信系统普遍采用的无线多址接入技术中会存在多址干扰，即使接收机接收到的某一支路的多径信号很强，也并不意味着在相关检测后就一定能够得到很好的输出信号质量，如果权重可以由相关检测器的实际输出信号来决定，则RAKE接收机将会有更好的性能。

8.4

交 织 技 术

交织技术可以看作一种时间隐分集技术。交织技术可以在不附加任何比特开销的情况下，通过交织编码的方式使数字通信系统获得时间分集。

在模拟通信系统中，模拟信号必须连续发送，不能使用交织技术。数字通信系统则完全不同，数字信息本来就是离散发送的，这就为交织技术的应用奠定了基础。随着数字通信系统的迅速发展，交织成为一项极其有用的技术，在所有的数字蜂窝通信系统中，都普遍采用交织技术来改善衰落环境的信号传输质量。

在数字蜂窝通信系统中，话音编码器已经将模拟话音信号转变成为统一、高效的数字信息格式，被编码的数据比特（也称源比特）中含有大量的信息，而且其中的有些数据比特特别重要，必须加以保护，不能让其产生误码。许多话音编码器都会在其编码序列中产生一些很重要的数据比特，交织编码器的作用就是将这些重要的数据比特分散到不同的时间段中发送，即使当无线信道出现深度衰落或突发干扰时，这些重要的数据比特也不会被同时扰乱。而只要不出现连续的比特错误，就可以利用信道编码技术（将在8.5节中介绍）来纠正信道干扰造成的数据比特错误。信道编码可以保护信号免受随机和突发干扰的影响，而交织编码是在信道编码之前先打乱数据比特的时间顺序。

交织编码器可以采用分组结构或卷积结构。分组结构的交织编码器如图8-7所示。

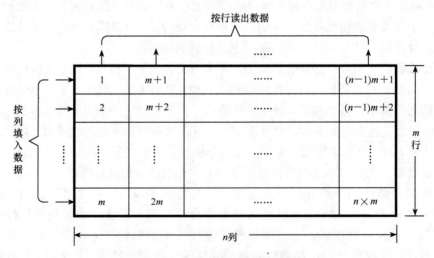

图 8-7 分组结构的交织编码器

分组结构的交织编码器是把要编码的 $m \times n$ 个数据位放入一个 m 行 $\times n$ 列的矩阵中，

即每次对 $m \times n$ 个数据位进行交织。交织器的深度是行数 m，而每行由 n 个数据位组成一个序列。数据位按列填入交织器，在输出端按行读出后送到发射机，这样就产生了对原始数据位以 m 个比特为周期进行分隔的交织效果。接收机端的解交织编码器采用与此相反的操作过程，就可以恢复原始数据。

由于接收机只能在收到全部 $m \times n$ 个数据位并进行解交织以后才能够进行解码，因此交织技术会有一个固有的延时，延时的大小主要取决于交织编码器的大小（$m \times n$）。确定交织编码器的大小与所采用的话音编码器类型、编码速率和最大容许时延有很大的关系。在移动通信系统中，如果话音延时小于40ms，通话双方是没有感觉的，因此移动通信系统中采用的交织编码器的延时不能超过40ms。

在实际应用中，可以采用卷积结构的交织编码器来代替分组结构的交织编码器，卷积结构在用于卷积编码时，可以取得更加理想的交织效果。

8.5

信道编码技术

8.5.1 信道编码的原理

信道编码技术通过在被传输的数据中加入冗余数据来避免数据信息在传送过程中出现误码，改善信道的质量。只用于检测错误的信道编码称为检错编码，在通信系统中一般采用既可以检错又可以纠错的信道编码，称为纠错编码。冗余数据的引入将会增加信号的传输速率（增加带宽），在高 S/N 的情况下这会降低频谱效率，但它却可以大大降低在低 S/N 情况下的误码率。

香农（Shannon）是信息论及数字通信的奠基人，1948年香农的"通信的数学理论"成为信息论正式诞生的里程碑，在其通信数学模型中清楚地提出信息的度量问题。香农论证了通过对信息的恰当编码，由信道噪声引入的错误可以被控制在任何误差范围之内，而且这并不需要降低信息传输速率。应用于加性白高斯噪声（Additive White Gaussian Noise，AWGN）信道中的香农的信道容量公式见式（8-1）。

$$C = B \log_2 (1 + \frac{S}{N}) = B \log_2 (1 + \frac{P}{N_0 B}) \tag{8-1}$$

式中，C 为信道容量（bps）；
B 为传输带宽（Hz）；
S 为信号功率（W）；
N 为噪声功率（W）；
P 为接收信号的功率（W）；

N_0为单边带噪声功率谱密度（W/Hz）。

而接收机收到的功率为

$$P=E_b R_b \tag{8-2}$$

式中，E_b为每比特信号的平均能量；

R_b为信号传输速率（bps）。

用C/B表示带宽效率，单位是bps/Hz。即

$$\frac{C}{B}=\log_2\left(1+\frac{E_b}{N_0}\frac{R_b}{B}\right) \tag{8-3}$$

由香农公式可得如下结论。

（1）当噪声功率$N_0 \to 0$时，信道容量C趋于∞，这意味着理论上一个无干扰信道的容量为无穷大。

（2）增加信道带宽B并不能无限制地增加信道容量。随着B的增大，噪声功率也会增大，即使信道带宽无限增大，信道容量仍然是有限的。

（3）当信道容量一定时，带宽效率（C/B）与功率效率（S/N）之间是可以彼此互换的，即提高信噪比（S/N）可以增加信道容量。香农公式虽然没有给出互换的具体方法，但在理论上阐明了这一互换关系的极限形式，指明了人们努力的方向。脉冲编码调制在带宽与信噪比的互换性能上优于以前提出的其他调制方式，这正是脉冲编码调制得到迅速普及和发展的原因之一。

香农公式虽然给出了理论极限，但对如何达到或接近这一理论极限并没有给出具体的实现方案。这是通信系统的研究和设计者们需要完成的任务，几十年来，人们围绕着这一目标开展了大量的研究，开发出各种先进的数字信号表示方法和调制技术。

香农还提出了一个具有十分重要的指导意义的结论：假设信道容量为C，信息速率为R，只要$C \geqslant R$，则总可以找到一种信道编码方式实现无误码传输；如果$C<R$，则不可能实现无误码传输。这一理论为信道编码技术的发展指出了方向。

假如每个数字比特的E_b/N_0都超过了香农下限，就可以通过扩展正交信号集来使误码率减小到任意程度，即可以用很宽的带宽实现无差错的通信。此外，差错控制编码的带宽是随编码长度的增加而增加的，因此，纠错编码用于带宽受限或功率受限的环境是有一定优势的。

和交织编码器一样，信道编码器的输入信息源也必须是数字信息源。纠错编码也有两种基本类型：分组码和卷积码。

8.5.2　分组码

分组码是一种前向纠错（Forward Error Correction，FEC）编码，它是一种不需要重复发送就可以检出并纠正有限个错误的信道编码。当增加传输功率或使用更复杂的解调器等其他技术手段不容易实现时，可以用分组码来改进通信系统的性能。

在分组码中，冗余信息被加到原始信息之后，从而形成新的码字或码组。在分组编码后，k个原始信息位被编为n个比特（$n>k$），（$n-k$）个比特位的作用就是检错和纠错。分组码一般用（n，k）表示，其编码效率定义为$R_C=k/n$，即原始信息速率与编码后信息速率的比值，如1/2编码、3/4编码、7/8编码等。

分组码的纠错能力是码距的函数，不同的编码方案具有不同的纠错能力。除了编码速率之外，还有两个重要的参数：码距和码重。其定义如下

（1）码距。它是指两个码字C_i和C_j之间不相同比特的数目。如果是采用二进制编码，那么，码距就是汉明（Hamming）码距。

（2）码重。它是指码字中非零元素的数量。如果是采用二进制编码，那么码重就是码字中"1"的数量。

分组码的特性如下。

（1）线性。假设C_i和C_j是（n，k）分组码，a_1和a_2是任意两个字母，当$a_1C_i+a_2C_j$也是分组码时，分组码被称为是线性的。线性码必须包含全零码字，而恒重码（码字全为1）是非线性的。

（2）系统性。在分组码中，冗余位被叠加在信息位之后。对于一个（n，k）码，前面的k位全是信息位，而后面的$n-k$位则是前k位的线性组合。

（3）循环性。循环码是线性码的一种子集。它满足下列循环移位特性。

如果$C=[C_{n-1}$，C_{n-2}，$\cdots$，$C_0]$是循环码，那么C的循环移位 $[C_{n-2}$，C_{n-3}，$\cdots$，C_0，$C_{n-1}]$也是循环码，即C的所有循环移位码都是循环码。根据这种特性，循环码具有相当多的编码和译码结构。

编译码技术的研究借助于一种被称为有限域的数学结构。有限域是一个包含有限个元素的代数系统，而且任意两个有限域元素的加、减、乘、除后的结果仍在有限域内。

常用的分组码如下。

（1）汉明（Hamming）码。汉明码是一种常用的纠错码，分为二进制汉明码和非二进制汉明码。这种编码以及由它衍生而成的其他编码已经被广泛用于数字通信系统的差错控制中。汉明码是完备码，可用最大似然译码方式译码。

（2）格雷（Golay）码。格雷码是线性二进制(23，12)码，最小码距为7，纠错能力为3个比特。格雷码也是一种完备码。

（3）阿达玛（Hadamard）码。阿达玛码是通过选择阿达玛矩阵的行向量来实现的一种信道编码。

（4）循环（Cyclic）码。循环码是线性码的子集，它满足前面所讨论的循环移位特性，因而具有大量可用的结构。循环码的编码通常由一个基于生成式或校验多项式的线性反馈移位寄存器完成。

（5）BCH码。BCH码具有多种码比率，可以获得很大的编码增益，并能够在高速方式下实现，因而BCH循环码是最重要的分组码之一。二进制BCH码还可以被扩展到非二进制BCH码，它的每个编码符号代表m个比特。BCH码是以3个发现者——博斯（Bose）、

查德胡里（Chaudhuri）和霍昆格姆（Hocquenghem）名字的开始字母命名的。

（6）瑞得–所罗门（Reed-Solomon，RS）码。瑞得–所罗门码是最重要且最通用的多进制BCH码，简称RS码。RS码是一种多进制码，它能够纠正突发误码，通常用于连续编码系统。RS码是一种在通信系统中应用非常广泛的信道编码。

8.5.3 卷积码

卷积码和分组码有着本质的不同，它不是把信息序列分组后再进行单独地编码，而是通过连续输入的信息序列得到连续输出的已编码序列。这种映射关系使得卷积码的译码方法与分组码的译码方法有着很大的差别。在同样的复杂程度下，卷积码可以比分组码获得更好的性能（更大的编码增益）。

卷积码是在信息序列通过有限状态移位寄存器的过程中产生的。通常，寄存器包含 Q 级（每级 k 比特），并对应有基于生成多项式的 m 个线性代数方程。输入数据每次以 k 比特移入移位寄存器，同时有 n 比特数据作为已编码序列输出。编码效率为 $R=k/n$，参数 Q 被称为约束长度，它指明了当前的输出数据与多少输入数据有关，决定了编码的复杂度。

而译码器的功能就是运用一种可以将错误的发生概率减小到最低程度的规则或方法，从已编码的数字信号中还原出原始信息。在信息序列和码序列之间有一对一的关系，任何信息序列和码序列将与网格图中的一条唯一路径相联系，卷积译码器的工作就是找到网格图中的这条路径。卷积码的译码方法有许多种，其中最重要的技术是维特比算法，它是一种关于解卷积的最大似然译码法。这个算法是由维特比首先提出来的。卷积码在译码时可以用软判决也可以用硬判决实现，软判决比硬判决的特性好2～3dB。

一个卷积编码器的通用结构如图8-8所示。

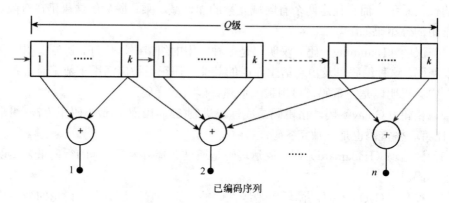

图 8-8　卷积编码器的通用结构示意图

卷积码的表示方法如下。

（1）生成矩阵。一个卷积码的生成矩阵是一个半无限矩阵，其输入序列的长度是半无限的，直接用它来描述卷积码可能并不方便。

（2）生成多项式。这里是指 n 个向量，每个向量对应于 n 个模2加法器中的一个。每个向量指明了编码器和模2加法器之间的连接关系，即若向量的第i个元素为"1"，则表示连到了对应的移位寄存器，而为"0"则表示未连接。

（3）逻辑表。逻辑表显示的是与当前输入序列相对应的卷积编码器的输出和状态。

（4）状态图。由于编码器的输出是由输入和编码器的当前状态所决定的，因此可以用状态图来表示编码过程。状态图是一张表明编码器的可能状态及其状态之间可能存在的转换情况的图形。

（5）树图。树图以带有分支的树的形式表示编码器的结构，树的分支表示编码器的各种状态和输出。

（6）网格图。一旦级数超过了约束长度，树图的结构将会出现重复。具有相同状态的两个节点所发出的所有分支，在其输出序列方面是相同的。这意味着具有相同标号的节点可以被合并。通过在整个树图中做节点合并，可以获得比树图更加紧凑的网格图。

8.5.4 编码增益

信道采用的差错控制编码无论是分组码还是卷积码，都可以为通信系统提供一个编码增益。编码增益的含义是，译码后信号的误码率与已编码信息在信道中传输的误码率相比较所得到的改进量。也可以理解为在一定的误码率下，采用信道编码与不采用信道编码相比所节省的信噪比（S/N）。例如，不采用信道编码时，在$S/N = 10$dB的时候，系统的误码率为10^{-3}；而采用信道编码后，由于具有了纠错功能，如果S/N还为10dB的话，则误码率将可以达到10^{-6}甚至更低。换句话说，如果采用信道编码后的接收信号仍然要满足10^{-3}的误码率，那么对信噪比的要求就会大大降低，可能只需要$S/N = 4$dB就能满足同样的误码率要求，这时可以说在满足10^{-3}误码率的条件下，编码增益就是6dB。

因此，在已知信道误码率的情况下，编码增益所给出的量值，实际上表明了一个未编码信号要得到同样的解码误码率所需要提供的附加信噪比。

8.5.5 网格编码调制

网格编码调制（Trellis Coded Modulation，TCM）技术是把编码和调制过程结合在一起的新技术，可以在不损失频谱效率的同时获得更大的编码增益。网格编码调制把有冗余度的多进制调制和有限状态编码器相结合，利用扩展符号集提供的冗余度来得到编码符号和调制信号之间的映射关系，并使信号子集内的最小空间距离最大。在接收机处，信号通过软判决最大似然序列译码器译码。不用扩展带宽，也不用降低信息传输速率，网格编码调制就可以获得6dB的编码增益。

8.5.6 Turbo 编码

1993年，在瑞士日内瓦的国际通信会议上，法国不列颠通信大学的研究人员首先提出一种称之为Turbo码的编译码方案。它由两个递归循环卷积码通过交织器以并行级联的方式结合而成，这种方案采用反馈迭代译码方式，真正发掘了级联码的潜力，并以其类似于随机的编译码方式，突破了最小距离的短码设计思想，使它更加逼近了理想的随机码的性能。仿真结果表明，Turbo编码方式有着极强的纠错能力，是目前所知的最为高效的编码方式之一。如果采用大小为65 535的随机交织器，并且进行18次迭代，在数字比特的信噪比$E_b/N_0 \geqslant 0.7$dB时，码率为1/2的Turbo码在加性高斯白噪声信道上的误比特率（BER）$\leqslant 10^{-8}$，达到了接近香农理论极限的性能。

Turbo编码和卷积编码已经在第三代移动通信系统中得到了广泛的应用。Turbo编码与其他通信技术相结合在未来有巨大的应用前景，包括Turbo码与TCM网格编码调制技术的结合、Turbo码与均衡技术的结合、Turbo码与信源编码技术的结合、Turbo码与接收检测技术的结合等。Turbo码与正交频分复用（Orthogonal Frequency Division Multiplexing, OFDM）技术、差分检测技术相结合，具有很高的频率利用率，可以有效抑制信道中多径时延、频率选择性衰落和人为干扰与噪声带来的不利影响，被认为是第四代移动通信系统的首选方案之一。

8.5.7 LDPC 编码

加拉格（Gallager）在1962年首先提出了低密度奇偶校验码（Low Density Parity Check, LDPC）的编码技术，但由于制造技术方面的原因，一直没有在实际产品上得到应用。在沉寂了多年之后，受到Turbo码的启发，研究人员对LDPC编码重新进行了研究，发现LDPC也具有优异的性能，LDPC再次成为通信技术研究的热点。

LDPC是一种具有稀疏校验矩阵的线性分组码，研究结果表明，采用迭代的概率译码算法，LDPC也可以达到接近香农理论极限的性能。

LDPC是近年来移动通信领域中的研究热点之一，它对提高信道编码纠错能力，进行可靠的数字通信具有深远意义。LDPC的复杂度主要集中在编码，而译码的运算量较低，因此特别适用于移动通信系统高速下行链路的数据传输。

8.6

正交频分复用

正交频分复用的基本原理是，将整个信道分成若干个相互正交的子信道（子载波），将串行的高速数据信号也转换成多个并行的低速子数据信号，然后这些低速子数据信号分别调制多个相互正交的子载波，在多个相互正交的子信道中并行传输。

OFDM实际上是一种多载波并行调制技术。OFDM中的各个子载波是相互正交的，每个子载波在一个符号时间内都有整数个载波周期，每个子载波的频谱零点和相邻子载波的零点重叠，这样便减小了子载波之间的干扰。由于载波之间有部分重叠，所以它比传统的FDMA的频带利用率高。由于每个子信道上的信号带宽小于衰落信道的相关带宽，因此每个子信道可以看作平坦衰落信道，可以消除码间干扰。而且由于每个子信道的带宽仅仅是原信道带宽的一小部分，因此信道均衡也变得更容易。通过减小和消除码间干扰的影响，OFDM具有非常好的改善频率选择性衰落的效果。

OFDM也可以看作多载波传输的一个特例，它具备高速数据传输的能力，同时可以有效对抗频率选择性衰落。OFDM的概念早在20世纪70年代就由韦斯坦（Weinstein）和艾伯特（Ebert）等人应用离散傅里叶变换和快速傅里叶变换研制成功。OFDM应用离散傅里叶变换和其逆变换的方法，解决了产生多个互相正交的子载波和从子载波中恢复原始信号的问题，解决了多载波传输系统发送和接收的难题。应用快速傅里叶变换更使多载波传输系统的复杂度大大降低。但是应用OFDM系统仍然需要大量繁杂的数字信号处理过程，而当时还缺乏数字处理功能强大的元器件，因此OFDM技术迟迟没有得到广泛应用。

近些年来，由于人们对无线通信高速率要求的日趋迫切，使得OFDM技术再次受到了重视。同时，由于数字集成电路和数字信号处理器技术的迅猛发展，使得FFT技术的实现不再是难以逾越的障碍，一些其他难以实现的困难也都得到了解决，自此，OFDM走上了通信的舞台，逐步迈向高速数字移动通信的领域。

在移动通信技术向第四代演进的过程中，OFDM是关键的技术之一，可以结合分集、时空编码、干扰抑制以及智能天线等技术，最大限度的提高系统性能。

本 章 小 结

衰落是造成移动无线信道传播环境恶劣的主要原因之一，如何减小衰落的影响一直是移动通信行业研究的热点，并开发出了许多实用的抗衰落技术。这些技术主要包括均衡技术、分集技术、交织技术和信道编码技术。分集技术又分为很多种，最常用的有空间分集、极化分集、频率分集和时间分集，还有一些把分集作用隐藏在被传输信号之中的隐分集技术，如频率隐分集（跳频）技术和时间隐分集（交织）技术。采用均衡、分集、交织和信道编码技术的共同目的是提高无线通信链路的可靠性和通信质量，每一项技术都有其优缺点，需要权衡系统性能和复杂性、功耗、费用的关系，在实际系统中采用最优组合。

在城市的移动无线通信环境中存在这大量的多径信号，随着对无线信道的研究逐渐深入，研究人员已经开始意识到多径信号中也含有可以利用的信息，并且根据这一思路成功开发出了用于CDMA系统的RAKE接收机。如何能够使这些能量得到更有效的利用，已经越来越受到研究人员的重视，而且已经开发出一些很有效的实用技术，这些研究对于未来的宽带移动通信系统是非常重要的。

练 习 题

1. 常用的抗衰落技术有哪些？

2. 均衡器主要采用什么方式来实现？为什么必须是自适应的？

3. 自适应均衡器一般包含哪两种工作模式？简述其工作过程。

4. 均衡技术可以分为哪两大类？这两类均衡技术的主要差别是什么？

5. 简述分集接收技术的基本原理。

6. 常用的空间分集技术可以分为几种类型？分别简述基本工作原理。

7. 简述RAKE接收机的基本工作原理。

8. 交织技术是哪种隐分集技术？交织编码器的结构主要有哪两种？

9. 什么是信道编码技术？简述基本工作原理。

10. 编码效率为3/4是什么含义？如果原始信息速率为15kbps，编码后信息速率是多少？

11. 某通信系统的无线信道，没有采用信道编码时，要达到10^{-4}误码率，需要的S/N为12dB，采用信道编码后，要达到同样的误码率，需要的S/N为7dB，编码增益是多少？

12. 什么是 OFDM 技术？其主要有特点是什么？

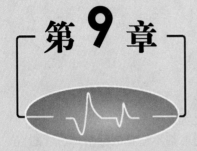

第 9 章
调制解调技术

调制解调技术是各种通信教材都会涉及的内容，这里将注意力集中在用于移动通信系统中的调制和解调技术。许多调制技术都曾经用于移动通信系统，从早期的模拟调制到现在的数字调制，而且这种研究还会一直进行下去。在移动无线信道中，信号的传播环境非常恶劣，设计一个能够抵抗移动信道衰落和干扰特性的调制方案，是一项极具挑战性的工作。调制的最终目的就是要在移动无线信道中占用最少的带宽同时以尽可能好的质量来传输信息，数字信号处理技术的发展不断带来新的调制和解调技术并投入应用。本章将介绍一些实用的调制解调技术在通信系统中的应用，以及它们在不同信道中的性能。

本章重点内容如下：

- 模拟调制技术。
- 数字调制技术。
- 脉冲成形技术。
- 线性调制和非线性调制技术。
- 组合调制技术。
- 扩频调制技术。

9.1 概 述

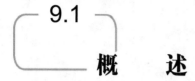

大多数需要传输的信号都具有较低的频率成分，称之为基带信号。如果将基带信号直接传输，就称为基带传输。很多信道（特别是无线信道）都不适宜进行基带信号的直接传输，原因是基带信号直接传输会产生很大的衰减和失真，接收端将无法正常还原信号，因此，通常都需要将基带信号变换为适合信道传输的载波形式。

调制就是对信源的基带信号进行处理，使其变成适合于信道传输的载波形式的过程。一般说来，调制是把信源的基带信号转变为一个相对于基带频率而言频率高很多的频带信号，这个频带信号称为已调制信号（已调制载波），而基带信号称为调制信号。未调制的载波是正弦波，调制可以通过让高频正弦载波的幅度、频率或者相位随着基带信号幅度的变化而改变来实现。而解调则是从高频已调制载波中将基带信号提取出来，送到指定的接收者（信宿）去处理和理解的过程。

9.2 模 拟 调 制

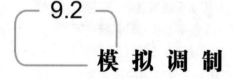

调制方式的选择对通信系统的性能有很大的影响，早期的通信系统大多采用模拟调制技术。模拟调制就是以连续波形的模拟信号作为基带信号，使高频正弦载波的某个参数（幅度、频率、相位）连续地与基带信号相对应的调制方式。

频率调制（Frequency Modulation，FM）是早期的移动通信系统中普遍采用的模拟调制技术。采用FM方式时，已调载波的幅度保持不变，而频率随着调制信号的变化而改变。这样，在已调载波的频率特性中就包含了调制信号的所有信息。接收端接收到的信号只要达到一个特定的FM解调阈值，就会使接收质量产生非线性的迅速提高，很容易从已调载波中提取出调制信号。

幅度调制（Amplitude Modulation，AM）是另外一种在通信系统中常用的模拟调制技术。采用AM方式时，接收信号的质量与接收信号的能量之间是线性关系，这是因为AM是将调制信号的幅度叠加在载波之上，调制信号的所有信息包含在已调载波的幅度中。

FM相对于AM而言有许多优点，在模拟移动通信系统中，调频一般是更好的选择。FM比AM有更好的抗噪声性能，传输信道中大气和脉冲等噪声的影响都会造成接收信号幅度的快速波动，而FM信号是频率而不是幅度随调制信号变化，因此FM信号更不容易受到噪声的影响。此外，FM载波中信号幅度的改变不携带信息，所以只要接收到的FM信号在FM解调阈值以上，突发性噪声对FM系统的影响没有对AM系统的影响大。在移动通信的无线信道中，小尺度衰落会导致接收信号幅度的快速波动，因此FM相对AM而言有更好的抗衰落性能。除此之外，与AM系统不同，在FM系统中人们可以在带宽和抗噪声性能之间进行折中，FM系统可以通过改变调制指数（相应增加占用带宽）来获得更好的S/N性能。在一定的条件下，FM系统的占用带宽每增加一倍，其S/N可以增加6dB。FM系统这种以带宽效率换取功率效率的性能也是它比AM系统优越的主要原因。

　　当然，AM信号也有其技术上的一些优势，如它比FM信号占用的带宽少，这也促使研究人员关注于新一代AM技术的研究。在最近开发的现代AM系统中，通过带内导频音同标准AM信号一起传输，对衰落的敏感性也已经得到了大幅度的改善，现代的AM接收机能够监测导频音，并能迅速调整接收增益来补偿信号幅度的波动。

　　因为FM载波的包络并不随着调制信号的变化而改变，所以FM信号是一种恒包络信号，不管FM信号的幅度如何，它所传送的信息功率都是固定值。而且恒包络特性还允许在进行射频功率放大时使用高效率的C类非线性功率放大器。而在AM系统中，由于必须保持AM信号和传送信号幅度之间的线性关系，必须使用A类或AB类这样效率不高的线性放大器。幅度调制也称为线性调制，而角度调制（调频、调相）称为非线性调制。

　　在设计便携式移动用户终端时，电池的使用时间和功率放大器的效率是密切相关的，因此放大器的效率是一个非常重要的问题。典型的C类放大器的效率为70%，也就是说在放大器消耗功率的70%可以转变成了射频信号功率，而A类或AB类放大器的效率只有30%～40%，这意味着用同样容量的电池，使用恒包络FM方式的移动终端的工作时间比采用AM方式要长一倍。

　　FM系统具有一种称为"捕获效应"的特性，捕获效应是由于随着接收功率的增加而造成接收质量非线性的迅速提高的直接结果。如果在FM接收机上出现两个同频段的信号，那么其中较强的信号将会被接收和解调，而较弱的信号则会被丢弃掉。这种固有的选择最强信号丢弃其他信号的特性，使FM系统具有很强的抗同信道干扰的能力，并能提供较好的接收质量。而在AM系统中所有的干扰被同时接收，必须在解调之后去除干扰。

　　FM系统也有其缺点。为了实现抗噪声和捕获效应的优点，FM系统需要更大的传输信道带宽（一般是AM的数倍），而且FM系统的发射和接收设备比AM系统复杂。此外，尽管FM系统能容忍特定类型的传输和电路的非线性，但还是要特别注意其相位特性。

　　AM和FM都可以用价格低廉的非相关解调器来解调。AM用包络检波器可以很容易地解调，而FM可以用鉴频器或倾斜检波器解调。AM还可以用乘积检波器进行相关解调，由于调频信号只有在门限以上才能解调，所以AM在弱信号条件下的性能优于FM。

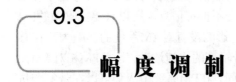

幅 度 调 制

9.3.1 双边带调幅

在调幅中,高频正弦载波的幅度随着调制信号幅度的瞬时值而改变。如果载波信号是$C(t)=A_c\cos(2\pi f_c t)$,调制信号是$m(t)$,调幅信号可以表示为

$$S_{AM}(t)=A_c[1+m(t)]\cos(2\pi f_c t) \tag{9-1}$$

正弦调制信号、正弦载波和相应的调幅信号如图9-1所示。

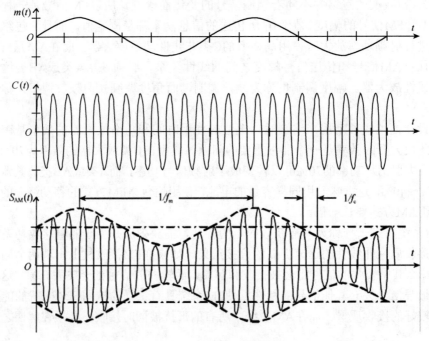

图 9-1　调幅信号示意图

$m(t)$为调制信号,$C(t)$为正弦载波,$S_{AM}(t)$为调幅信号载波

调幅信号的调制指数定义为调制信号峰值与载波峰值之比。对于一个正弦调制信号$m(t)=A_m\cos(2\pi f_m t)$来说,调制指数应是

$$K=A_m/A_c \tag{9-2}$$

调制指数一般用百分数表示,称为百分比调制。图9-1中所示的调幅指数$K=0.5$或50%。当调制指数大于100%时,如果用包络检波器检波会造成信号的失真。

AM信号的频谱表达式为

$$S_{AM}(f) = 1/2A_c\,[\delta(f-f_c) + M(f-f_c) + \delta(f+f_c) + M(f+f_c)] \qquad (9\text{-}3)$$

式中，$\delta(\cdots)$为单位冲激；

    $M(\cdots)$为信号的频谱。

AM信号的频谱由一个载波频率上的冲激和两个与调制信号频谱相同的边带构成，在载波频率的上、下有两个对称的边带，分别被称为上边带和下边带，因此常规的调幅是一种双边带（Double Side Band，DSB）调幅技术。信号频谱为三角函数的调幅信号的频谱，如图9-2所示。调幅信号的带宽为

$$B_{AM} = 2f_m \qquad (9\text{-}4)$$

式中，f_m为调制信号中的最高频率。

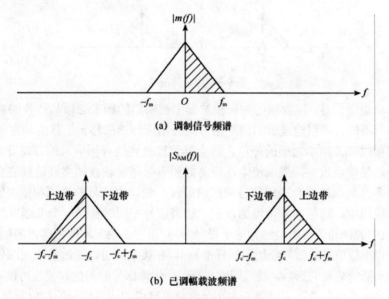

(a) 调制信号频谱

(b) 已调幅载波频谱

图 9-2 调幅信号的频谱图

9.3.2 单边带调幅

从图9-2可以看出，调幅信号的上、下两个边带包含有完全相同的信息，去掉其中一个边带并不会损失任何信息。单边带（Single Side Band，SSB）调幅系统就是只传送一个边带（上边带或下边带），所以只占用普通调幅系统的一半带宽。用来产生单边带调幅信号的最简单和最常用的方法是边带滤波法，如图9-3所示。

9.3.3 导频音单边带调幅

虽然单边带调幅具有占用带宽小的优点，但它的抗信道衰落性能很差。为了能够很

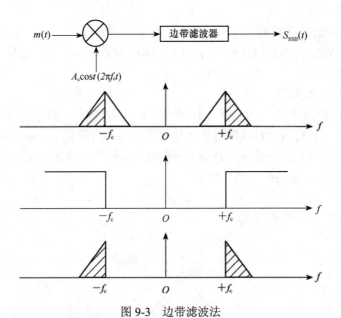

图 9-3　边带滤波法

好地检波出单边带信号，接收端的乘积检波器中振荡器的频率必须与接收的载波频率一致，如果频率不同，乘积检波后的调制信号就会出现频谱平移，平移的频率就是本地振荡器频率与接收载波频率之间的差值，这会导致接收到的音频信号的音调升高或降低。在常规的单边带接收机中，很难使本地振荡器频率与接收载波频率调谐到完全相同。小尺度衰落和多普勒频移都会造成信号频谱的漂移，使接收信号的音调和幅度发生变化。

　　在实际应用中，这些问题可以通过在单边带信号中同时传送一个低幅度的导频音来解决，接收机中的锁相环可以检测到这个导频音，并用它来锁定本地振荡器的频率和幅度。由于导频音和承载信息的信号经历了同样的衰落，在接收端可以通过基于跟踪导频音的信号处理方法来抵消衰落的影响。通过跟踪导频音，传输信号的相位和幅度可以重建，以导频音的相位和幅度为参考，可以修正由小尺度衰落造成的边带信号的相位和幅度失真。

　　常用的导频音单边带系统是将一个低幅度的导频音插入边带内（带内音），边带内系统有很多优点，它特别适合移动无线通信环境。在这种技术中，音频频谱的一小部分通过陷波滤波器从音频边带的中心移走，而低幅度导频音则被插入这个地方，既保留了单边带信号占用带宽小的优点，同时又为相邻信道提供了很好的保护。由于带内导频音和音频信号经历的衰落相同，边带内系统可以用某种形式的前向自动增益和频率控制方法来减轻多径效应的影响。为了便于处理边带内单边带信号，导频音必须对数据透明并且在频谱上与其隔开，以避免音频频谱的相互交叠。

9.3.4　调幅信号的解调

　　在采用调幅方式的通信系统中，接收到的已调制信号首先在载波的射频频率上进行放大和滤波，然后使用超外差接收机将射频信号变换为中频（IF）信号，中频信号要完全保留射频信号的频谱形状，最后对中频信号进行幅度解调。

调幅信号的解调技术大致分为两类：相关解调和非相关解调。相关解调需要在接收端知道发射载波的频率和相位，而非相关解调则不需要知道有关相位的信息。

调幅信号的相关解调一般采用乘积检波器，乘积检波器是一个将输入的带通信号变为基带信号的下变频电路。调幅信号的非相关解调经常使用低成本而且容易制造的非相关包络检波器，理想的包络检波器是一个输出信号与输入信号的实际包络成正比的电路。

一般情况下，当输入信号的信噪比$S/N>10$dB时，包络检波器才可用。而乘积检波器在输入信号的信噪比远远低于10dB时仍然可以用于调幅信号的解调。

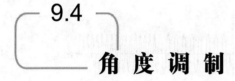

9.4　角 度 调 制

9.4.1　调频和调相

角度调制包括频率调制和相位调制（Phase Modulation，PM），即正弦载波信号的频率或相位随着基带调制信号的幅度变化而改变。在角度调制中，载波的幅度是保持不变的，因此角度调制被称为恒包络调制。

假设调制信号为$m(t)$，载波为$C(t)=A\cos(\omega_c t)=A\cos(2\pi f_c t)$。

调频信号表达式为

$$S_{FM}(t)=A\cos\left[2\pi f_c+K_{FM}m(t)\right]t \tag{9-5}$$

调相信号表达式为

$$S_{PM}(t)=A\cos\left[2\pi f_c+K_{PM}m(t)\right] \tag{9-6}$$

调频和调相信号的波形图如图9-4（a）和图9-4（b）所示。

9.4.2　频率调制

产生调频信号（调制）有两种基本的方法：直接法和间接法。在直接法中，载波的频率直接随着输入的调制信号的变化而改变；在间接法中，先用平衡调制器产生一个窄带调频信号，然后通过倍频把频偏和载波频率提高到需要的水平。

从调频信号中恢复原始信息（解调）的方法也有很多种，FM解调器的目的是产生与FM调制器相反的转移特性，即FM解调器的输出电压应该直接与输入的调频信号的瞬时频率成正比，这样的一个频率/幅度转换电路就是一个FM解调器。FM解调的主要技术有倾斜检波、过零检波、锁相环鉴频检波和积分检波等。能进行FM解调的器件通常称为鉴频器。

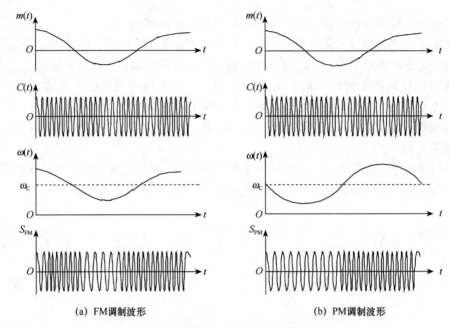

(a) FM调制波形 (b) PM调制波形

图 9-4　调频和调相信号的波形图

在调频系统中，接收到的射频调制信号同样也是先在射频频率上进行放大和滤波，再变换成中频调制信号，中频调制信号频谱与接收到的射频调制信号相同，最后对中频调制信号进行解调，恢复调制信号的原始信息。

调频系统可以通过在发射端调整调制指数而不是发射功率来提高接收性能，即可以通过增加带宽来换取信噪比特性的改善。在调幅系统中就不能这样，线性调制不允许以带宽换取信噪比的改善。

数 字 调 制

为了使数字信号在无线中传输，必须用离散的数字信号作为基带信号对载波进行调制。与模拟调制一样，数字调制的方式同样对应于载波的幅度、频率和相位这3个参数，但这些参数的变化将不再是连续的。相应的有幅移键控（Amplitude Shift Keying，ASK）、频移键控（Frequency Shift Keying，FSK）和相移键控（Phase Shift Keying，PSK）。

现代通信已经进入数字时代，除了一些特殊的应用场合外，模拟调制技术已经完全被数字调制技术所取代，现代移动通信系统都使用数字调制技术。数字调制技术与模拟调制技术相比有许多优点，包括更好的抗噪声性能、更强的抗信道衰落能力、更容易复用各种不同形式的综合信息（如声音、数据和图像）和更好的安全性等。除此之外，数字传输系统可以适应检查和纠正传输差错的数字差错控制编码，并且支持复杂的信号处理技术，如信源编码、信道编码、均衡、加密和交织技术等。

数字调制技术的广泛应用得益于数字信号处理技术和超大规模集成电路技术的飞速发展。新的多用途可编程数字信号处理器（Digital Signal Processor，DSP）使得数字调制器和解调器有可能基于软件技术来实现，这与以前采用的硬件永久固定、面向特定调制方式的设计方法完全不同。采用嵌入式的软件实现方法，可以在不重新设计或替换调制解调器硬件的情况下，仅仅通过软件的升级就可以提高调制解调器的性能。

在数字无线通信系统中，调制信号可以用符号或脉冲的时间序列来表示，其中每个符号可以有M种有限的状态，每个符号代表N比特的信息，$N = \log_2 M$ 比特/符号。例如，相移键控调制每个符号可以代表"$M = 2^N$"种状态（$M = 2$、4、8、…、2^N），形成的相移键控调制系列是BPSK(Binary Phase Shift Keying，二相相移键控)、QPSK(Quadrature Phase Shift Keying，四相相移键控)、8PSK、…、MPSK，这取决于信息在单个符号上的表示方式。QPSK的一个符号代表二进制编码的2个比特，可以表示4种状态：00、01、10、11。8PSK的一个符号代表二进制编码的3个比特，可以表示8种状态：000、001、010、011、100、101、110、111。依此类推，M的取值越大（N值越大），在一定的频率带宽内就可以传输更高速率的信息比特（带宽效率越高）。

9.5.1　功率效率和带宽效率

在实际的移动通信系统中，选择哪种数字调制技术会受到很多因素的影响。一个适合的调制方式不仅要在较低信噪比的条件下提供很低的比特误码率、对抗小尺度衰落的性能良好、占用最小的信道带宽，而且还必须容易实现、价格低廉。现有的数字调制技术很难同时满足这些要求。有的比特误码率性能好但是带宽效率比较低，有的带宽效率比较好但是比特误码率性能低，也有的比特误码率性能和带宽效率都很好，但是技术复杂、成本高、功耗大。调制方式的性能常用它的功率效率和带宽效率来衡量，在某个具体系统选择数字调制方案时，需要在这两个方面进行折中。

1　功率效率

功率效率也称能量效率，它描述的是一种调制技术在低功率情况下保持数字信息正确传送的能力。在数字通信系统中，为了保证可以接受一定水平的比特误码率，所需要的信号功率和信噪比都取决于所采用的调制方式。

一种数字调制方案的功率效率（η_P）是由它在信号误码率和功率之间的折中来衡量的，通常表示为在接收机输入端特定的误码率下（如10^{-5}），每比特信号能量和噪声功率谱密度的比值（E_b/N_0），在射频信号上表示为信噪比（S/N）或载噪比（C/N）。

例如，某种调制解调器采用QPSK调制方式时，要达到10^{-5}的比特误码率，需要的

E_b/N_0的阈值是6.2dB，对应射频载波的C/N阈值为7.8dB。

2　带宽效率

带宽效率（Bandwidth Efficiency,BE）也称频谱效率，它描述的是一种调制技术在有限的带宽内传输数据的能力。提高数据速率意味着减少每个数字符号的脉冲宽度，数据速率和占用带宽之间有必然的联系。带宽效率定义为在给定的分配带宽内，每Hz频带内可以传输的数据速率的吞吐量值。如果用R表示每秒传输的数据率（单位是bps），用B表示已调制射频信号占用的频率带宽（单位是Hz），则带宽效率η_B可以表示为

$$\eta_B = R/B \qquad \text{bps/Hz} \tag{9-7}$$

如果一种调制方式的带宽效率高，那么在一定的分配带宽内可以传输的数据就更多，数字移动通信系统的系统容量与调制方式的带宽效率有直接的联系。

带宽效率有一个基本的上限——香农极限。香农的信道编码理论指出，在一个任意小的错误概率下，最大的带宽效率受限于信道内的噪声。

$$\eta_{Bmax} = C/B = \log_2(1+S/N) \qquad \text{bps/Hz} \tag{9-8}$$

式中，C为信道容量（bps）；

B为信道带宽（Hz）；

S/N为信号和噪声的功率比（信噪比的真值）。

在数字通信系统的设计中，经常需要在功率效率和带宽效率之间进行折中。例如，对信源编码信息增加差错控制编码（信道编码），增加了占用带宽（降低了带宽效率），但同时对于给定的比特误码率所必需的信噪比可以降低（提高了功率效率），以带宽效率换取了功率效率。反过来，采用更多进制的调制方案（多进制键控）可以降低占用带宽，但是必须提高所必需的信噪比，是以功率效率换取了带宽效率。

确定数字调制方案时，功率效率和带宽效率非常重要，但同时也要考虑其他的一些因素，如对于服务于众多个人用户的移动通信系统，用户终端的复杂程度、成本、体积和功耗都必须降低到最小，因此制造工艺简单的调制方式就最有吸引力。不同的信道衰落环境也是选择调制方案时需要考虑的关键因素之一。在干扰为主要问题的无线蜂窝系统中，调制方式在干扰环境中的性能显得极为重要。对时变信道造成的延时抖动的检测灵敏度也是在选择调制方案时要考虑的重要因素。一般说来，这些因素都可以通过仿真技术的方法来进行分析，从而决定相关的性能并最终确定调制方案的选择。

9.5.2　数字调制信号的频谱

理想的数字调制信号的频谱是矩形的，但实际的信号频谱是发散为梯形的，数字信号的绝对带宽定义为信号的非零值功率谱所占用的频率范围。

绝对带宽是很难衡量的，在通信工程中，普遍采用3dB带宽和占用带宽来衡量数字信号频谱的发散程度。3dB带宽定义为信号的功率谱密度比峰值降低3dB（功率下降到

峰值的一半）时的频率范围，3dB带宽也称半功率带宽。但是，3dB带宽并不是信号频谱的实际占用带宽，实际占用带宽比3dB带宽要大。一般用信号的功率谱密度低于峰值的给一个定值（如40dB）时所占用的频率范围，作为实际占用带宽的标称，也称最低功率谱密度带宽。数字信号的频谱如图9-5所示。

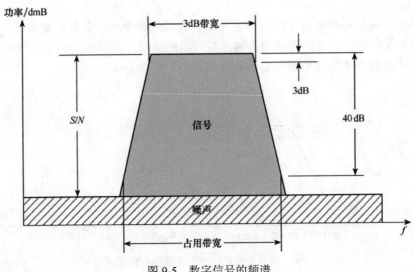

图 9-5　数字信号的频谱

另外一种比较常用的规定占用带宽的方式，是以带外的信号功率占总功率的某一给定的百分比为标准，一般称之为功率比例带宽。例如，定义在占用频带以上和以下部分各有信号功率的0.5%，即占用频带以内有信号功率的99%。

还有一个与数字信号频谱的发散程度有关的参数称为滚降系数（$0<\alpha<1$），对应于信号的信息速率，滚降系数越小，相应的频谱效率越高，频谱的形状就越接近矩形，但设计和实现也越困难。

9.6 脉冲成形技术

数字通信系统中的信号可以看作矩形脉冲，当矩形脉冲通过限带信道时，脉冲会在时间上延伸，一个符号的脉冲将延伸到相邻符号的时间间隔内，这会造成码间干扰，并导致接收机在检测一个符号时发生错误的概率增大。虽然增加信道带宽可以减少码间干扰，然而移动无线系统受到总带宽资源的限制需要占用尽量小的信道带宽，在减小码间干扰的同时，还必须减少调制带宽和抑制带外辐射，脉冲成形技术可以用来同时减少码

间干扰和已调制数字信号的带宽。在移动无线通信系统中，在相邻信道内的带外辐射必须严格控制，一般应当至少比带内的辐射电平低40～80dB。因为很难在射频频率上对发射机的频谱直接进行操作，所以脉冲成形技术一般在基带信号或中频频率上进行。

9.6.1 奈奎斯特滤波器

如果整个通信系统可以建模成一个冲激响应满足奈奎斯特条件的滤波器，那么就有可能完全消除码间干扰。滤波器的传递函数可以通过对冲激响应做傅里叶变换得到，满足奈奎斯特准则的滤波器被称为奈奎斯特滤波器，如图9-6所示。

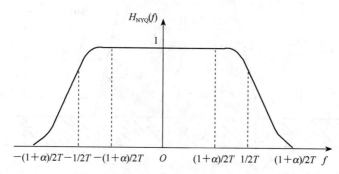

图 9-6 奈奎斯特脉冲成形滤波器的传递函数

奈奎斯特是第一个解决了既能克服码间干扰又保持尽量小的传输带宽这一问题的人，他发现只要把由"发射机→信道→接收机"组成的通信系统的整个响应设计成在接收机端每个抽样时刻只对当前的符号有响应，而对其他符号的响应都全等于零，码间干扰的影响就可以完全被消除。

假设由信道引入的失真可以通过使用传递函数与信道响应相反的均衡器来完全消除，那么整个传递函数（H）可以近似看作发射机和接收机滤波器传递函数的乘积。因此，一个有效的端到端传递函数（H），可以通过在接收机和发射机端都使用传递函数为"$\sqrt{H}$"的滤波器来实现。也可以通过提供匹配的滤波器响应，同时减少带宽和码间干扰。

在移动通信系统中最普遍采用的脉冲成形滤波器是升余弦滚降滤波器，升余弦滚降滤波器就是一种满足奈奎斯特准则的滤波器。升余弦滚降滤波器在基带的冲激响应符合的规律：随着滚降系数的增加，滤波器带宽增加，相邻符号间隔内的时间旁瓣减小。也就是说，增加滚降系数可以减小对定时抖动的敏感度，但同时会增加占用带宽。

基带升余弦滚降滤波器的绝对带宽和可以通过滤波器的符号速率的关系为

$$2B=(1+\alpha)R_s$$

对于射频系统，射频通带的带宽要加倍，即：

$$B=(1+\alpha)R_s$$

式中，B为滤波器的绝对带宽；

R_s为可以通过基带升余弦滚降滤波器的符号速率；

α 为滤波器的滚降系数。

升余弦滚降传递函数可以通过在发射机端和接收机端使用同样的"$\sqrt{H}$"滤波器来实现，在平坦衰落信道中为实现最佳性能提供匹配滤波。为了实现滤波器的响应，脉冲成形滤波器可以在基带数据上使用，也可以用在发射机的中频输出端。用于基带数据的脉冲成形滤波器一般用数字信号处理器来实现。

只有当载波完全保留了脉冲的波形时，升余弦滤波器才会具有良好的带宽效率，基带脉冲波形的微小失真就会导致传输信号的占用带宽发生急剧的变化。如果系统中使用的是非线性的射频放大器，这一点就很难做到，如果不加以控制，就会造成移动通信系统中严重的邻频干扰。如果要采用能减少带宽的奈奎斯特脉冲成形技术，就必须使用功率效率低的线性放大器。

9.6.2　高斯滤波器

还有一些不采用奈奎斯特滤波器来实现脉冲成形的技术，其中性能比较突出的一种是高斯脉冲成形滤波器，这种方式与最小频移键控（Minimum Frequency Shift Keying，MFSK）调制或其他适合于功率效率高的非线性放大器的调制方式结合使用时，效率很高。GSM就是采用了高斯脉冲成形滤波器和最小频移键控的结合，称为高斯滤波最小频移键控（Gaussian-filtered Minimum Shift Keying，GMSK）调制。

高斯滤波器的传递函数是平滑的，而且没有过零点。高斯滤波器的脉冲响应产生的传递函数强烈依赖于滤波器的3dB带宽。高斯滤波器的绝对带宽虽然不像升余弦滚降滤波器那样窄，但具有尖锐截止、过冲低及脉冲面积保持不变的特性，使它非常适合于使用非线性射频放大器和不能精确保持传输脉冲波形不变的调制技术。需要注意的是，高斯脉冲成形滤波器不满足消除码间干扰的奈奎斯特准则，所以减小占用频谱会增加码间干扰，导致性能下降。当选择使用高斯脉冲成形滤波器时，需要在希望的射频带宽和码间干扰造成的误码率之间进行折中。如果码间干扰造成的比特误码率比标准值的要求低，可以使用高斯脉冲成形滤波器，这样可以大大降低成本。

9.7

调制信号的星座图

数字调制技术涉及从基于输入调制器的信息比特的一组有限的信号波形中选取特定的信号波形或符号。对于二进制调制方式（如BPSK），一个二进制的信息比特直接映射到信号中，调制信号集中只包含两种信号或符号（0、1），每种信号代表1个比特。对于更多进制的调制方案（多进制键控），信号集将包含两种以上的信号或符号，每种信号代表多个比特的信息。对一个M进制的调制方式，最多可在每个符号内传输$\log_2 M$个比特的信息，如对于$M=4$的四进制调制方式（如QPSK），每个符号内可以传输2个比特的信息（00、01、10、11）。

在一个矢量空间中观察调制信号集的元素对于调制技术的分析很有帮助，调制信号的矢量空间提供了对特定调制方案很有价值的深入了解。矢量空间的概念非常普遍，可以用于任何一种数字调制方式。这种提供了每种可能符号状态的复包络对应的空间信号矢量端点的分布图称为"星座图"。星座图的X轴表示复包络的同相分量，Y轴表示复包络的正交分量。星座图上信号之间的距离与信号调制波形的差异和当有随机噪声时接收机区分符号的能力有关。

星座图的几何基础是矢量空间中任何有限的物理可实现的波形集，都可以表示为那个矢量空间中的N个标准正交波形的线性组合。为了在矢量空间中表示调制信号，必须找出构成矢量空间的基元，只要知道了基元，矢量空间中的任意一点，都可表示为基元信号的线性组合，基元信号在时间轴上相互正交，每个基元信号都归一化为具有单位能量，基元信号可以视为构成了矢量空间的坐标系统。

例如，对二相相移键控调制（BPSK）信号集，基元只有一个，T_b是比特周期。

$$\Phi_1(t)=\sqrt{\frac{2}{T_b}}\cos(2\pi f_c t) \qquad 0\leqslant t\leqslant T_b \qquad (9\text{-}9)$$

BPSK调制的信号集可以由基元信号表示为

$$S_{\text{BPSK}}=\left\{\sqrt{E_b}\,\Phi_1(t),\ -\sqrt{E_b}\,\Phi_1(t)\right\} \qquad (9\text{-}10)$$

式中，E_b为每比特能量，每个基元信号都归一化为具有单位能量即$E_b=1$。

归一化后的BPSK调制的星座图如图9-7所示。

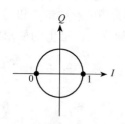

图9-7　BPSK 的星座图

注意：基元信号的数目总是小于或等于信号集的数目，能够完整表示调制信号集的基元信号数目称为矢量空间的维数。如果基元信号和调制信号集中的信号一样多，那么调制信号集中的各个信号一定互相正交。

调制方案的很多特性可以根据它的星座图得到。例如，随着信号点数（维数）的增加，调制信号的占用带宽将会下降，带宽效率相应提高，如果一种调制方案的星座很密集，它的带宽效率就比星座稀疏的调制方案要高。而比特误码率则与星座中最近的点之间的距离成正比，因此星座密集的调制方案比星座稀疏的调制方案功率效率低。从这里也可以看出带宽效率和功率效率的矛盾，在选择调制方式时需要根据实际情况进行折中。

例如，对于同样的比特误码率，BPSK和QPSK的星座图和频谱图如图9-8所示。可以看出，BPSK调制方式的带宽效率低、功率效率高；而QPSK调制方式的带宽效率高、功率效率低。采用更高进制的调制方式，如8PSK、16QAM、64QAM等还可以进一步提高带宽效率，但也会进一步损失功率效率。

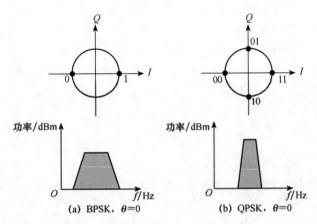

图 9-8　BPSK、QPSK 星座图和频谱图

9.8

线 性 调 制

　　数字调制技术可以大致分为线性调制技术和非线性调制技术。在线性调制技术中，传输信号的幅度$S(t)$随着数字调制信号$m(t)$的变化而线性变化。线性调制技术带宽效率高，在无线通信系统中广泛采用。

　　线性调制方案有很好的带宽效率，但传输中必须使用功率效率低的线性放大器，用功率效率高的非线性放大器会导致已滤除的旁瓣再生，造成严重的邻频干扰，使线性调制得到的带宽效率全部丢失，在实际应用中已经有许多好的方法来克服这些困难。

　　最典型的线性调制技术是BPSK和QPSK。

9.8.1　二相相移键控

　　二相相移键控是一种利用相位偏离的复数波浪组合来表示信息的相移键控方式，BPSK使用了基准的正弦波和相位反转的波浪，使一方为0，另一方为1，从而可以传送2种状态（一个比特）的信息。

　　相移键控分为绝对相移和相对相移两种。直接以未调载波的相位作为基准的相位调制称为绝对相移。对于BPSK调制，当码元为"1"时，调制后载波与未调载波同相，当码元为"0"时，调制后载波与未调载波反相，码元"1"和"0"调制后的载波相位差为180°。BPSK的调制波形如图9-9所示。

BPSK调制器可以通过乘法电路实现，如图9-10所示。

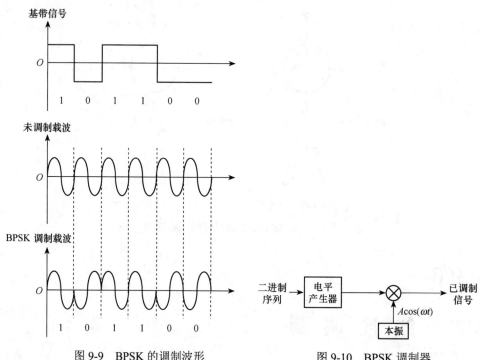

图 9-9　BPSK 的调制波形

图 9-10　BPSK 调制器

BPSK的解调不能采用包络检测的方法，只能进行相干解调。BPSK信号相干解调的过程实际上是输入的已调信号与本地相干载波信号（与调制载波同频同相）进行极性比较的过程，因此也称极性比较法解调。

由于BPSK信号实际上是以一个固定初相的末调载波为参考的，因此解调时必须有与其同频同相的同步载波。如果同步载波的相位发生变化，如果0°相位变为180°相位或180°相位变为0°相位，则恢复的数字信息就会发生"0"变"1"或"1"变"0"的错误。这种由于本地参考载波的倒相而造成接收端错误恢复的现象称为"倒π"现象或"反向工作"现象。绝对相移的主要缺点是容易产生相位模糊，造成反向工作。

利用载波自身的相对相位来传送数字信息的方法称为相对相移，它不是利用载波相位的绝对数值传送数字信息，而是用前后码元的相对相位变化传送数字信息。二相差分相移键控（Binary Different Phase Shift Keying，2DPSK）方式就是利用前后相邻码元的相对载波相位值来表示数字信息的一种调制方式。它是利用前后两个码元之间相位差来表示码元的值是"0"还是"1"。例如，前后两个码元之间的相位差为0°表示符号"0"，相位差为180°则表示符号"1"。2DPSK的调制波形如图9-11所示。

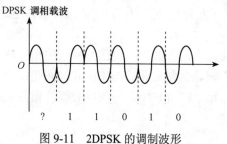

图 9-11　2DPSK 的调制波形

可以看出2DPSK的波形与BPSK并没有什么不同，但2DPSK的同一相位并不是对应相同的数字信息符号，前后码元的相对相位差才表示信息符号。2DPSK是BPSK的非相干形式，2DPSK信号的解调并不需要相干载波做参考信号，只要知道起始码元的值并且前后码元的相对相位关系不被破坏，鉴别前后码元的相位关系就可以正确恢复数字信息，这就避免了BPSK调制中"倒π"现象的发生。非相干接收机很容易制造而且价格便宜，因此2DPSK在无线通信系统中得到广泛使用。在2DPSK系统中，输入的二进制序列先进行差分编码，然后再进行BPSK调制。

二相相移键控是利用二进制基带信号（0、1）对载波进行二相调制的，是最简单的相移键控形式，相移为180°。BPSK是所有PSK调制方式中抗噪声能力最强的，但它只能以一比特/符号（1bpsymbol）进行调制，带宽效率较差，不适合高速数据的传输，实际应用中经常使用带宽效率更高的多进制PSK调制方式。例如，利用4个相位的四相相移键控QPSK（2bpsymbol）和8个相位的八相相移键控8PSK（3bpsymbol）等。

9.8.2　四相相移移控

在数字调制技术中，四相相移键控是一种最常用的数字调制方式，它具有较高的频谱利用率和较强的抗干扰能力，在电路上实现也比较简单。QPSK是利用载波的4种不同相位差来表征输入的数字信息，QPSK是在$M=4$时的调相技术，它规定了4种载波相位，分别为0°、90°、180°、270°，调制器输入的数据是二进制数字序列。QPSK的调制波形如图9-12所示。

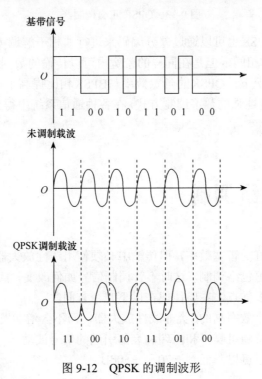

图 9-12　QPSK 的调制波形

为了能够与四进制的载波相位配合起来，需要把二进制数据变换为四进制数据，也就是说需要把二进制数字序列中每两个比特分成一组，共有4种组合，即00、01、10、11，其中每一组称为双比特码元。每一个双比特码元是由两位二进制信息比特组成，它们分别代表四进制的4个符号中的一个。QPSK中每次调制可以传输两个信息比特，这些信息比特是通过载波的四种相位来传递的。解调器可以根据星座图以及接收到的载波信号的相位来判断发送端所发送的信息比特。

QPSK正交调制器可以看作两个BPSK调制器，串行输入的二进制信息序列先经过"串行–并行"转换，分成两路速率减半的信息序列，经过电平产生器后，分别产生同相（I）和正交（Q）两个极性的信号。两个二进制序列分别对两个正交的载波$\cos(\omega t)$和$\sin(\omega t)$进行调制，可以看作两个BPSK信号，相加后得到QPSK信号，如图9-13所示。

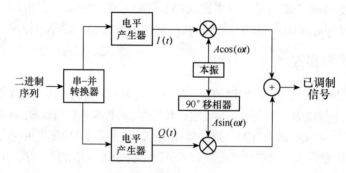

图 9-13　QPSK 正交调制器

与BPSK类似，QPSK也可以通过差分编码来进行非相干解调（4DPSK）。QPSK的比特误码率与BPSK基本相同，但是在同样的带宽内可以传输的数据速率是BPSK的两倍，在功率效率相同的情况下，QPSK的带宽效率与BPSK相比提高了一倍。QPSK是一种频谱利用率较高、抗干扰性强的数字调制方式，在各种通信系统中得到了非常广泛的应用。

9.9 恒包络调制

线性调制具有很好的带宽效率，但传输中必须使用线性放大器，功率效率低。很多移动通信系统都采用恒包络调制，这时不管调制信号如何改变，载波的幅度包络是恒定的。恒包络调制有很多优点，主要体现在以下几个方面。

（1）可以使用功率效率高的C类非线性放大器，而不会增加发送信号的占用频谱。

（2）能很好地抵抗随机噪声和由瑞利衰落引起的信号波动。

（3）带外辐射低，可以降低到$-70\sim-60\mathrm{dB}$。

（4）可以用限幅器-鉴频器检测，大大简化了接收机的设计。

9.9.1 偏移四相相移键控

QPSK信号本身的包络非常恒定，但是当QPSK信号进行波形成形时，它就会失去恒包络的性质，偶尔发生的180°相移会导致信号的包络在瞬间通过零点。任何一种在过零点的硬限幅或非线性放大，都会由于信号在低电压时的失真而在传输过程中产生本来已经被滤除的旁瓣。为了防止旁瓣的再生和频谱扩展，必须使用效率较低的线性放大器。

偏移四相相移键控（Offset Quadra Phase Shift Keying，OQPSK）是在QPSK基础上发展起来的一种恒包络数字调制技术。OQPSK对波形成形时产生的有害影响不那么敏感，能支持更高效的非线性放大器。与QPSK相比，OQPSK具有一系列独特的优点，已经广泛应用于无线通信系统中，成为现代通信中一种十分重要的调制解调方式。

所谓恒包络是指已调制载波的包络保持恒定，它与多进制调制是从两个不同的角度来描述的调制技术。恒包络技术所产生的已调制载波经过非线性部件时，只产生很小的频谱扩展。这种形式的已调制载波具有两个主要特点：一是包络恒定或起伏很小；二是已调制载波的频谱具有快速滚降特性，或者说其旁瓣很小甚至几乎没有旁瓣。

一个已调制载波的频谱特性与其相位路径有着密切的关系，因此，为了控制已调制载波的频率特性，必须控制它的相位特性。恒包络调制技术的发展正是围绕着进一步改善已调制载波的相位路径这一核心进行的。

OQPSK是QPSK的改进，它与QPSK有相同的相位关系，也是把输入码流分成两路，然后进行正交调制。不同之处在于它将同相和正交两支路的码流在时间上错开了半个码元周期。由于两个支路的码元有半个周期的偏移，每次只有一路可能发生极性翻转，不会发生两个支路的码元极性同时翻转的现象。因此，OQPSK信号的相位只能跳变0°、±90°，不会出现180°的相位跳变，如图9-14所示。

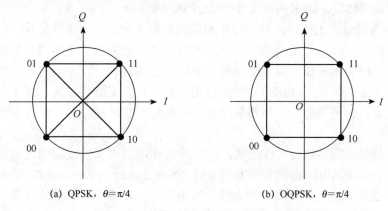

(a) QPSK，$\theta=\pi/4$ (b) OQPSK，$\theta=\pi/4$

图 9-14 QPSK 和 OQPSK 星座图的比较

由于180°的相位跳变被消除，所以OQPSK信号的带限不会导致信号包络经过零点。

虽然带限处理会造成一定程度的码间干扰（特别是在90°相位点），但是包络的变化小了很多，因此对OQPSK的硬限幅或非线性放大不会产生像QPSK那么多的高频旁瓣，占用的频谱就会显著减少，同时允许使用效率更高的非线性射频放大器。

OQPSK信号的频谱和QPSK信号完全相同，因此两种信号占用相同的带宽。同相和正交比特流的交错对齐不会改变频谱的基本性质。OQPSK即使在非线性放大后仍然能够保持带限的性质，这非常适合于移动通信系统，因为在低功率应用的环境下，带宽效率和高效非线性放大器对于系统设计是起决定性作用的。此外，当接收机由于参考信号的噪声而造成信号相位抖动时，OQPSK信号的性能也比QPSK要好很多。

在第二代移动通信系统的窄带CDMA系统（IS-95）中，前向信道采用了QPSK调制方式（基站需要使用线性放大器），反向信道采用了OQPSK调制方式（手机可以使用高效率的非线性放大器）。

9.9.2 高斯滤波最小频移键控

OQPSK虽然消除了QPSK信号中的180°相位突变，但并没有从根本上解决包络起伏问题。MSK是一种能够产生恒定包络、连续相位信号的调制技术，MSK是2FSK（Binary Frequency Shift Keying，二进制频移键控）的一种特殊情况，它具有正交信号的最小频差，在相邻符号交界处的相位保持连续。

MSK有时也称快速FSK，因为其使用的频率范围仅为常规非相干FSK的一半。MSK是一种高效的调制方式，特别适合在移动无线通信系统中使用，它有很多好的特性，如恒包络、频谱利用率高、比特误码率低和自同步性能等。

MSK和QPSK/OQPSK信号的功率谱密度的对比如图9-15所示。

从图9-15中可以看出，MSK信号的旁瓣比QPSK信号低，MSK信号在频谱上衰落更快是由于其采用的脉冲函数更为平滑。MSK信号的主瓣比QPSK信号的主瓣宽，如果仅以主瓣的带宽做比较，MSK的带宽效率比QPSK要低。

由于MSK信号在比特转换时不存在相位的急剧变化，当为了满足系统的带宽要求而频带受限时，MSK信号的包络不会出现过零现象，包络仍然基本保持其恒定性，可以在接收机使用硬限幅技术来消除包络上的微小变化，而不至于引起带外功率的上升。由于包络是恒定的，所以MSK信号可以使用非线性放大器进行放大。除此之外，MSK还有很多优点，如解调和同步电路简单等。因此最小频移键控也广泛应用于移动通信系统。

高斯滤波最小频移键控即GMSK，是一种由MSK演变来的改进的二进制频移键控调制技术。在GMSK中，将调制的不归零码（Non Return to Zero NRZ）数据通过预调制高斯脉冲成形滤波器，使其频谱上的旁瓣电平进一步降低。基带的高斯脉冲成形技术平滑了MSK信号的相位曲线，稳定了信号的频率变化，进一步降低了发射频谱的旁瓣电平。

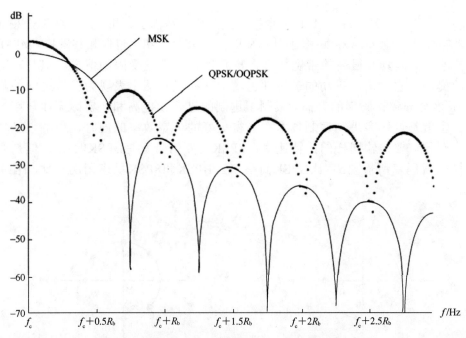

图 9-15　MSK 和 QPSK/OQPSK 信号的频谱密度的对比

　　预调制高斯滤波器将全响应信号（即每一个基带符号占据一个比特周期）转换为部分响应信号，每一个发射符号占据几个比特周期。由于脉冲成形并不会引起平均相位曲线的偏离，GMSK信号可以作为MSK信号进行相干检测，也可以作为一个简单的FSK信号进行非相干检测。预调制高斯滤波器在发射信号中引进了一些码间干扰，但是如果滤波器的3dB带宽与比特时间乘积（$B \times T$）大于0.5，则性能的下降并不严重。GMSK以较少的误码性能为代价，获得了极好的带宽效率和恒定包络特性。由于移动无线信道本身也会产生误码，只要GMSK产生的误码率小于无线信道，GMSK就是一个很好的选择。

　　GMSK由于具有很好的功率效率和带宽效率而备受青睐，第二代移动通信系统中应用最广的GSM使用的就是GMSK调制方式。

9.10 多进制调制

　　调制的进制通常取$M = 2^N$（N为正整数），M可以是2、4、8、16、…。在实际通信系统的应用中，除了前面介绍的二、四进制以外，可以采用更高进制的调制技术来进一步提高带宽效率。在多进制调制方案中，两个或多个比特组合成符号，每个符号期间传输一个多进制信号，如8PSK每个符号可以传送3个比特的信息（000、001、

010、011、100、101、110、111）。根据载波的变化是幅度、相位还是频率，相应的有多进制幅度键控（MASK）、多进制频移键控（MFSK）和多进制相移键控（MPSK）。

多进制调制具有很高的带宽效率，特别适合于带宽受限的信道。但是，随着进制的提高，它对定时抖动的敏感性也增加（在星座图上表现为符号之间的距离变小），这会导致误码率的升高，限制了进制的进一步提高和在实际无线环境中的应用。也就是说，多进制调制技术在获得更好的带宽效率的同时，也牺牲了功率效率。例如，要传输同样的比特速率，8PSK需要的带宽是BPSK的1/3，但是要达到同样的误码率所需要S/N比BPSK高很多。BPSK和8PSK星座图的对比如图9-16所示。

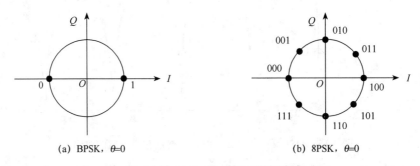

(a) BPSK，$\theta=0$ (b) 8PSK，$\theta=0$

图 9-16　BPSK 和 8PSK 的星座图

随着通信技术的发展，已经有了很多改善功率效率和误码率的技术手段，更高进制的调制方式已经得到越来越广泛的应用。例如，GSM中的EDGE技术就使用了8PSK调制方式，因此EDGE比采用GMSK调制的GPRS具有更高的数据吞吐量。

因为载波的幅度和相位提供了两个自由度，现代调制技术可以通过同时改变射频载波的幅度和相位，将基带数据映射到更多的射频载波的信号特征上，这种调制技术被称为多进制组合调制。在同样的带宽下，组合调制可以比单独使用幅度或相位调制表示更多的信息，进一步提高带宽效率。多进制组合调制已经成为研究的技术热点。

在相位调制中，传输信号的幅度保持恒定，因此星座图是圆形的。同时改变载波的相位和幅度，可以获得另外一种新的调制方式，称为正交调幅（Quadrature Amplitude Modulation，QAM），QAM的星座图是方格形的。多进制的16PSK和16QAM的星座图如图9-17所示。

可以看出，两种调制方式的M都是16（2^4），带宽效率相同（每个符号代表4个比特）。但16QAM的星座图上两个符号之间的最小距离明显大于16PSK，这说明16QAM的抗干扰能力要优于16PSK。换句话说，为了达到同样的误码率，16QAM需要的S/N要低于16PSK，即16QAM的功率效率高。

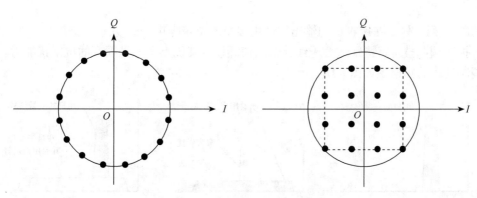

图 9-17　16PSK 和 16QAM 的星座图

多进制频率调制（MFSK）与多进制相位调制（MPSK）不同，MFSK信号的带宽效率随着M的增加反而降低，因此MFSK信号的带宽效率较低。但是由于所有的M个信号都是正交的，信号彼此不占用空间，功率效率会随着M的增加而增加。另外，MFSK信号可使用非线性放大器进行放大，不会引起性能降低。研究人员利用MFSK信号的正交特性，开发出了可以有效提高功率效率的正交频分复用（Orthogonal Frequency Division Multiplexing，OFDM）技术，可以在一个信道内容纳大量的用户，提供多路并行载波。OFDM技术在无线通信领域已经得到广泛应用，目前被认为是第四代通信系统（4G）的关键技术之一。

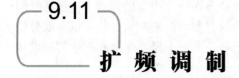

9.11

扩 频 调 制

以上所介绍的各种调制解调技术，都是试图在静态加性高斯白噪声信道中达到更好的带宽效率和功率效率的均衡。特别是对于无线通信系统，频率带宽是一个极其有限的资源，因此以上所有调制方案的一个主要设计思想就是使传输带宽最小化。

扩频调制的思路正好与此相反，扩频技术使用的传输带宽比传输信号所要求的最小带宽要大几个数量级。对于单个用户来讲，虽然带宽效率非常低，但是扩展频谱的优点是很多用户可以在一个频带内同时工作，而相互之间不会产生明显的干扰，对于同时服务于大量用户并且存在多径干扰的无线信道环境，扩频技术的带宽效率很高。

除了占用非常大的带宽，扩频信号与普通的数字信息数据相比还有伪随机和类似噪声的特性。扩频信号的波形由伪随机（PN）序列控制。PN序列是一个二进制序列，表现出某种随机特性，但却可以在指定的接收机上以确定的方式重新产生，扩频信号在接收机处与本地产生的PN序列做互相关运算进行解调。正确的PN序列经过互相关运算后，扩频信号被压缩（解扩），恢复为窄带的原始调制信号，而来自其他用户的信号没有正确的PN序列，只是在接收机的输出端产生很小的宽带噪声。

扩频调制技术，特别适合无线移动通信环境，其优点之一是固有的抗干扰能力。扩频调制过程的频谱图如图9-18所示。

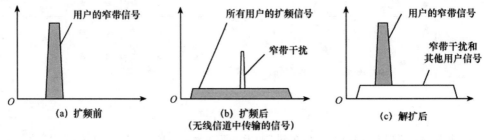

(a) 扩频前   (b) 扩频后   (c) 解扩后
（无线信道中传输的信号）

图 9-18   扩频调制过程的频谱

由于每一个用户都分配一个唯一的PN码，并且与其他用户的PN码近似正交，即使其同时占用同一频带，接收机也可以根据这些PN码将每个用户分开。也就是说，对于一定数量的用户，扩频信号中同一频率的干扰几乎可以忽略不计，某个特定的扩频信号很容易从其他的扩频信号中恢复出来。即使信道中存在窄带干扰也可以完全恢复某个特定的扩频信号，因为窄带干扰在解扩时频谱被扩展，解调器中的陷波滤波器可以将绝大部分处于用户窄带信号带宽之外的干扰滤除掉，不会影响接收性能。

良好的抗小尺度衰落的特性也是无线通信系统中采用扩频技术的一个重要原因。衰落是有频率选择性的，因为扩频信号的能量均匀地分布在一个很宽的频谱上，任意时间只会有一小部分频谱会受到衰落的影响，绝大部分信息都可以被正常接收，很小部分信息可以通过交织、信道编码等手段恢复。从时域上看，由于小尺度衰落而产生的经过传输延时的信号的PN序列和原信号的PN序列之间的互相关性变差。

扩频系统不仅可以抗小尺度衰落，甚至还可以进一步利用多径分量来增进系统的性能，如可以通过RAKE接收机将一些包含可解调的多径分量的信息结合起来。RAKE接收机由一组相关器构成，每一路都与特定信号的多径分量相关，相关器根据这些多径分量的相对强度进行加权运算，最终输出一个质量更好的合成信号。

另外，由于所有的用户都可以使用相同的频率，扩频系统还可以省略掉复杂的频率规划工作，所有的小区都可以使用相同频率的信道（小区簇的大小$N=1$）。

1   伪随机序列

如果一个序列一方面具有某种随机特性（即统计特性），另一方面又可以预先确定并且可以重复地生产和复制，这种序列就称为伪随机序列。伪随机序列是由移位寄存器产生的具有某种随机特性的确定序列，因为具有随机特性，因此无法从一个已经产生的序列的特性中判断它是真随机序列还是伪随机序列，只能根据序列的产生办法来判断。伪随机序列具有良好的随机性和接近于白噪声的相关函数，并且有预先的可确定性和可重复性。这些特性使得伪随机序列得到了广泛的应用，特别是在CDMA系统中，用伪随机序列作为扩频码已经成为CDMA系统中的关键技术。

伪随机序列通常由序列逻辑电路产生的一种自相关的二进制序列，在一段周期内其自相关性类似于随机二进制序列，其自相关性也与带宽受限的白噪声信号的自相关特性类似。尽管伪随机序列是确定的，但是具有很多类似随机二进制序列的性质，如"0"和"1"的数目大致相同，将序列平移后和原序列的相关性很小，任意两个序列的互相关性很小。

2　直接序列扩频

直接序列扩频（Direct Sequence Spread Spectrum，DS-SS）就是直接用高码率的扩频码在发射端去扩展信号的频谱，而在接收端用相同的扩频码进行解扩，把被展宽的扩频信号还原成窄带的原始信号。直接序列扩频系统通过用伪随机序列直接与基带脉冲数据相乘来扩展基带数据，其伪随机序列由伪噪声生成器产生，伪随机序列的一个脉冲或符号称为"码片"。

直接序列扩频系统存在多址干扰问题，即相对于每一个用户，同一区域的所有其他用户都会是该目标用户的多址干扰源。如果所有的干扰者都与目标用户发射相同的信号功率，远近效应将成为一个主要问题。如果不对每个移动台的发射功率进行精确控制，一个非常靠近基站的移动台会占用基站接收信号能量的大部分，使基站无法接收远处的目标移动台的信号。当系统中存在大量用户时，误码率受多址干扰的限制多于热噪声，系统的容量也会随着传播和多址干扰的程度而改变。

3　跳频扩频

另一种扩频方式称为跳频扩频（Frequency Hopping Spread Spectrum，FH-SS）。所谓跳频实际上可以看作用扩频码进行选择的多频率频移键控，即用扩频码去进行频移键控调制，使载波的频率不断跳变，称为跳频。

简单的2FSK频移键控只有两个频率，分别代表传号和空号。而跳频系统则有几个、几十个、甚至上千个频率，由所传送信息与扩频码的组合去进行选择控制，不断跳变。跳频扩频系统同样需要占用比信息带宽要宽得多的信道带宽。

跳频涉及射频信号的一个周期性的改变。一个跳频信号可以看作一个调制数据突发系列，它具有时变的、伪随机的载频，所有可能的载波频率的集合称为跳频集。跳频发生在包括若干个信道的频带上，每个信道定义为其中心频率在跳频集中的某个频谱区域，它应该大得足以包括一个相应载频上的窄带调制突发的绝大部分功率。跳频集中使用的每个信道的带宽称为瞬时带宽，跳频发生的整个频谱带宽称为总跳频带宽。数据以发射机载波频率跳变的方式发送到伪随机的信道中，具体的瞬时频率只有相应的接收机知道。在发射机再次跳频之前，每个信道上的小的数据突发用传统的窄带调制发送。跳频之间的持续时间称为跳频持续时间或跳频周期。

从接收到的信号中去掉跳频称为解跳。如果接收机中频率合成器生成的频率和接收信号的频率同步，则混频器的输出就是一个固定频率的窄带的解跳信号，解跳信号可以输入传统的接收机中进行解调。跳频过程中，如果一个不需要的信号占据了一个特定的跳频信道，则这个信道中的噪声和干扰就会进入解调器，这样，一个非预想的用户和预想的用户会同时在同一个信道中发射信号，跳频系统中就有可能出现碰撞。

跳频分为快跳频和慢跳频两种。如果一次发射信号期间有不止一个频率跳跃，称为快跳频，快跳频意味着跳频速率大于或等于信息速率。如果在频率跳跃的时间间隔中有一个或多个信号发射，称为慢跳频。FH-SS系统的跳频速率取决于接收机中频率合成器的频率灵敏性、发射信息的类型、抗碰撞的编码冗余度以及与最近的潜在干扰的距离等。

与DS-SS相比，FH-SS的优势在于它不受远近效应的影响，因为信号通常不会同时使用同一频率，信号的相对功率电平就不像DS-SS系统中那么重要。当然远近效应并不能完全避免，由于相邻信道之间的不完全过滤，因此较强的信号对较弱的信号仍然会产生干扰。为了克服偶发的碰撞，需要进行纠错编码，采用瑞得–所罗门或其他突发纠错编码可以大幅度提高系统的性能。

9.12 调制方案的选择

移动无线信道的主要特征是存在各种各样的衰落、多径效应和多普勒扩展。为了研究一个无线环境中某种调制方案的有效性，需要评估这种调制方案在特定无线信道条件下的性能。尽管计算误码率给出了一个特定调制方案性能的很好指示，但它并不提供任何关于误码类型的信息。例如，它不给出突发误码的概率。在一个衰落的无线信道中，发射后的信号可能会经受深度衰落，这可能会导致信号的中断或完全丢失。

计算中断概率是另一种判断一个无线信道中调制方案是否有效的方法，一次发射中发生比特误码的特定数目确定了是否出现一次中断事件。在各种信道衰落的情况下，各种调制方案的中断概率和误码率能够通过分析或仿真计算出来。在计算慢速、平坦衰减信道中的误码率时，常用简单的分析方法，而在频率选择性信道中的性能评估和中断概率的计算经常需要通过计算机仿真来进行。通过将输入的比特流和一个适当的信道冲击响应模型进行卷积和在接收机判决电路的输出端对误码进行计数来实现计算机仿真。

在对多径和衰落信道中的各种调制方案的性能进行研究之前，必须对信道的特性有一个深入的理解，信道模型可以用来评估各种调制方案。在设计无线系统时，仿真是一种非常有效的技术手段，通过基于各种信道模型的计算机仿真，人们可以了解各种信道环境下的误码率情况，为选择合适的调制方案提供依据。

本 章 小 结

调制在通信系统中具有十分重要的作用，通过调制，可以对信号的频谱进行搬移，使已调制信号适合信道传输的要求，同时也有利于实现信道复用，例如，将多路基带信号调制到不同的载频上进行并行传输，实现信道的频分复用。本章主要介绍了应用于无线通信系统中的几种调制技术，其中包括用于第一代移动通信系统的模拟调制技术和现在使用的数字调制技术。模拟调制技术是学习调制技术的基础，而且模拟调制系统也还会作为一些特殊的应用继续存在下去。与模拟调制技术相比，数字调制技术有许多优点，并且已经基本上完全取代了原来的模拟调制技术成为现代通信技术的主流，现在的移动通信系统采用的都是数字调制技术。

练 习 题

1. 什么是调制？在通信中为什么要进行调制？
2. 什么是模拟调制？主要有哪3种调制方式？
3. 与AM调制相比，FM调制主要有哪些优点？
4. AM和FM信号的解调电路分别是什么？
5. 什么是数字调制？主要有哪3种调制方式？
6. 调制方式的性能一般从哪两个方面来衡量？
7. 什么是数字信号的3dB带宽？
8. 如何根据星座图，分析调制方式带宽效率和功率效率？
9. 什么是线性调制？它的主要优缺点是什么？最典型的线性调制技术是什么？
10. 什么是恒包络调制？它的主要优点是什么？
11. CDMA（IS-95）系统和GSM使用的调制方式分别是什么？
12. 多进制调制中M的取值原则是什么？写出MPSK中$N=1\sim6$的调制方式。
13. 为什么16QAM的性能优于16PSK？
14. 扩频调制的主要优点有哪些？

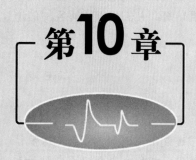

第10章

话音编码技术

在以话音业务为主的移动通信系统中，话音编码技术是非常重要的，因为话音编码在很大程度上决定了接收到的话音质量和系统容量。在移动通信系统中，无线信道的带宽是极其有限的资源，如何在有限的无线信道带宽中容纳更多的用户同时通话，一直是移动通信系统的核心问题。采用多进制调制可以提高带宽效率，但同时功率效率会降低。低比特率的话音编码提供了解决问题的一种方法，在保证话音质量的前提下，话音编码器的比特率越低，一定的带宽内就可以容纳更多的话音通道。因此，产品制造商和服务提供商一直在不断地寻求新的话音编码技术，以便在低比特率下提供高质量的话音。

本章重点内容如下：

- 话音编码器的类型。
- 脉冲编码调制。
- 频域话音编码。
- 参量编码。
- 混合编码。
- 话音编码的选择和性能评估。

10.1 话音信号的特性

要实现通信系统的数字化，首先要将模拟话音信号转换成数字信号。话音信号的带宽一般在0.3~3.4kHz内，话音信号的波形具有一些对编码设计有用的特性，如话音幅度的非均匀概率分布、连续话音抽样信号之间的非零自相关性、话音频谱的非平坦特性、话音中清音和浊音成分的存在、话音信号的类周期性等。话音信号的波形是带宽受限的，根据奈奎斯特取样定理，有限的带宽意味着它可以用一定的频率抽样，当抽样频率大于低通信号频率的两倍时，就可以从抽样值中完全恢复话音波形。话音信号的带宽受限特性使抽样成为可能，同时利用前面提到的各种特性还可以使量化操作以很高的效率实现。

话音信号的概率分布密度函数（Probability Density Function，PDF）的一般特性是，在中低幅度处的概率分布高，在幅度很高处的概率分布低，在这两个极端之间单调递减，但是确切的分布情况还要依靠输入带宽和录音条件。为了保持输入信号的PDF与量化电平分布相匹配，可以采用非均匀量化（包括矢量量化）的方法，在概率分布高的地方分配较多的量化电平，而在概率分布低的地方分配较少的量化电平。话音波形幅度的非均匀概率分布密度函数可能是最值得研究的话音信号的特性之一。

话音信号的另一个非常有用的特性是自相关函数（Auto Correlation Function，ACF），即在话音相连的抽样值之间存在很大的相关性。这表明，对每一个话音抽样，有很大的成分可以从前面的抽样值中预测，而且仅有很小的随机误差。ACF是信号抽样值之间的相似性的定量测试，所有的差分编码及预测编码的方案都是以研究这一特性为基础的。

话音信号的功率谱密度（Power Spectral Density，PSD）函数的非平坦特性能够用来在频域内明显地压缩话音编码的比特率。PSD非平坦特性基本上是非零自相关特性在频域中的典型表现，典型话音的长期平均PSD表明，高频部分对整个话音能量的作用很小。这说明在不同的频域上分别进行编码，可以得到明显的编码增益。虽然高频部分对能量作用不显著，但它也携带了话音信息，特别是可能携带话音特征的信息，也需要在编码中充分表现出来。

10.2 话音编码的分类

无线通信系统的容量大都是带宽受限的，采用低码率的数字话音编码可以提高信道容量。采用纠错能力较强的编码技术，还可以保证系统在较低载噪比（*C/N*）条件下的通话质量。话音编码技术对通话质量、带宽利用率和系统容量具有重大影响。在移动通信系统中，只有采用低速率的话音编码，数字调制方案才有助于提高话音业务的带宽效率。同时为了使话音编码具有实用价值，话音编码技术还必须消耗很少的功率。

在实际应用中话音编码器的设计和主观测试是相当困难的。话音编码的目的是在不超过一定的算法复杂程度和通信时延的前提下，占用尽可能少的信道带宽来传送尽可能高质量的话音。通常，话音编码的效率和采取的算法复杂程度之间成正比，算法越复杂，编码效率越高，但相应的时延、费用和功耗也就越高，必须在这两个相互矛盾的因素之间寻求一个平衡点，话音编码技术发展就是使这个平衡点向更低比特率的方向移动。

各种话音编码方式在话音信号的压缩方法上有很大区别。根据压缩方式的不同，可以把话音编码器分成两大类：波形编码器和参量编码器，如图10-1所示。

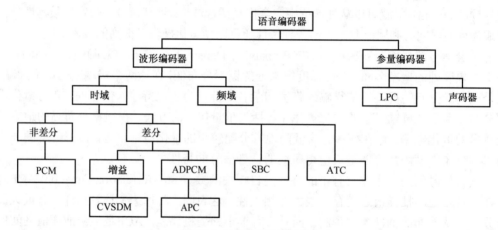

图 10-1　话音编码器的分类

波形编码是直接对模拟话音信号的时域电压波形进行取样、量化和编码，使之变成数字话音信号。波形编码的设计基本上不依赖于信源的特征，因此对各种话音信号进行编码都可以达到很好的效果。它的优点是适用于很宽范围的话音特性以及可以在噪声环境下保持稳定，而且实现这些优点的算法复杂程度和费用比较低。常用的波形编码包括脉冲编码调制（Pulse Code Modulation，PCM）、差分脉冲编码调制（Differential Pulse Code Modulation，DPCM）、自适应差分脉冲编码调制（Adaptive Differential Pulse Code Modulation，ADPCM）、增量调制（Delta Modulation，DM）、连续可变斜率增量调制（Continuously Variable Slope Deltamodulation，CVSD）、矢量自适应预测编码（Vector Adaptive Prencdictive Coding，VAPC）等。为了保证数字话音信号解码后的高保真度，取样速率应满足奈奎斯特取样定理（取样频率大于话音波形最高频率的两倍），并且量化分级数要足够大。因此，波形编码需要较高的编码速率，一般在16～64kbps。波形编码的话音质量很好，但由于它们需要占用的频带较宽，更适用于拥有丰富带宽资源的有线通信中的话音应用，而不适用于频率资源非常有限的移动通信系统中。

参量编码是根据人类语言的发声机理，找出表征话音特征的参量，只对这些特征参量进行编码的一种方法。在接收端，根据所接收的话音特征参量信息，恢复出原来的话音信号。由于参量编码只需要传送话音的特征参量，可以实现很低速率的语音编码，一般在1.2～4.8kbps。线性预测编码（Linear Prencdictive Coding，LPC）及其各种改进形式都属于参量编码。参量编码的优点是编码速率低；缺点是话音质量只能达到中等水平，难以满足商用话音通信的要求。

研究人员综合了参量编码和波形编码各自的优点，提出了混合编码技术，混合编码技术，即具有参量编码的低速率又能提供波形编码的高质量。混合编码是近年来随着移动通信的应用而发展起来的一种新的高性能话音编码技术。在混合编码的信号中，既包含若干话音特征参量信息又包含部分波形编码信息。混合编码的速率一般在4～16kbps，当编码速率在8～16kbps范围时，话音质量可以达到商用话音通信的标准，因此混合编码技术在数字移动通信中得到了广泛应用。移动通信系统在选择各种不同的数字话音编码方案时，应当考虑以下基本要求。

（1）编码速率低。

（2）话音质量高。

（3）有较强的扰噪声干扰和抗误码性能。

（4）编译码时延小，应在几十毫秒以内。

（5）编译码器的复杂程度低，便于大规模集成化生产。

（6）体积小，重量轻，功耗低，适应便携式移动台。

综合考虑以上各种因素，欧洲GSM选用了规则脉冲激励并具有长期预测的线性预测编码（RPE-LPT-LPC）的方案，北美和日本的CDMA系统则采用了矢量和激励线性预测编码（Vector Sum Excited Linear Prediction，VSELP）的方案。

10.3 脉冲编码调制

最基本的波形编码是脉冲编码调制，即PCM。PCM数字信号是通过对连续变化的模拟话音信号进行取样、量化和编码而产生的。PCM的优点是话音质量好，缺点是编码速率高、体积大。PCM不仅可以提供用户话音业务，还可以提供从2～155Mbps速率的数字专线业务、图像传送业务和远程教学等其他非话音业务。

PCM对话音信号每秒钟取样8000次（8kHz），每次取样的量化值为8个比特，总的编码速率为64kbps（8kHz×8bit＝64kbps），它作为第一个数字话音编码标准首先在固定商业电话业务中采用。PCM取样等级的编码有两种标准，欧洲和我国等大多数国家使用A律标准，而北美及日本使用μ律标准，对应有两个体系标准：E1和T1。

脉冲编码调制主要经过3个过程：取样、量化和编码。取样过程将时间连续、幅度连续的模拟信号变为时间离散、幅度连续的模拟信号，量化过程将取样信号变为时间离散、幅度离散的数字信号，编码过程将量化后的信号编码成为一个二进制码组输出。

在任何话音编码技术中幅度量化是一个非常重要的步骤，它在很大程度上决定了整个话音编码的失真大小。

10.3.1 量化噪声

所谓量化就是把一个信号的连续幅值分割成一系列有限的离散幅值的过程，用一组规定的电平，将经过抽样得到的瞬时抽样值进行有限比特的编码，也就是用一组有限长度的二进制编码来表示每一个有固定电平的量化值。

与抽样不同，量化操作是不可逆的。根据奈奎斯特取样定理，只要取样频率大于话音波形最高频率的两倍，就可以没有失真地完全恢复话音波形。而量化是使用有限的阶梯来描述抽样后的连续幅度值（四舍五入，分级取整），必然会产生量化失真。量化失真的大小直接与量化阶梯的数量的平方成反比，如果量化使用了N个比特，那么就会有$M=2^N$个离散的幅度阶梯。

量化后的信号失真通常被建模为加性噪声，称为量化噪声。加性噪声是与信号独立的，它们与信号的关系是相加，不管有没有信号，噪声都存在。可以通过测量输出的量化信噪比（SQNR）来测试一个量化器的性能。基本上可以认为脉冲编码调制是一个话音幅度抽样量化器。PCM话音编码运用8kHz抽样频率，每个抽样的量化编码为8个比特（即有$2^8=256$个幅度阶梯）。PCM编码器的SQNR与用于量化编码的比特数（N）有关，即

$$SQNR = 6N + \alpha \qquad (dB) \tag{10-1}$$

式中，N为量化编码的比特数；

$\alpha = 4.77$表示SQNR的峰值；

$\alpha = 0$表示SQNR的平均值。

可以看出，在量化的过程中，每增加一个编码比特，输出的SQNR会改善6dB。

10.3.2 均匀量化

把输入信号的取值范围按照等间隔分割的量化称为均匀量化。均匀量化的幅度阶梯是等间隔的。即将整个抽样的动态范围均匀地划分成2^N个阶梯，抽样得到的瞬时抽样值根据对应的台阶分级取整进行量化。

均匀量化的好处是编码器和解码器很容易实现。均匀量化的主要缺点是，它产生的量化噪声也是均匀的，与信号在取样点的幅度无关，无论抽样值的大小如何，量化噪声

的均方根值都固定不变。因此均匀量化会出现话音弱时信噪比低、干扰大，而话音强时信噪比高、干扰小的情况。由于话音大都集中在小信号范围内，均匀量化在话音幅度小的时候常常不能满足信噪比的要求，而在话音幅度大时又会出现没有必要的很大余量。通常，把满足信噪比要求的输入信号的取值范围定义为动态范围，可见，均匀量化时信号的动态范围将会受到很大限制。为了克服这个缺点，实际应用中一般采用非均匀量化。

10.3.3　非均匀量化

量化过程中可以通过更有效的方式分布量化电平来改善量化性能。非均匀量化就是根据输入波形幅度的非均匀概率分布密度函数来分布量化电平，在保持量化总级数不变（总编码速率为64kbps）的前提下，把话音抽样的取值范围分成若干个区间，在抽样值小的区间增加量化级数，而在抽样值大的区间减少量化级数。为了设计一个最佳的非均匀量化必须确定量化电平，使信号的失真最小。有一种方式是通过迭代地改变量化电平来确定最佳量化电平，也就是通过使均方失真最小化的方法来改变量化电平。

一个简单而又稳定的非均匀量化器是对数量化器，即先把模拟信号通过一个压缩（对数）放大器，再把压缩的信号通过一个标准的均匀量化器。在接收端，被压缩的量化抽样信号再进行扩张处理，这样量化信噪比就得到了有效的均衡，如图10-2所示。

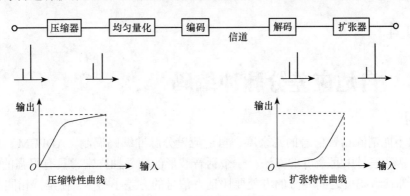

图 10-2　非均匀量化示意图

非均匀量化的实现方法通常有两种标准：一种是欧洲和我国等大多数国家采用的A律压扩，另一种是北美和日本采用的 μ 律压扩。

10.3.4　自适应量化

长期的和短期的话音波形的概率分布密度函数是有区别的，这是由于话音波形是非稳定性的，话音的非稳定性随时间变化的特性，使其动态范围在40dB以上。一个容纳大的动态范围的有效方式，是采用一个随时间改变的量化方式。自适应量化器根据输入信号的功率，改变它的量化阶梯大小，它在时间轴上的收缩和扩张就像一个手风琴。

因为输入话音信号的功率电平改变的速度很慢，因此可以比较容易地设计和实现简单的自适应算法。一个简单的方法是，在任何给定的抽样瞬间，量化器台阶的大小与前一个抽样瞬间的量化输出成比例。因为自适应方式是基于量化器的输出而不是输入，台阶的大小不必单独传送，但必须在接收端再生。两个不同时刻的量化特性如图10-3所示。

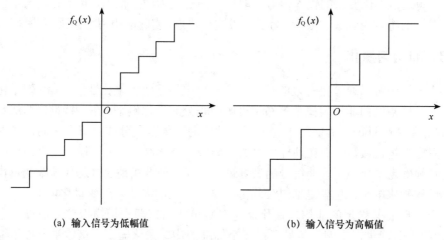

（a）输入信号为低幅值　　　　　（b）输入信号为高幅值

图 10-3　自适应量化的特性

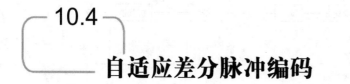

10.4 自适应差分脉冲编码

PCM不能消除话音信号的冗余度，自适应差分脉冲编码调制（ADPCM）是一种能有效解决话音信号中冗余度的方法。一个话音波形的相邻抽样常常具有很强的相关性，这表明相邻话音幅度之间差分的方差要比话音信号的方差小得多。在维持相同的话音质量时，ADPCM允许用32kbps比特率的编码，这是标准PCM的一半。

ADPCM的高效算法已经标准化，CCITT标准G.721 ADPCM算法就是用于32kbps话音编码的，已经应用于无绳电话系统。ADPCM编码器以一种自适应的方式，通过改变量化阶梯的大小来充分利用信号的动态范围，量化器阶梯的大小依赖于输入信号的动态范围，即依赖于讲话者的话音特性，并随时间变化。实际上，自适应性是通过归一化输入信号来实现的，输入信号的归一化，运用了一个从当前输入信号动态区域的预测值得到的比例因子。预测值是从两个分量得来的：一个是快分量，有很快的幅度波动；一个是慢分量，有很慢的幅度波动。接收机中的ADPCM解码器和发射机中的ADPCM编码器由相同的控制信号驱动，解码只是编码的反过程。

在ADPCM编码器中，编码器量化一系列相邻抽样的差分值，解码器通过对已量化的相邻抽样的差分值积分，来恢复原始信号。ADPCM编码器可以运用信号预测技术来实现，预测是以话音信号的自相关特性为基础的。线性预测器不是用来对相邻抽样的差值进行编码，而是用来预测当前的抽样值，然后对预测值与实际抽样值之间的差值（也称预测误差）进行编码。

10.5

频域话音编码

频域话音编码是另一种波形编码技术，它其利用了人类产生及感觉话音的模型。在这类编码中，话音信号被分成一系列的频率成分（频带）并对其单独进行量化和编码。在这种方法中，根据每个频带的感知标准，不同的频带采用不同的编码优先权。这样，量化噪声就仅包含在本频带中，可以避免频带以外的谐波失真。这些方案的优点是，每个频带用于编码的比特数可以动态地改变，并且可以在不同的频带上共享。

不同的频域编码算法的复杂程度各不相同。最常用的频域编码包括子带编码和自适应变换编码。子带编码把话音信号分成许多小的子带，然后根据感知标准来给每个子带编码，用来编码的比特数与各自感知的重要性成正比；自适应变换编码的方法是对抽样的一个加窗序列的短期变换进行编码。

10.5.1　子带编码

子带编码（Sub Band Coding，SBC）可以理解为一种在信号频谱上控制和分布量化噪声的方法。量化是一个非线性操作，它会在很宽的频谱上产生量化失真，但人并不能够分辨所有频率的量化失真。这样就有可能在窄频带的编码上获得可观的质量改善。在子带编码中，话音信号首先通过滤波器被分为4个或8个子带，每个子带以一个奈奎斯特带通频率（比原始话音信号的抽样频率低）抽样，并根据感知标准以不同的量化阶梯来编码。通带的分离有许多方法，一种方法是把整个话音频率分成非均匀的子带，而每个子带对话音清晰度的贡献相同。

  子带1：200～700 Hz。

  子带2：700～1310 Hz。

  子带3：1310～2020 Hz。

  子带4：2020～3400 Hz。

另一种方法是把它分成等宽度的子带，每个子带分配的比特数与感知的重要性成比例。也可以按照音阶划分频带来代替均匀划分，因为人耳的敏感程度随频率上升呈指数下降，这种划分方式与感知过程更加匹配。

处理子带信号有各种不同的方法。有一种方法是用类似单边带调制的方法，把子带信号变换为低通信号，这样可以减少抽样率，而且拥有低通信号编码的优点。

低通变换可以直接利用非交叠的带通滤波器组，但这种方法将产生可感知的声音混叠现象。通过设计一组满足某种对称条件的正交镜像滤波器，能够很好的消除混迭，甚至对于不严格的子带分离也可以消除混迭。这种方法对于实时操作具有相当的吸引力，因为滤波器级数的降低意味着计算量和时延的下降。

子带编码可以用于比特率在9.6～32kbps的话音编码。在这个范围内，话音质量与同等比特率的ADPCM的质量相当，考虑到低比特率条件下的复杂性与相对话音质量，它在低于16kbps比特率时有优势。然而，子带编码与其他高比特率编码技术相比，在高比特率下其复杂程度增加，因此它不适用于高于20kbps的比特率。

10.5.2　自适应变换编码

自适应变换编码（Adaptive Transform Coding，ATC）是另一种频域编码技术，已经被成功地运用于比特率为9.6～20kbps话音编码。这是一个更加复杂的技术，它涉及话音波形加窗输入信号段的块变换。每个输入信号段通过一组变换系数表示并且分别量化和传输。在接收端，量化系数被反变换产生一个原始输入信号段的复制品。

在大部分实际应用的自适应变换编码方案中，在保持总的比特数不变的条件下，对不同的系数，逐帧自适应地改变比特分配，通过随时间变化的统计值来控制动态比特的分配。时变的统计值作为辅助信息传送，这大约需要2kbps的开销。将被变换或反变换的多个抽样分别存储在发射机和接收机的缓存器中，辅助信息同样用来确定不同系数量化阶梯的大小。在一个实际系统中，辅助信息是对数能量谱的近似表示。

在接收端，用对数域的几何内插法来还原频谱，分配给每个变换系数的比特数与其相应的频谱能量成比例。

10.6 参 量 编 码

波形编码的话音质量很好，电路实现也比较简单，但是编码速率比较高。编码速率高意味着需要占用较宽的频率带宽，这将会直接影响到通信系统的容量。在蜂窝移动通信系统中，为了提高系统容量，必须采用速率更低的话音编码技术。研究低速率、高质量的话音编码一直是数字通信领域的一个重要课题。事实上，在刚开始研究话音信号的数字化时，人们就提出了参量编码的概念：对反映话音信号特征的参量而不是对话音信号的时域波形本身进行编码和传输，可以大大降低话音编码的速率。

典型的参量编码是线性预测编码（Linear Predictive Coding，LPC），早在1975年美国国家安全局就制定了有关参量编码的标准，即LPC-10，并在保密话音通信中得到实际应用。LPC的速率可以低至2.4kbps，具有足够的可懂度，但话音质量较差，平均意见评分低于3.0。为了进一步提高话音质量，在LPC的基础上又发展出了多种改进技术。

参量编码与波形编码的原理完全不同，它首先在发送端对话音信号进行分析，得到话音信号的特征参量并进行编码，然后传输特征参量的编码数据，在接收端根据这些特征参量来合成和恢复话音信号。参量编码器在话音生成的过程中，把信号建模为动态系统，并把系统中的某些物理约束量化，这些物理约束是话音信息的有限的描述。参量编码器比波形编码器要复杂得多，但是可以大幅度降低传输比特率。其缺点是稳定性比较差，而且其性能依赖于说话者的话音特征。最流行的参量编码器是线性预测编码器，其他的还有信道声码器、共振峰声码器、倒频谱声码器、话音激励声码器等。参量编码的核心是话音信号特征参量的提取与话音信号的恢复，这将涉及产生话音的物理模型。

10.6.1　基本原理

人类的发音系统和话音产生的机理比较复杂，在对实际话音进行研究分析的基础上，抽取其主要特征，就可以得到便于处理的数字模型。人的发音系统由声带、声道以及次声门系统构成。次声门系统由肺、气管等组成，是产生话音的能量来源；声道从声带的开口即声门处开始，直至嘴唇，包括咽喉、口、舌等；声道的截面积是可变的，取决于舌、唇等器官的位置；次声门系统产生的气流作用于声带后再通过声道后就产生了声音。

根据发声的机制不同，人类的话音分为浊音和清音两大类。浊音又称有声音，英语中的元音和汉语中的韵母都是浊音。当气流通过声门时，如果声带振动并产生一个准周期的空气脉冲，则会发出浊音。声带振动的频率就是基音频率，振动的幅度决定声音的大小，形成浊音波形。声道的作用相当于线性滤波器；清音又称无声音，当气流速度达到某一临界速度时所引起的湍流，此时声带并不振动，声道被噪声状的随机波激励，其幅度一般比较小，波形与噪声相似。简单地说，浊音（如m、n、v）是由声带的类周期性振动产生，而清音（如f、s、sh）是由气流通过声道而摩擦产生。

口腔和鼻腔所形成的声道，相当于一个变截面的管道，其特性与一个特性阻抗变化的变参数传输线相似，具有谐振性，谐振点的频率称为共振峰频率。对于成年人而言，共振峰频率集中在500Hz、1500Hz、2500Hz、3500Hz。

人的整个发声过程可以分成两个步骤：激励和响应。

激励。激励源是由横膈膜压迫肺部产生的气流，气流通过声带的振动产生周期性的浊音或由湍流而产生清音。可以用功率源模拟包括横膈膜和肺部气室的作用，而用激励信号模拟气管、咽喉和声带的作用。功率源可用直流电源或直流/交流变换器来模拟，激励信号可由周期性信号源、噪声源及转换开关来模拟。

响应。响应是由舌、唇、齿等口部器官来控制口腔及鼻腔构成的时变有损谐振器，产生不同的频率响应。可以用线性时变滤波器来模拟。激励信号浊音的频谱为离散频谱，清音的频谱则为均匀的白噪声频谱。时变滤波器的频率响应呈多个谐振峰的曲线。

　　上述模型是人们进行话音数字化参量编码的基础，在实际应用中，通过细致地调整话音生成模型的参数，可以合成出高质量的话音信号。从上述的模型可以看出，决定话音的特征参数是基音、共振峰频率和强度以及清音/浊音判决。发送端只需要把这些特征参数传送到接收端，接收端就可以根据这些特征参数来合成出与发送端相同的话音信号波形。而传送这些特征参数所需要的数据速率大大低于传送波形抽样值所需的数据速率，因此参量编码方式的比特率与波形编码相比可以大大降低。

　　当然，这种低码率的参量编码的码率也有最小限度，由于只传送了话音的主要特征参数，所以合成的话音信号波形只能保持语言的可懂度而会失去一些自然度和声音特质，即低码率的参量编码是以牺牲一定的声音特质为代价的。

　　在参量编码中，话音特征参数的提取是十分关键的。通过对话音的分析发现，话音信号具有准平稳特性，即在10～20ms的时间内可以认为话音特征参数是不变的。话音特征参数的提取可以分段进行，而时间分段一般不大于20ms。话音特征参数的提取是基于数字信号处理的方法，如自相关函数法、平均幅度差值函数法、线性预测等。

　　对基音的提取，首先要进行浊音/清音的判决，然后还要确定浊音段话音波形的周期。基音提取的方法可分为利用话音信号时域特征的自相关函数法、利用话音信号频域特征的提取法、综合利用话音信号时域特征和频域特征的提取法。

10.6.2　线性预测编码

　　线性预测编码属于时间域的参量编码类型，这类编码器从时间波形中提取重要的话音特征参量。将线性预测分析法用于话音参量的编码，能够快速且极为精确地估算话音参数，因而获得了广泛应用。它在低比特参量编码器中非常流行，采用线性预测编码只需要4.8kbps的比特率就可以传输高质量的话音，还可以在更低的比特率上传输较低质量的话音。所谓线性预测指的是一个话音的抽样值可以用过去若干个话音抽样值的线性组合来近似，如果二者的差值的平方和达到最小值，则可以决定唯一的一组预测器的加权系数。

　　线性预测编码系统把声道模拟成一个全极点线性滤波器。滤波器的激励可以是基音频率上的一个脉冲，也可以是随机白噪声，这取决于是清音还是浊音。可以用线性预测技术在时域上得到全极点滤波器的系数，预测原理与ADPCM中所用的原理相似。然而，线性预测编码系统传输的只是预测波形与实际波形之间的误差信号中有选择的特征，而不是传输误差信号本身的量化值。特征参数包括增益因子、基音信息、清/浊音判别等，由此可得到正确误差信号的近似。这个误差值是解码器的激励信号，在接收端用收到的预测系数来设计合成滤波器，合成出话音信号。

　　线性预测编码系统的示意图如图10-4所示。

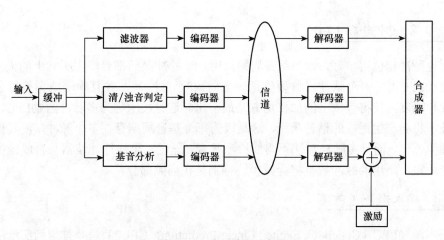

图 10-4　LPC 系统示意图

　　在接收端，不同的线性预测编码方案中再生激励信号的方法是不同的，常用的3种方法是声码器、多脉冲激励和码本激励，如图10-5所示。

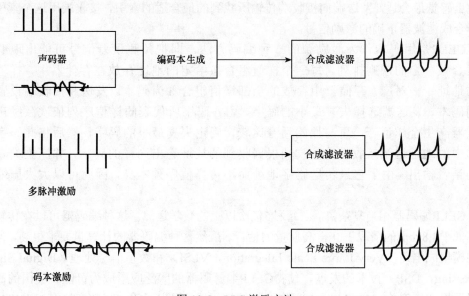

图 10-5　LPC 激励方法

1　声码器

　　声码器LPC方法是最流行的，在接收端使用两个信号发生器，一个是白噪声，另一个是以当前基音速率为周期的系列脉冲。选择激励的方法是根据在传输端所作的清/浊音判定，以及在接收端得到的与其他信息一起传输的清/浊音判定。在传输设备中提取基音频率信息是很难的，再加上激励脉冲的谐波成分之间的相位相干性，常常会使合成的话音产生蝉鸣声。这个问题在多脉冲激励、随机码激励这两种方法中得到了改善。

2　多脉冲激励 LPC

无论脉冲定位得多好，每个基音周期只用一个脉冲激励都会产生听觉上的失真。多脉冲激励LPC用了多个脉冲（典型值是一个周期8个脉冲），并且顺序地调整每个脉冲的位置和幅度，使得频域上的加权均方差最小化。这种技术称为多脉冲激励LPC，采用这种技术将会产生更好的话音质量，这是因为每个基音周期存在多个脉冲，使其更容易估计预测差值，而且多脉冲算法不需要检测基音。通过一个线性滤波器与合成器中的一个基音环路，所用的脉冲数量将会减少，特别是在高频部分。

3　码本激励 LPC

码本激励LPC（Codebook Excited Linear Prediction，CELP）是一种得到广泛应用的话音编码技术，在这种方法中，编码器和解码器有一个随机（平均值为零的白色高斯分布）激励信号的预定编码本。对于每一个话音信号而言，发射机查找每个随机信号的编码本，寻找一个索引，当把该索引对应的信号当作LPC滤波器的激励时，生成的话音在听觉上感觉最合适。发送端向接收端传输所找到的最合适的索引，接收端用这个索引来选择合成滤波器正确的激励信号。

CELP是用码本作为激励源的一种编码方法，即把预测误差信号可能出现的样值组合按一定的规则排列，每一个样值组合按给定的地址存放在存储器中，样值组合与地址一一对应，存储器中存放的全部样值组合称为码本。发送和接收端设置同样的码本，发送端选择失真最小的码字，由各码字所代表的样值序列依次激励声道滤波器产生合成话音，再与原始话音比较，确定失真最小的码字，然后将此码字在码本中的地址送至接收端。接收端根据收到的地址选出同样的码字，并产生失真最小的话音输出。由于它只传送码字地址而不传样值序列本身，因此可以大大压缩数据率。

CELP编码器相当复杂，需要每秒5亿次以上的数学运算。这种编码器可以在传输比特率低于4.8kbps的情况下获得高质量的话音。虽然这种编码器的计算量要求很高，但超大规模集成电路（Very Large Scale Integration，VLSI）和数字信号处理（Digital Signal Processing，DSP）技术的发展，使得CELP编解码器的广泛应用成为可能。美国的高通公司采用变速率（1.2～14.4kbps）的CELP编解码器，提出了第二代数字蜂窝标准CDMA（IS-95）。1995年，高通公司有提出了QCELP13，一个13.4kbps的CELP编解码器可以在14.4kbps的信道上传输。

除了以上3种方法外，还有一种采用剩余误差信号的激励方法：剩余激励LPC（Residual Excited Linear Prediction Coding，RELPC）。RELPC与波形编码器中的DPCMC技术有关。在RELPC编码器中，首先对一个话音帧提取的模型参量和激励参数（清/浊音判定、基音、增益）进行估计，然后合成话音，并从原始信号中减去合成话音，形成一个剩余误差信号。剩余信号被量化和编码后，与LPC模型参量一起传输到接收端。在接收端，剩余信号加到运用模型参量生成的信号中，合成一个与原始话音信号近似的话音，由于加入了剩余误差，合成话音的质量大大改善。

10.6.3　其他类型的声码器

1　信道声码器

信道声码器几乎是第一个实际的话音分析合成系统。信道声码器是频域的声码器，它确定了许多频带话音信号的包络，经过抽样和编码后与其他滤波的输出编码一起多路输出。抽样在每10～30ms同步进行，每个频带的能量信息、语音清/浊音以及基音频率一起传输。

2　共振峰声码器

在概念上，共振峰声码器与信道声码器类似。但共振峰声码器用的比特率可以比信道声码器更低，因为它所用的控制信号更少。共振峰声码器传送频谱包络的峰（共振峰）的位置，而不是传送功率谱包络的抽样。一个共振峰声码器为了表示话音，必须能够识别至少3个共振峰，并且必须控制共振峰的强度。共振峰声码器可以在1.2kbps以下再生话音。然而，由于从人类话音中精确计算共振峰的位置和共振峰转换成话音在技术上很难实现，所以目前还没有很成功的商用。

3　倒频谱声码器

倒频谱声码器通过对数能量谱的反傅里叶变换生成信号倒频谱，分离激励和声道频谱。倒频谱中的低频系数相对于声道频谱包络，高频激励系数形成多个抽样周期内的一个周期性脉冲序列。线性滤波器用于分离激励系数和声音倒频谱系数。在接收端，声道倒频谱系数经过傅里叶变换，产生声道冲击响应。用一个合成激励信号（随机噪声或周期脉冲序列）与冲激响应卷积，可以重新生成原信号。

4　话音激励声码器

话音激励声码器减少了基音提取以及话音判决操作。采用一个低频带的PCM传输和高频信道编码的混合形式。通过提取、带通滤波以及消除基带信号，产生一个能量分布在谐波处并且频谱平坦的信号而再生话音。话音激励声码器工作在7.2～9.6kbps，它的质量高于传统的基音激励声码器。

10.6.4　矢量编码

矢量编码是参量编码领域中的一项突破性技术。矢量编码所传送的不是话音参数本身，而是话音参数的码本号。理论上，矢量编码可实现极低速率的高质量话音编码。

矢量编码是将代表话音的矢量构成一个庞大的码本，在发送端做线性预测时，是在码本中找出预测误差信号最小时所对应的样值组合的地址，然后将这个码本的地址传送给接收端。由于接收端与发送端具有同样的码本，接收端根据接收到的码本地址就可以从码本中获取它所对应的预测误差信号，用该误差信号来激励声道就可得到重建的话音信号。由于在信道中只需要传送矢量在码本中的地址而不是传送样值序列本身，因此可以大大降低信道中的数据速率。矢量编码的关键是建立一个好的码本，对码本的要求如下。

（1）码本中的样值组合应与实际话音信号相近。

（2）码本应尽可能小。

（3）搜索码本的时间尽可能短。

矢量编码的关键问题是产生和搜索码本。码本的产生可以用迭代的方法，利用包含代表观察量的话音的训练序列。先假定一个起始码本，而最佳码字的获得是平均所有训练序列的矢量，它能映射到原始的码字。至于码本的搜索问题，可以采用很多的优化算法来避免进行整个码本的搜索，以缩短搜索时间。

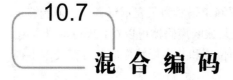

10.7 混 合 编 码

采用线性预测技术的LPC编码器可以实现很低的编码速率，但话音质量较差。其主要原因是激励函数比较粗糙，仅采用了清音和浊音这样简单的激励模型，而实际的话音波形是相当复杂的，这样就会失去许多包含话音特征的信息。针对这些问题，研究人员提出了各种改善话音质量的方法。虽然具体的方法不同，但是基本思路都是试图构成更精确的激励模型作为话音合成器的激励源。

这种编码技术包括两条不同的传输路径：一条路径产生线性预测编码（线性滤波器的系数和增益等）并传送出去，另一条路径过滤出话音波形信号的低频部分，并通过波形编码传送出去。在接收端的话音合成器中，接收到的低频话音信号经过适当组合和平滑处理后作为激励信号输入数字滤波器中来恢复话音信号波形，数字滤波器的系数由接收到的预测参数确定。话音信号的低频部分包括所有关于激励源的必要信息。也就是说，在浊音段，其是周期信号，在清音段，其近似噪声。因此用这种方法产生激励信号就不需要进行浊音/清音判决和基音周期提取。当然，这种方法也要付出一定的代价，为了精确地描述话音信号的低频部分，必须在信道中传送更多的信息，因而其编码速率一般比纯粹的LPC声码器要高一些，通常在4kbps以上，属于中速率话音编码。由于改善了激励信号，使之包含了更多的语音特征信息，因此话音质量改善了许多，而且对于不同的说话者和不同的传输条件，整体的话音质量更加一致。

可以看出，这种改进的线性预测编码是一种混合编码，它不但对话音信号的特征参数进行编码，而且对话音信号的部分波形进行编码。一般来说，混合编码吸收了波形编码和参量编码两者的优点，在编码信号速率和话音质量两方面的性能都比较好。

数字蜂窝移动通信系统中使用的话音编码技术大都是采用混合编码方式，根据激励源的不同构成了不同的编码方案，实际应用的主要技术有以下两种。

（1）欧洲的数字GSM中，采用的是"规则脉冲激励–长时预测–线性预测编码（Regular Pulse Excited-Long Term Prediction-Linear Predictive Ceding，RPE-LTP-LPC）"方案，采用规则脉冲作为激励源。

（2）北美的数字移动通信系统中，采用的是"矢量和激励线性预测编码（Vector Sum Excited Linear Prediction，VSELP）"方案，采用码本激励的方法。

10.7.1　规则脉冲激励–长时预测–线性预测编码

规则脉冲激励–长时预测–线性预测编码是欧洲的研究人员在多种备选方案中经过反复的测试和比较，最后选定的话音编码方案，并作为话音编码的标准用于GSM蜂窝移动通信系统。它的纯话音编码速率为13kbps，加上信道编码后的总数据速率为22.8kbps，语音质量的MOS评分可以达到4.0。

RPE-LTP-LPC采用间距相等、相位与幅度优化的规则脉冲作为激励源，以便使合成波形接近于原话音信号波形。这种方案结合长期预测，消除了信号的多余度，降低了编码速率。同时，这种算法比较简单，计算量适中，易于低成本的硬件实现。

GSM中的话音信号的处理过程是比较复杂的。发送端要进行话音检测，将每个时间段分为有声段和无声段。在有声段，对话音信号进行编码产生编码话音帧；在无声段，对背景噪声进行估计，产生静寂描述帧（SID）。发射机采用不连续发射的方式，即仅在包含编码话音帧的时间段内才打开发射机。SID帧是在有声段结束时发射的，接收端根据收到的SID帧中的信息在无声期间内插入一个舒适的背景噪声，它能够在双方讲话的间歇时间给通话双方一个舒适的声音背景，这更符合人们的通话习惯。

1　编码器

话音编码器的输入信号是频率为每秒8000样本的话音信号抽样序列。如果来自移动台，则是13b均匀量化的PCM信号；如果来自PSTN，则是8b非均匀量化（A律）的PCM信号，此时需要转换为13b的均匀量化信号。编码处理按帧进行，每帧20ms，含160个话音样本，编码后的数据是260b的编码块，编码速率为13kbps（260bit/20ms）。

RPE-LTP-LPC编码器包括5个部分：预处理、线性预测分析、短时分析滤波、长期预测和规则脉冲激励码编码。每个部分又包含若干个处理过程，各部分的功能如下。

（1）预处理。话音信号在编码之前首先要进行预处理，消除信号中的直流分量并进行高频分量的预加重。预处理的目的是为了更好地进行LPC编码分析。它包括两个子处理过程，即偏移补偿和预加重。

（2）线性预测分析。预处理之后的话音信号进入LPC分析部分进行线性预测分析参数的提取。这部分包括5个子处理过程，即分帧、自相关、递归、反射系数映射至对数面积比转换、对数面积比的量化与编码。

（3）短时分析滤波。话音信号当前帧的样本一直保存在存储器中，直到完成LPC参数的计算，然后这些样本被读出并送到八阶短时分析滤波器中。滤波器系数是前一阶段LPC分析所得到的结果再经过解码、插值及反变换求出来的。滤波结果是160个样本的短时余量信号。

（4）长期预测（LTP）。短时分析滤波器输出的余量信号在这一部分做长期预测处理。处理是按子帧进行的，每个帧分为4个子帧，每个子帧含40个样本。在每个子帧中对长期分析滤波器的参数进行估值和更新。

（5）规则脉冲激励（RPE）编码。长时余量信号被送入这一部分进行规则脉冲激励的提取和编码。处理也按子帧进行。长时余量信号首先经过加权滤波，然后进行1：3序列抽取，将一个子帧分成4个子序列，用RPE网格位置来标识。每个子序列有13个样本，选择4个子序列中能量最大的一个作为RPE脉冲序列，经过ADPCM量化编码后发送出去。选中的RPE网格位置和子块中的最大幅度也被量化编码并发送出去。这些信息同时回送到本地RPE解码与重建模块以恢复长时余量信号，恢复的长时余量信号被反馈到长期预测部分，用来恢复短时余量信号。

2 解码器

解码器包含4个部分。RPE解码、长时预测、短时合成滤波和后处理。其中大部分处理子块在编码器也要采用，只有短时合成滤波器和去加重滤波器是新的过程。

（1）RPE解码。这部分包括ADPCM逆量化和RPE网格位置恢复，从接收到的信息中恢复长时余量信号。

（2）长时预测。重构的长时余量信号送给长时合成滤波器进行处理以恢复短时余量信号供短时合成器使用。

（3）短时合成滤波。短时合成滤波器的系数是从接收到的对数面积比经过解码、插值、求反射系数等子块处理后得到的。它的输入为短时余量信号，输出为未去加重的合成话音信号，短时合成滤波器采用格型结构。

（4）后处理。合成滤波器的输出信号被送到无限冲激响应去加重滤波器进行处理，恢复原来的话音信号。

10.7.2 矢量和激励线性预测编码

混合编码方法吸收了线性预测和参量编码的优点，传送预测参数和预测误差信息，从而改善话音的自然度。其中的关键是传递误差信息，即在低码速率条件下如何传递大量的误差信息。采用矢量编码技术是解决这个问题的一个合适的技术途径。矢量和激励线性预测编码（Vector Sum Excited LPC，VSELP）是码本激励线性预测编码中的一种变形。与REP-LTP-LPC不同，VSELP对余量信号处理的方法是采用矢量编码的方法。

CELP建立和搜索码本的运算量很大，而北美和日本采用矢量和激励的方法，码本仅有几个基本矢量。例如，美国采用7个基本矢量，这些基本矢量的组合，可以得到2^7个码字的码本。采用这种码本结构可以大幅度降低运算量，而且具有很好的抗误码性能。

VSELP是矢量编码的一种具体方法。这种编码器用两个码本，分别用"I"和"H"命名，各由128个40维矢量构成。每个激励信号是由码本I、码本H和长时预测时延3者之和所决定，故称为矢量和激励。VSELP也采用了20ms为一帧的分帧处理方法，编解码延迟及其他因素产生的总延迟比RPE-LTP-LPC略大一点。

美国的TDMA数字蜂窝系统USDC（IS-54标准）选用的就是VSELP编码。它采用的码本是事先确定好的结构，从而避免了多余的搜索过程，大大减少了寻找最佳码字的时间。由于采用了矢量和激励的方法以及将码本矢量分解成基矢量叠加的方法，不仅使运算量减少，而且抗误码性能得到了提高。该方案在10^{-2}误码率的条件下仍然能够保持很好的话音质量。在纯编码速率为8kbps时其MOS评分为3.7，基本上与13kbps的RPE-LTP-LPC的质量相当，加上信道编码后总数据速率为13kbps。日本的PDC标准也采用VSELP，纯编码速率为6.7kbps，加上信道编码后总数据速率为11.2kbps。

10.8 话音编码方式的选择

选择合适的话音编解码是设计一个数字移动通信系统的重要步骤。移动通信系统可以利用的带宽是非常有限的，这就需要压缩话音信息的比特率，使系统能够容纳更多的用户。必须在压缩后的话音质量、话音编码的速率、整个系统的花费和系统容量之间寻找一个平衡点。还必须考虑一些其他因素，如端到端的编码时延，编码器的算法复杂性，所需的直流功率，与现有其他标准的兼容性以及语音编码相对传输误码的稳定性等。

移动通信信道主要受传输媒介影响的不利因素包括衰落和干扰。话音编解码器必须对传输误差有足够的稳定性，这是很重要的。依靠现有的技术，不同的话音编码器对传输误差有不同程度的稳定性。提高比特速率并不一定能增加编码器对传输误差的稳定性。例如，在相同的误码率下，40kbps的自适应增量调制（ADM）要比56kbps的对数PCM好。因为用越来越少的比特率来表达话音信号，每个比特的信息量增加，这就需要更多的保护。低比特率参量编码类的编解码器把声道和听觉机制按参数模型化，这些携带的一些重要信息的比特的损失将导致不可接受的话音失真。当传输低比特率编码话音时，根据每个比特对听觉影响程度以及它们对于误差的灵敏程度进行分组，这是相当重要的，根据它们对听觉影响程度的不同，每一组通过不同的前向纠错（Forwarding Equivalence Class，FEC）编码器，提供了不同程度的误码保护。

话音编码器的选择还与小区的大小有关。当小区足够小时，可以通过频率复用来获得更高的频谱利用率，这时运用一个简单的高速话音编解码器即可。在欧洲的无绳电话系统（CT2和DECT）中，它们的小区很小（微小区），甚至无需信道编码和均衡，仅运用32kbps的ADPCM编码器就能获得可以接受的性能。而对于采用较大的小区和低质量无线信道的蜂窝移动通信系统，带宽资源非常有限，而且要支持庞大的用户数量，这时话音编解码器就需要采用低比特率的技术。在卫星移动通信中，小区非常大，但可用带宽很小，为了容纳更多的用户，话音编码采用声码器技术，速率一般在3kbps量级。

多址接入技术是决定一个蜂窝系统的带宽效率的重要因素，这也在很大程度上影响了话音编解码器的选择。美国的USDC系统运用8kbps的VSELP语音编解码器，将模拟系统的容量提高了3倍。由于CDMA系统内部固有的抗干扰和扩展带宽能力，可以运用低比特率的话音编解码器，而无须考虑传输误差的稳定性，传输误差可以用FEC编解码器来纠正。在CDMA系统中，运用FEC编解码器并不会严重影响带宽效率。

系统采用的调制技术的种类也影响了话音编解码器的选择，采用带宽效率高的调制方式，可以降低对于低比特率话音编解码器的要求。各种数字移动通信系统的话音编解码器类型见表10-1。

表 10-1   各种数字移动通信系统的话音编码器

标准	服务	话音编码	
		类型	比特率/kbps
GSM-900/1800	蜂窝	RPE-LTP-LPC	13
USDC（IS-54）	蜂窝	VSELP	8
CDMA（IS-95）	蜂窝	CELP	1.2，2.4，4.8，9.6，14.4
PDC	微蜂窝	VSELP	4.5，6.7，11.2
PHS（小灵通）	微蜂窝	ADPCM	32
CT2、DECT	无绳电话	ADPCM	32

10.9
话音编码的性能评估

根据话音编码技术的话音信号质量，可以用两种方法来估计话音编码器的性能：客观检测法和主观视听法。

　　客观检测可以给出再生话音与原始话音近似程度的一个定量值。客观检测法的指标包括均方误差畸变、频率加权、分段信噪比、清晰度指数等。客观检测法对编码系统的最初设计和仿真是有用的，但它没有办法给出像人耳主观感觉话音质量那样精确的指示。因为接听者才是对话音质量的最后判决，所以客观测试与主观试听测试组成了话音编码器评估的一个完整部分。

　　主观试听的过程是，使测试者在听取话音样本之后，根据主观感受辨别话音质量。话音编码器的评估高度依赖于接听者的具体情况，这是因为质量评价是随着接听者的年龄、性别、讲话的语速以及其他因素变化的。为了模拟真实环境，主观试听法会在不同的条件下进行，如噪音环境、多个讲话者环境等。这些测试的结果是根据整体质量、接听者的努力程度、可懂性、自然度等因素确定的。所有这些测试结果，是很难分别定义等级的，这样就需要一个参考系统，最流行且得到广泛使用的区分等级的系统是平均意见评分或称为MOS定级。这是一个五级的评价系统，每级有一个标准化的描述：很好、好、一般、差、很差。表10-2列出了平均意见评分定级系统。

表 10-2　MOS 质量评估

质量指标	分数	听力指标
很好	5	不需要努力
好	4	不需要很大努力
一般	3	需要中等努力
差	2	需要相当大的努力
很差	1	需要以很大的努力，但不能理解意思

　　话音编码器的MOS定级，一般会随着比特率的降低而降低。表10-3给出的是一些流行的话音编码方式的MOS评分。

表 10-3　编码器性能

编码器		MOS
64kbps	PCM	4.3
14.4kbps	QCELP13	4.2
32kbps	ADPCM	4.1
13kbps	RPE-LTP-LPC	4.0
8kbps	ITU-CELP	3.9
8kbps	CELP/VSELP	3.7
9.6kbps	QCELP	3.45
4.8kbps	CELP	3
2.4kbps	LPC	2.5

本 章 小 结

在数字移动通信系统中，要做的第一件工作就是要将模拟的话音信号进行数字化。采用低速率的数字话音编码可以提高带宽的利用率，增加系统的用户容量。换句话说，话音编码技术对话音质量、带宽效率和系统容量都有重大的影响。

话音编码的基本方法有两种：波形编码和参量编码。波形编码是直接对时域的话音信号波形进行取样、量化、编码而形成数字话音信号。波形编码的话音质量好，但编码速率高，需要占用的频带宽，不适用于带宽资源非常有限的无线通信系统；参量编码是基于人类话音的特征参数进行编码的方式，可以实现很低速率的话音编码，但话音质量较差。而混合编码是一种综合了波形编码和参量编码的新技术，在较低编码速率的情况下，可以达到商用电话系统的话音质量要求，因此在移动通信系统中得到了广泛的应用。

练 习 题

1. 人类的话音信号波形的频率范围一般是多少？
2. 话音编码方式分成哪两大类？优缺点分别是什么？
3. 移动通信系统在选择数字话音编码方案时，应考虑哪些因素？
4. 什么是波形编码？简述PCM 64kbps的话音编码过程。
5. 为什么量化会造成量化噪声？量化噪声的大小取决于什么？
6. 量化的方式主要有哪些？各有什么优缺点？
7. 什么是参量编码？简述基本的编码原理。
8. 线性预测编码中再生激励信号有哪3种基本方法？
9. 什么是混合编码？混合编码的优点是什么？
10. 移动通信系统中最典型的两种混合编码方式是什么？
11. GSM和CDMA（IS-95）系统分别使用哪种话音编码技术？
12. 话音编码的主观评价标准是什么？

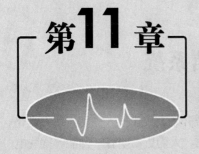

第11章

移动通信系统

现代社会已经进入信息时代，传统的面向固定用户终端的通信系统（固定通信系统）已不能满足人类对信息交流的需求。20 世纪 70 年代，人类开始致力于研究一种能够支持更加灵活高效的信息交流的面向个人的通信系统，移动通信系统就是在这种需求的背景下产生的。

移动通信是现代通信领域最具活力和发展潜力的技术，也是当今社会中最具个性化的通信手段，它的发展和普及从根本上改变了人类的生活方式。移动通信系统的关键是移动性，而实现移动通信的关键技术就是前面介绍的各种无线通信技术。

本章重点内容如下：

- 固定通信系统和移动通信系统。
- 公共信令系统。
- 移动通信系统的传输层次和交换方式。
- 移动数据业务。
- 蜂窝移动通信系统。
- 移动通信系统的发展。

11.1

固定通信系统和移动通信系统

自从电话发明之后，各种提供电话服务的固定通信系统开始大规模投入商用，使人类充分享受到了现代信息社会的方便。随着无线通信技术的发明，人们更希望有一种能够摆脱电话线的束缚、可以随身携带的电话。20世纪70年代初，贝尔实验室提出了蜂窝系统的概念和相关的理论以后，移动通信得到迅速的发展，移动通信系统很快进入了大规模的商用阶段。

固定通信系统中的信息通过陆地通信线路进行传输，这些通信线路包括光纤、铜缆、微波中继以及卫星中继。固定通信系统中的网络配置是静态的，只有当用户搬迁时才需要在本地中心局重新进行登记，相应的网络连接才会改变。

移动通信系统则是一种极其灵活的通信手段，其最主要的特点是移动通信系统的基站与用户终端设备之间采用无线接入。当用户移动到其他基站的覆盖区域时，通信网络将会重新进行配置。固定通信系统是很难改变配置的，而移动通信系统则必须每隔很短的时间就为某个用户重新进行一次配置（可能会以秒计算），以保证移动用户可以实现越区切换和漫游。固定通信系统的带宽可以通过铺设大容量的通信光缆来保证。而移动通信系统面向用户的接入方式是无线信道，可以提供给每个用户的带宽受到无线频率资源的限制，可用的带宽非常有限。现代的移动通信系统普遍采用无线蜂窝技术进行频率复用，因此也称蜂窝移动通信系统。

固定通信系统和移动通信系统并不是两个各自分离的系统，而是作为一个整体构成了覆盖全球的整体的通信网络。

11.1.1 固定通信系统

固定通信系统的典型应用之一是公用交换电话网（Public Switch Telephone Network，PSTN），PSTN是一个高度集成的庞大的固定电话通信网络，它提供了全世界70%以上的固定用户之间的话音通信，如用户住宅电话、企事业单位电话等，同时也为移动电话提供很大一部分的交换服务（如长途交换）。

在PSTN中，每一个城市或同属于一个通信区域内的城镇被称为本地接入和转输区（Local Access and Transport Area，LATA），一般由一个被称为本地交换运营商（Local Exchange Carrier，LEC）的电信运营公司负责管理并实现与外部区域的通信连接。LEC可能是一个本地电话公司，也可能是一个全国性电话公司的本地分支机构。提供长途电话业务的电信运营公司被称为局间运营商（Inter-exchange Carrier，IXC），IXC通过收取长途电话费来维系其长途通信网中的LEC之间的连接。IXC拥有大型的光纤和微波通信系统，这些通信系统将与一个国家甚至一个大陆的LEC都连接起来。大型的全国性电话公司可能同时拥有LEC和IXC，如我国的中国电信和中国联通。

一个最简单的本地固定电话网（又称市话交换网）如图11-1所示。

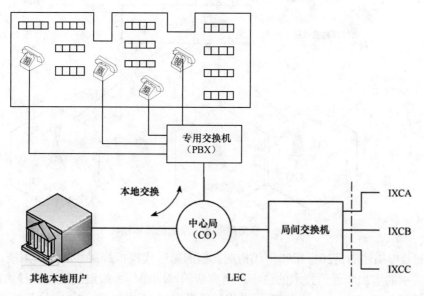

图 11-1　一个最简单的本地固定电话网

通过一个专用小交换机（Private Branch Exchange，PBX），可以在一个建筑物或园区内实现内部电话交换业务，除了需要经由LEC的中心局（Central Office, CO）交换的市话和长话业务以外，PBX可以支持一个企业或单位的内线电话或其他内部通信业务，构成一个内部的专用网络，外线电话则可以通过向LEC和ICX运营商租用线路来实现。

在我国，提供固定电话业务的电信运营商主要有中国电信、中国联通和中国移动下属的铁通公司。在美国，由于反垄断法案的实施，包括AT&T拆分的七大贝尔运营公司（BOC）在内大约有2000家电话运营公司。

11.1.2　移动通信系统

人类对个人通信的广泛需求促进了移动通信系统的高速发展，移动通信系统能够满足那些经常来往于不同地点、不同城市甚至不同国家的移动用户进行话音和数据通信的需要。要想在某个地理区域实现移动通信，必须建立一个由很多基站组成的无线通信系统，以保证能覆盖到该区域内的所有移动用户。基站还要连接到一个称为移动交换中心（MSC）的交换系统，MSC将很多基站和PSTN连接起来。PSTN已经构成了全球性的电信网络，它把全世界范围内的MSC和固定电话交换中心连接起来。

移动通信系统中的每一个基站必须能够覆盖一定的区域，称之为覆盖区（蜂窝小区）。将许多覆盖区连接起来就组成了能够向整个国家甚至整个大陆提供移动通信服务的移动通信系统。蜂窝移动通信系统的基本结构如图11-2所示。

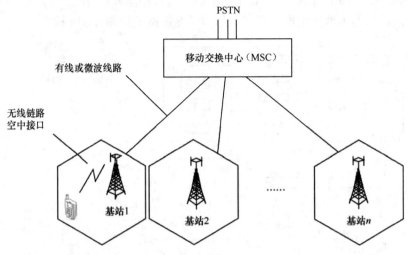

图 11-2　蜂窝移动通信系统的基本结构

图11-2中描述的是20世纪90年代初期典型的第一代模拟蜂窝移动通信系统。随着移动通信需求的增加和通信技术的进步，研究新的移动通信系统已经成为一种主流。

移动通信系统是一个有线和无线相结合的综合通信网络，MSC与基站、MSC与PSTN之间的连接大多使用光纤连接，基站与用户终端之间采用无线接入信道。为了实现移动用户与基站之间的通信，必须建立一个基于无线连接的通信协议，这个协议称为公共空中接口（Common Air Interface，CAI）。CAI实质上是一个有精确规定的通信协议，它精确规定了移动终端和基站之间如何利用无线信道进行通信和实现控制信令的方法。CAI必须提供极高的可靠性并且保证移动终端与基站之间收发数据的准确性，还要规定确切的无线频率、传输速度、多址方式、调制方式和信道编码等。

在基站中，需要去掉移动通信中的空中接口部分（如信令和同步信号），同时保留话音通信功能，并将其传输到移动通信系统中的MSC。一个基站可能需要同时处理100个以上的呼叫，而一个典型的MSC则可能需要同时将100个以上的基站连接到PSTN（相当于需要同时连接10000个呼叫），所以以MSC和PSTN之间在任何时候都需要有大容量的通信保证。移动通信系统的规划和设计取决于它是为单个用户服务还是同时为许多用户服务。

现在的移动通信系统基本上是按照下面的概念和标准来实现的：首先申请移动终端到基站的接续，然后将基站与MSC连接起来，最后将MSC与PSTN连接起来，实现全世界范围内移动用户之间或者移动用户与固定用户之间的通信。

在固定通信系统中，所有的用户终端都是静态的，相比之下，移动通信系统要复杂得多。首先，移动通信系统需要一个连接基站和用户终端的无线空中接口，以保证无论用户在什么地方，都可以为其提供与有线通信质量相当的通信服务；其次，为保证足够的覆盖区域和通信容量，必须在整个的通信有效区域内设立很多基站（有时需要多达几千个甚至几十万个），而且每个基站都要连接到所归属的MSC上；除此之外，MSC最终必须把每个用户终端都连接到PSTN上，这需要一个独立的信令网，使MSC连接到LEC、IXC以及其他的MSC上。

目前移动通信系统所能够达到的通信容量总是无法满足用户对移动通信的要求。这一点在设计MSC时更为明显，现在的一个普通MSC可能需要同时处理100万个用户的通话，而20世纪90年代最复杂的MSC也只能同时处理10～20万个用户的通话。

移动通信系统还有一个特殊的问题，就是无线信道的恶劣和随机特性，用户需要在任何地方和任何移动速度下都能得到通信服务，MSC就必须随时在系统中的基站之间进行用户切换。移动通信系统能够提供的无线带宽是非常有限的，所有的移动通信系统都被限制在一个固定的带宽内，同时又要满足不断增加的用户数量和业务带宽的需求。因此，频率复用技术、多址技术、高效的调制解调技术以及分布式无线接口技术等都是移动通信系统中必不可少的技术要素。随着移动通信系统的业务扩展，基站的数量也会大幅度增加，这也加重了MSC的负担。另外，由于移动用户所处的位置经常变化，移动通信系统的每个环节都需要更多的信息，在MSC中更是如此，不论用户在什么地方都需要为其提供无差错的通信服务。

11.2 公共信道信令

在早期的移动通信系统中，用户终端与基站、基站与MSC之间的信令传输与话音传输占用的是同一个信道，MSC之间传递网络控制数据也是采用带内传输，这种传输被称为随路信令（Channel Associated Signaling，CAS），其严重限制了通信系统的容量。由于信令数据与话音业务占用同一个信道传输，因此信令数据的速率要受到话音信道的限制，同时系统还必须不断地分时处理信令和用户数据。

从第一代模拟蜂窝通信系统开始，普遍开始采用公共信道信令（Common Channel Signaling，CCS）。CCS负责在用户终端与基站、基站与MSC、MSC之间以及MSC与PSTN之间传递信令数据和控制信号。

CCS是一种数字通信技术，其通过带外信令信道实现用户数据、信令数据及其他相关信息的同时传输，在逻辑上把同一个物理信道中的信令数据与用户数据分离开来。CCS是一种带外信令技术，它允许更快的传输速率。CCS支持的信令速率不再受话音信道的带宽限制，可以从56kbps一直到几Mbps，信令数据在逻辑上看似乎是在独立的信令信道中传输的，而业务信道只负责传输用户数据。CCS需要支持的用户数量在不断增加，这就需要一个专门的信令信道，如在以32个时隙为一帧的时分复用信道E1中，第16时隙就是专门用来传输信令信息的，称为信令时隙。

　　由于网络信令是突发而短暂的，信令信道可以工作在无连接方式，这使得分组交换技术得以有效运用，CCS一般采用变长分组格式和分层传输结构。虽然建立一条专门的信令信道必须付出一定的带宽作为代价，但这与在系统中采用CCS后通信容量得到的大幅度提高相比是微不足道的。尽管在概念上CCS占用了一条独立信道，但实际上是在一条物理信道上通过时分复用的方法实现的逻辑信道，用户数据和网络信令仍然是在同一条物理链路上同时传输（如光缆、微波），只不过在逻辑上是相互独立的信道。

　　随着移动通信系统的网络规模和用户数量不断增加，很多MSC需要利用CCS连接到一起，为每个移动用户提供端到端的连接，同时还要在网络出现故障时能够及时得到恢复。在第二代和第三代移动通信系统中，CCS是最基本的网络控制和管理功能的实现形式，不论用户在什么地方，连接着全世界所有MSC的CCS带外信令网，都可以使移动通信系统及时跟踪特定的移动用户，为其提供通信服务。

　　7号信令系统（Signaling System No.7，SS7）是通信系统中广泛采用的公共信道信令。全球大部分蜂窝移动通信系统的MSC之间都是通过SS7相互连接起来的，这是蜂窝移动通信系统实现自动注册与自动漫游的关键技术所在。

　　SS7来源于由CCITT基于公共信道信令系统的带外信令标准，沿着分层传输的思路发展，其采用ISO-OSI的7层体系结构来实现通信，各层之间通过分组数据的虚接口互相通信，由此建立了一个分层传输接口。SS7协议的网络业务部分（Network Service Part，NSP）对应于OSI的下3层，NSP又分为3层消息传输部分（Message Transfer Part，MTP）和信令连接控制部分（Signaling Connection and Control Part，SCCP）。SS7与OSI7层网络模型的比较，如图11-3所示。

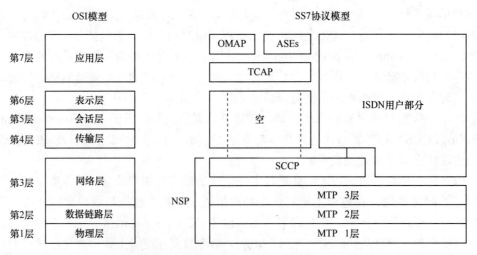

图 11-3　SS7 与 OSI7 层网络模型的比较

OMAP—操作维护和管理部分；ASE—应用业务单元；TCAP—事务容量应用部分；

SCCP—信用连接控制部分；MTP—消息传递部分；NSP—网络业务部分

SS7系统由分布于各地的中心交换局构成，每个局包括信令点（Signal Point，SP）、信令转接点（Signaling Transfer Point，STP）、业务管理系统（Subscriber Manage System，SMS）和数据库应用系统（Database Management System，DBAS），如图11-4所示。

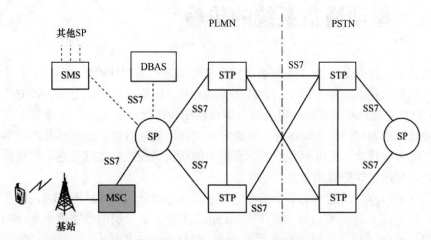

图 11-4　SS7 系统的构成

移动通信系统的MSC通过SP向用户提供到PSTN的接口，MSC可以实现程控交换系统所具备的所有功能，还可以进行移动性的管理。STP控制SP之间的信息交换，为了保证传输的可靠性，一般采用冗余方式，SP之间至少通过两个STP相互连接，这样即使其中的一个STP出现故障，SP之间的连接仍然可以保持。SMS中包括所有用户的记录，并且有供用户免费访问的数据库。DBAS是一个管理数据库，它含有业务记录并监测全网的非法行为。借助SS7、SMS和DBAS能提供各种用户业务和网络服务。

CCS的性能由呼叫建立时间或端到端的信令传输时间来体现。SP和STP之间的传输时延由特定的硬件配置和交换软件的性能决定。随着用户数量的增加，在业务量很大时，CCS需要避免出现信令拥塞，CCS的网络协议提供了几种拥塞控制的方案，可以避免链接失败及节点阻塞。与传统的信令系统相比，CCS有很多优越性，主要优点如下。

（1）建立呼叫快。在CCS中，使用高速信令网传输呼叫建立信息，这使得呼叫建立的时间比传统信令系统要短得多。

（2）中继效率高。CCS中呼叫的建立和释放时间缩短，缩短了网络中的传输用时，在业务量很大时，也能获得很高的中继效率。

（3）支持各种信息的传输。CCS允许在信令传输的同时传输其他信息，如主叫方标志和业务类型标志（话音或是数据标志）。

11.3

移动通信系统的传输

移动通信系统的基本特点是在基站和用户终端之间采用移动无线信道，但是整个系统的运行仍然依赖于陆地上固定的有线和无线连接，如基站与MSC之间、MSC之间以及MSC与PSTN之间的连接需要采用光缆、铜缆或无线（微波、卫星）等通信方式。为了减少物理线路的数量，每条线路都必须能够连续传送高速数据。一些标准的数字信令构成了系统的传输层次，使得拥有大量话音信道的通信系统能够实现互连，这些数字信令的格式普遍采用了时分复用技术。

在北美和日本，最基本的数字信令（Digital Signalling，DS）是DS-0，它在一条双向话音信道上以二进制PCM的方式传递64kbps的数据。第二层的数字信令是DS-1，它将24条全双工的DS-0话音信道时分复用为一条1.544Mbps的信道（其中8kbps用于控制），称为一个T1信道。DS-1信令是在T1型中继线上传输。例如，连接MSC与基站的DS-1信令就是在T1型中继线上使用。

在欧洲，CEPT规定了一个类似的传输层次，第0级（DS-0）同样代表一条双工的64kbps话音信道，但第1级（CEPT-1）是把32条信道集中为一条2Mbps的时分复用数字流，称为一个E1信道。在成复帧的E1信道中，第0时隙是同步时隙，第16时隙是信令时隙，其余的30个时隙（1～15、17～32）用于传输用户数据。世界上大多数的国家（包括我国）都采用了欧洲的这种传输层次结构。

表11-1是两种数字传输层次的说明。

表 11-1 数字化传输中的层次

信令层次	比特率	等效话音路数	传输系统
北美和日本			
DS-0	64 kbps	1	
DS-1	1.544 Mbps（24×DS-0）	24	T1
DS-1C	3.152 Mbps（2×DS-1）	48	T1C
DS-2	6.312 Mbps（4×DS-1）	96	T2
DS-3	44.376 Mbps（7×DS-2）	672	T3
DS-4	274.176 Mbps（6×DS-3）	4032	T4
欧洲及大多数的国家（包括中国）			
DS-0	64 kbps	1	
CEPT-1	2.048 Mbps（32×DS-0）	30	E1
CEPT-2	8.448 Mbps（4×CEPT-1）	120	E2
CEPT-3	34.368 Mbps（4×CEPT-2）	480	E3
CEPT-4	139.364 Mbps（4×CEPT-3）	1920	E4
CEPT-5	565.148 Mbps（4×CEPT-4）	7680	E5

通常，当传输速率超过10Mbps时，需要采用光纤或宽带微波中继，而价格较低的双绞线和同轴电缆可以用于低速率传输的场合。

11.4

移动通信系统的交换

移动通信系统中需要交换的信息容量主要依赖于所传输业务的类型。例如，用户的话音呼叫需要专门的系统接口以保证实时传输，而控制和信令信号时常是突发的，它们可以与其他突发用户共享信道资源。另外，有些业务（如数据业务）不一定需要实时传输。所传输的业务类型决定了移动通信系统的交换策略、采用的协议以及呼叫的处理技术等。移动通信系统中常用的交换方式有两种：面向连接的交换（电路交换）方式和面向虚连接的交换（分组交换）方式。

11.4.1　电路交换

在电路交换方式中，通信路由在整个传输过程中是不变的，一旦呼叫建立，信道资源将被用户独占。由于传输线路是固定的，到达接收端的消息顺序与发信端传输前的顺序是完全一样的，传输时延也是稳定的。在电路交换方式中，为了保证在衰落和干扰环境下传输数据的正确性，主要依赖于各种抗衰落技术（均衡、分集、交织、信道编码等），如果最终进行纠错编码后的数据仍然不足以保证传输的正确性，通信就会被中止，所有的信息必须重新发送。

第一代模拟蜂窝移动通信系统中提供的就是电路交换业务。用户打电话时，首先需要通过呼叫来建立主叫方和被叫方的连接。呼叫建立后，话音信道被用户独占，即在电话的通话过程中，用户终端与基站、基站与MSC、MSC与PSTN之间的信道资源由MSC分配给了特定的用户使用，直到这个特定用户的通话结束，将信道释放，这条信道才能重新分配给其他用户使用。

电路交换不适合用于实现移动数据业务，因为数据业务的传输一般是突发而短暂的，如果采用电路交换，建立通信连接的时间可能比数据传输的时间还要长。电路交换只适合于话音传输或持续不断的长时间数据传输。

11.4.2　分组交换

分组交换方式恰恰相反，它不需要建立一个固定的连接，而采用分组传输，一个消息被分成几个分组数据包，每个数据包可以独立选择路由。一个消息中的不同数据包可能经过不同的路由传输，到达接收端所用的时间也不同。数据包不需要按照发送端的顺序到达接收端，但需要在接收端进行重新排序。由于传输路由各异，有些数据包可能会在传输过程中丢失，但绝大部分数据包都会安全到达，这些数据包被附加上了很多冗余信息（纠错编码），使得在接收端有可能重建丢失的数据包。即使无法重建，也只需要重新传送丢失了的数据包，因此，分组交换可以避免重新传送整个消息。不过每个数据包需要更多的附加信头，典型的信头包括信源地址、信宿地址、路由信息及用于收端排序的信息，这会在一定程度上损失带宽效率。采用分组交换，不需要在呼叫开始时进行呼叫建立，每个消息可以采用突发方式在系统中是独立处理。

分组交换最突出的优点是信息传输不需要独占信道资源。分组交换是无连接业务中最常见的技术，它允许大量的数据用户与同一条物理信道保持虚电路连接。虚连接保证用户可以随时接入这条物理信道中，当用户需要传送数据时不需要通过呼叫来建立独占线路。分组交换将每个消息分成更小的单元来进行传送与恢复，此时一定数量的控制和冗余信息可以添加到每个数据包中以明确信源、信宿以及满足纠错的需要。

典型的分组数据包的格式包括信头、用户数据及信尾，如图11-5所示。

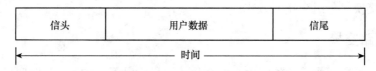

图 11-5 典型分组数据包的格式

信头表示一个新的分组的开始，包括信源和信宿地址、分组顺序号、路由信息以及计费信息等。用户数据中包含了经过纠错编码的信息数据。信尾则包含了一个循环校验码，用于接收端的检错。

与电路交换相比，分组交换在突发短消息传递时有更高的信道利用率，信道只是在发射和接收时才被占用，这在可用带宽受限的移动通信系统中是非常重要的。分组交换无线传输能支持流量控制和重传协议，从而在信道条件恶劣时也能保证高可靠性的传输。

11.5 蜂窝移动通信系统

蜂窝移动通信系统要为某个特定覆盖区的所有移动台建立连接，并且要提供高效的呼叫建立、呼叫传输和越区切换等服务。蜂窝移动通信系统比固定通信系统要复杂得多，一个简单的蜂窝移动通信系统的示意图如图11-6所示。

基站收发信台（Base Transceiver Station，BTS）是蜂窝移动通信系统的基本单元，它是相应覆盖小区内的用户移动台通过无线信道接入到蜂窝移动通信系统的节点。

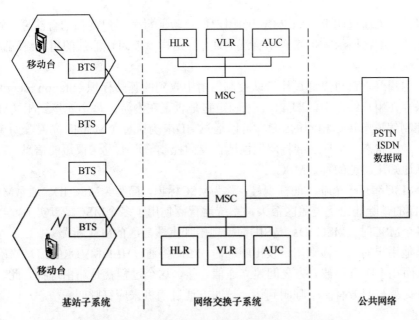

图 11-6　一个简单的蜂窝移动通信系统示意图

BTS通过无线或有线方式连接到某个MSC上，MSC要负责数据交换、移动性管理（如越区切换）和计费过程，并与PSTN协同工作，完成下属BTS与全球通信网之间的信息传输。MSC还要借助SS7信令网来确定处于漫游状态的用户的有效位置并向其转发呼叫，这需要依据一些重要的数据库。这些数据库包括归属位置寄存器（Home Location Register，HLR）、拜访位置寄存器（Visitor Location Register，VLR）和鉴权中心（Authentication Center，AUC）等，这些数据库被用来为蜂窝系统中的用户随时更新位置和注册记录，这些数据库可以在MSC中搭配使用或单独访问。

　　在蜂窝移动通信系统中，为了实现通信，呼叫建立、呼叫传输、越区切换、漫游、注册及路由选择等功能都是必不可少的。当用户从一个基站覆盖的小区移动到另一个基站覆盖的小区时，就会出现所谓的越区切换。漫游也是蜂窝移动通信系统的基本功能之一，当一个移动用户离开其最初登记的MSC（归属MSC）的覆盖区时，其就成为一个漫游用户。对允许漫游的蜂窝移动通信系统而言，为了确保PSTN能向每个移动用户提供话音接口，所有的漫游用户（即使其并非正在呼叫）都需要向其当时所在地的MSC（拜访MSC）注册，通过注册，漫游用户告知工作中的MSC的存在及位置。注册后，用户的注册信息被保存在拜访MSC处的VLR中，同时相应的注册信息被传回到用户的归属MSC，用于更新HLR中的用户信息（在HLR中标注漫游信息）。

　　HLR包括了所有最初在归属MSC覆盖区内登记入网的移动用户，漫游用户与本地用户的服务计费标准是不同的，所以MSC必须区分每个呼叫是来自本地用户还是漫游用户；VLR中包含了所有漫游到拜访MSC覆盖区的用户的注册信息，VLR中的注册信息是随时间而改变的，MSC首先通过确定漫游用户而更新VLR，然后再访问VLR获得漫游用户的信息；AUC通过HLR或VLR登记的用户信息验证每个用户终端的合法性，如果验证不能匹配，AUC将指示MSC禁止不合法的通话，这样就能阻止非法的用户终端接入到移动通信系统中。

每个用户终端都可以通过比较从控制信道中收到的基站标识（Station Identity，SID）和原来保存在用户终端中的归属SID来确定它是否正在漫游。每个连接到相同MSC上的基站在控制信道中传送相同的SID，可以通过SID来确认每个MSC的位置。如果确认自己是处在漫游状态，用户终端将周期性地在反向控制信道上发送很短的信息，以便将其注册信息通知漫游地的拜访MSC。

每个MSC都有一个唯一的标识号，称为MSC标识，简写为MSC ID。通常MSC ID与SID是一样的，除非由于覆盖区很大，系统运营商使用了多个MSC。事实上，当一个覆盖区有多个MSC时，MSC ID就是SID简单地附加上覆盖区的MSC标号。

当其他用户向一个移动用户发出呼叫时，MSC将通过HLR和VLR的信息来确定一条路由，从而在主叫方和被叫方之间建立通信连接，这个过程就是路由选择。此时，要提供振铃来提醒被叫方有一个呼叫到达，被叫方通过摘机来应答呼叫。

11.6 移动通信系统的发展进程

蜂窝移动通信系统的概念和理论在20世纪70年代由美国贝尔实验室提出，但是，由于其复杂的控制系统，尤其是需要实现对移动台的控制，在当时的技术条件下还无法真正实现商用。直到20世纪70年代末，半导体技术的成熟和大规模集成电路及微处理器技术的发展以及表面贴装工艺的广泛应用，为蜂窝移动通信系统的产品实现提供了技术基础，因此移动通信行业进入了高速发展的阶段。

1975年，美国联邦通信委员会（Federal Communications Commission，FCC）正式开放了移动电话市场，确定了陆地移动电话通信和大容量蜂窝移动电话的频谱，为移动通信系统的商用作好了准备。世界上第一个移动电话通信系统是1978年在美国芝加哥开通的，但当时采用的并不是蜂窝技术，支持的用户数量非常有限。蜂窝移动电话系统后来居上，1979年，AMPS模拟蜂窝移动电话系统在美国芝加哥开始试运行，1983年12月在美国正式投入商用。

在蜂窝移动通信系统中，每一个地理范围（通常是一座大中城市及其郊区）都有很多个BTS，并受一个或多个MSC的控制。在这个区域内任何地点的移动台都可以通过无线信道、BTS和MSC，最终实现与其他移动通信系统或PSTN的连接，真正做到随时随地同世界上任何地方的用户进行通信。同时，在两个或多个蜂窝移动通信系统之间，只要体制相同，还可以进行自动和半自动的兼容使用，从而扩大了移动台的活动范围。从理论上讲，蜂窝移动通信系统可以容纳无限多的用户。

到目前为止，投入商用的蜂窝移动通信系统已经发展到第三代，而且第四代移动通信系统也已经处在实验运行阶段。

1　第一代移动通信系统

第一代蜂窝移动通信系统是一个基于模拟调制技术的通信系统，采用模拟调频方式，无线信道的双工方式为FDD，多址技术为FDMA。由于受到模拟通信技术的限制，1G存在很多无法克服的缺点，现已被更先进的数字蜂窝移动通信系统所取代。

2　第二代移动通信系统

第二代移动通信系统是一个窄带的数字通信系统，可以提供比1G系统更大的容量和更加优质的话音通信服务，还可以提供低速的数据业务和短消息业务。2G采用的是数字编码和调制技术（如话音编码、PCM编码、卷积编码、FSK或PSK调制等），无线信道的双工方式包括FDD和TDD两种技术，多址方式综合采用了FDMA＋TDMA或FDMA＋CDMA方式。

3　第三代移动通信系统

第三代移动通信系统是一个可以提供综合业务的宽带数字通信系统，可以提供2Mbps左右的中等速率的数据业务。3G采用了更加先进的数字编码和调制技术（如Turbo编码、8PSK和16QAM调制等），无线信道的双工方式包括FDD和TDD，多址方式普遍采用了宽带CDMA技术。

4　第四代移动通信系统的展望

第四代移动通信系统目前的定义基本上是集3G与WLAN的功能于一体，并且能够传输高质量的视频图像，它的图像传输质量与高清晰度电视不相上下。4G能够提供100Mbps的下载速率和20Mbps的上传速率。在用户最为关注的价格方面，4G与固定宽带网络在价格方面不相上下，而且计费方式也更加灵活，用户可以根据自身的需求确定所需的服务。显然，4G有着现在所有的移动通信系统所不可比拟的优越性。

本 章 小 结

移动通信系统的大规模商用是人类通信史上的一场革命，在系统中引入蜂窝概念是移动通信技术的重大突破。随着数字通信技术的发展，现在的移动通信网络都是基于数字无线通信技术和数字网络技术，数字化可以获得更大的通信容量和最好的通信质量。

与以往模拟系统相比，采用数字无线技术后，空中接口的服务质量和频谱效率都大大提高。在保证传统电话业务的前提下，新的数字移动通信系统还可以采用分组交换的方式提供数据业务，将信号存储后以分组的形式在空中接口进行传输。

移动通信系统在短短的二三十年时间内，经历了从模拟系统到数字系统、从窄带电话系统到宽带综合业务系统的发展历程，目前投入商用的移动通信系统已经发展到第三代，第四代移动通信系统的技术标准也已经开始建立，实验性的4G网络已经开始规划和建设。移动通信系统的发展已经成为全世界范围内的一个热点，而且这一趋势还会继续延续下去。

练 习 题

1. 固定通信系统的基本结构是什么？
2. 移动通信系统的基本结构是什么？
3. 什么是CCS信令？有哪些主要优点？
4. 世界上主要有哪两种数字传输层次？简述其速率等级。
5. 通信中常用的交换方式有哪两种？分别适合哪类业务？
6. 分组交换有哪些主要优点？
7. 蜂窝移动通信系统的基本组成结构是什么？画出其基本结构图。
8. 蜂窝移动通信系统的主要功能是什么？
9. 简述移动通信的发展历程。

第12章

第一代移动通信系统

蜂窝移动通信系统的出现是移动通信的一次革命，其蜂窝频率复用技术大大提高了频率利用率并增加了系统容量，网络的智能化实现了越区切换和漫游功能，扩大了用户的服务范围。早期的移动通信系统是使用单个的大功率发射机和高塔，覆盖范围可以超过 50km，仅能以半双工模式提供话音服务，而且可以同时通话的用户数量非常有限。真正大规模投入商用的是采用了无线蜂窝技术以后的第一代模拟蜂窝移动通信系统，其中，最具代表性的第一代移动通信系统是美国的 AMPS 和欧洲的 TACS。

第一代移动通信系统有很多不足之处，如容量有限、体制众多、互不兼容、保密性差、通话质量不高、不能提供数据业务、不能提供自动漫游等，这些问题的根源主要是采用了模拟技术。第一代移动通信系统作为现代移动通信系统的基础，有必要对第一代移动通信系统有一个基本的了解。

本章重点内容如下：

- AMPS 移动通信系统。
- TACS 移动通信系统

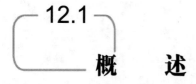

概　　述

第一代模拟蜂窝移动通信系统的商用开始于20世纪70年代末、80年代初，典型代表是美国的AMPS和后来由欧洲一些国家开发的改进型系统（TACS、NMT等）。

（1）AMPS（Advanced Mobile Phone System，高级移动电话系统）是20世纪70年代末由美国开发出的世界上第一个模拟蜂窝移动通信系统，使用800MHz频段，在美洲和部分环太平洋国家得到了广泛的应用。

（2）TACS（Total Access Communications System，全接入通信系统）是20世纪80年代初由英国等欧洲国家在AMPS的基础上开发的改进型的模拟移动通信系统，使用900MHz频段。我国在20世纪80年代末大规模引进的第一代移动通信系统主要是TACS系统。

（3）NMT（Nordic Mobile Telephony，北欧移动电话）是瑞典、芬兰、挪威和丹麦等北欧国家在20世纪80年代初开发的模拟移动电话系统。NMT系统在包括俄罗斯在内的一些欧洲国家安装使用。

第一代模拟蜂窝移动通信系统主要由移动台、基站和移动交换中心等子系统组成，网络结构如图12-1所示。

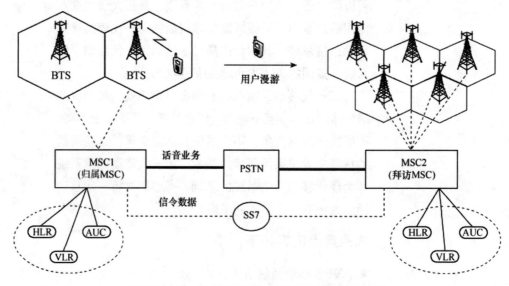

图 12-1　第一代模拟蜂窝移动通信系统组成示意图

HLR—归属位置寄存器；VLR—拜访位置寄存器；AUC—鉴权中心

　　第一代蜂窝移动通信系统可以提供移动用户之间的话音和简单的低速率数据通信。话音信号首先通过标准的时分复用技术进行数字化，然后在MS与BTS、BTS与MSC、MSC与PSTN之间传输。MS和BTS之间的无线信道采用的是模拟频率调制。

　　MSC是整个系统的运行中心，MSC负责所属服务区的电话交换和系统管理。它拥有每个移动用户终端的相关信息，并且管理它们的越区切换和漫游，同时还要完成所有的网络管理功能，包括呼叫接续、维护、计费以及监控服务区内的非法行为等。MSC一般通过陆地通信线路和汇接交换机连接到PSTN上，同时还通过专用的信令信道与其他MSC连接，以便于相互交换用户的位置、权限和信令信息。在第一代蜂窝电话系统中，PSTN负责长途电话业务，SS7信令系统负责传输信令以实现呼叫接续。

　　蜂窝移动通信系统需要与在网络覆盖区域内登记的所有用户随时保持联系，一旦移动电话处于开机状态，它就一直监测附近基站中信号最强的控制信道，这样才能保证处于任何位置的移动用户都可以随时收到对它的呼叫信息。

　　自动漫游是蜂窝系统的重要功能。当用户漫游到其他MSC负责的服务区内时，蜂窝系统必须为其重新进行登记，同时取消其在原先所属的MSC服务区的注册。这样，当用户来往于不同的MSC覆盖区时，蜂窝系统仍然可以把呼叫连接到用户那里。

　　不同运营商的相同体制的系统之间也可以漫游，这称为运营商间漫游。在20世纪90年代初期，漫游于不同模拟蜂窝系统之间的用户必须在其每次进入一个新的服务区时都重新手动注册一次，这需要用户通过呼叫系统管理员来申请登记。20世纪90年代中期以后，美国的蜂窝系统运营商采用了新的网络标准（IS-41），允许MSC在需要的时候把其用户信息传送给其他运营商的MSC，蜂窝系统可以自动配置漫游到其覆盖区的用户。

　　IS-41的实现依赖于AMPS的自动注册的功能，用户移动台通过自动注册将其方位告知为向其提供服务的MSC。移动台通过周期性读取和传送其注册信息来实现自动注册，MSC在此基础上实现用户注册表的及时更新。每隔5～10min，注册命令就被放到每个控制信道的信头中向移动台发送，其中包含一个定时器供移动终端确定它应在何时向所在地的基站回复其注册信息。每个用户移动台在短暂的注册期内，传送其移动识别号（Mobile Identify Cation Number，MIN）和电子序列号（Electronic Serial Number，ESN），MSC根据接收到的注册信息刷新其覆盖区内的用户列表。MSC通过每个正在使用的移动台的MIN来区分它是本地用户还是漫游用户，并且分别在归属位置寄存器和漫游位置寄存器中建立一个实时用户列表。IS-41允许相邻系统的MSC自动处理漫游用户的注册和位置信息，用户不必进行手动注册，系统会为每个新的漫游用户产生一个VLR列表，并通过IS-41通知其归属MSC更新自己的HLR。

12.2

高级移动电话系统

20世纪70年代末，美国AT&T的贝尔实验室开发出了美国第一个模拟蜂窝电话系统，称为AMPS。AMPS于1983年在美国芝加哥的市区和郊区正式投入商用。联邦电信委员会将800MHz频段上共40MHz频谱分配给了AMPS；1989年，随着蜂窝无线通信需求的增长，又分配了额外的10MHz频段给蜂窝无线通信，总共可以提供832个30kHz的双向信道。第一个AMPS系统采用宏蜂窝覆盖，这样可以大幅度减少最初的设备投资，在芝加哥运行的AMPS系统覆盖了大约2100平方英里的区域。

通过对系统的主观测试，AMPS的30kHz信道需要18dB的载干比（C/I）才能满足性能要求。当采用120°定向天线时，满足这一要求的最小复用因子$N=7$，因此AMPS采用了7/21的小区复用模式，并且可以在需要时进一步采用裂向和小区分裂来提高系统容量。

世界各地区的第一代模拟蜂窝系统广泛采用了AMPS，特别是北美、南美和澳大利亚等地区和国家。在美国，当时的市场是一种双头垄断的模式，即每个市场都有两个相互竞争的运营商，这样，美国的A、B两个AMPS运营商只能各自使用416个信道（总信道数的一半）。其他国家往往只有一个运营商，AMPS运营商可以使用全部可能的信道（832个）。尽管各国的AMPS频率分配各有不同，但其空中接口标准在全世界是一致的。

12.2.1 AMPS 系统概述

与其他的第一代模拟蜂窝系统一样，AMPS在无线信道中采用的调制方式是模拟调频，双工方式是频分双工，多址方式是频分多址。

AMPS从移动台到基站的反向（上行）信道使用的频段的是824～849MHz，从基站到移动台的前向（下行）信道使用的频段是869～894MHz。每个双向无线信道实际上是由一对频分双工的单向信道组成，双向信道的系统带宽是25MHz，反向信道和前向信道之间彼此的双工频率间隔是45MHz，这是为了用户移动台可以采用选择性好而且价格低的频分双工器。25MHz的系统带宽通过FDMA多址方式划分成832个30kHz的无线信道（在系统带宽的高端和低端各保留了20kHz的保护带宽）。AMPS的FM调制器的最大频偏是±12kHz。在AMPS中，控制信道信息和空白-突发数据流以10kbps传输，这些宽带数据流的最大频率偏差是±8kHz。

AMPS一般需要建立较高的铁塔，用来安装若干个发射和接收天线，由于采用的是宏蜂窝覆盖的大区制，基站发射机的有效发射功率需要几百瓦。每个基站通常有一个控制信道发射机（用来在前向控制信道上进行广播）、一个控制信道接收机（用来在反向控制信道上监听移动台的呼叫请求）以及8个或更多的FDMA双工话音信道。商用的

AMPS基站可以支持多达57个话音信道。

　　每个基站在前向控制信道（FCC）上始终连续发送广播数据，处于空闲状态的移动台可以锁定在所在区域信号最强的FCC上。所有的移动台都必须锁定一个FCC才可以发起或者接收呼叫。基站的反向控制信道（RCC）接收机，持续监听锁定在相应FCC上的移动台发送的消息。在AMPS系统中共有42个控制信道，这些控制信道所对应的无线信道是标准化的，系统中的任何一个移动台只需要扫描这些标准的控制信道就可以找到最好的服务基站。在美国的AMPS系统中，A、B两个系统运营商各有21个控制信道。

　　前向话音信道（Forward Voice Channel，FVC）承载电话通信中来自PSTN或其他移动用户的主叫信息，将其送至蜂窝系统用户；反向话音信道（Reverse Voice Channel，RVC）承载电话通信中来自蜂窝系统用户的主叫信息，将其送至PSTN或其他移动用户。实际上在不同的AMPS系统的具体配置中，根据话务量的大小和其他基站的位置，在一个特定基站中使用的控制和话音信道的数量会有很大的不同。同一个AMPS业务区内的基站数量和分布也有很大不同，如在一个大城市的市区可能有几百个基站，而农村地区的基站数量很少。

12.2.2　AMPS 的呼叫处理

　　当PSTN中的一个普通电话发起对一个AMPS移动用户的呼叫并到达MSC时，MSC将在系统中每个基站的所有FCC上同时发送一个寻呼消息及用户的移动标识号。被叫的用户移动台在它锁定的FCC上成功接收到对它的寻呼后，就在RCC上回应一个确认消息。MSC接收到用户的确认后，指令该基站分配一对前向话音信道和反向话音信道给被叫的用户移动台，这样新的呼叫就可以在指定的话音信道上进行。

　　该基站在将呼叫转移到话音信道的同时，分配给用户移动台一个监测音（SAT）和一个语音移动衰减码（Voice Mobile Attenuation Code，VMAC），用户移动台自动将其频率调整到所分配的话音信道上。SAT音的频率是规定的三个不同频率中的一个，使基站和移动台能够区分位于不同小区中的同信道用户。在一次呼叫中，SAT音以音频波段上的频率在前向和反向话音信道上连续发送。VMAC指示用户单元在特定的功率水平上进行发送。

　　当一个移动用户发起呼叫时，用户移动台首先在RCC上向基站发送消息。用户移动台发送它的移动标志号、电子序列号、站分类标识和目的电话号码。如果基站正确收到了该消息，则将其发送到MSC，由MSC检查该用户是否已经合法登记，验证通过之后将用户连接到PSTN，同时通过FCC分配给用户移动台一对FVC和RVC以及特定的SAT和VMAC，这一系列的过程完成后，用户就可以通话了。

　　在AMPS中，当正在为某个移动台提供服务的基站所接收到的RVC信号低于一个预定阈值（或者SAT音受到一定电平的干扰时），就会由MSC做出切换决定。阈值由系统运营商在MSC中进行设置，它必须不断进行测量和改变，以适应用户数量的增长、系统扩容以及业务流量模式的变化。MSC在相邻的基站中利用定位接收机来确定需要切换的特定用户的信号电平，这样MSC就能够找出可以接受切换的最佳邻近基站。在一个典型的呼叫中，随着用户在业务区内的移动，MSC会发出多个空白-突发指令，使该用户在不同基站的不同话音信道之间进行切换（越区切换）。空白-突发信令使得MSC可以在话音信道上发送突发数据，这时会暂时中断话音数据和SAT音的发送，而用信令数据来取代它们，只不过这种情况一般不会被通话中的用户感觉到。

当一个来自PSTN或其他移动用户的新呼叫请求到达，而被叫用户所在小区的基站的所有话音信道都已经被占用时，MSC将保持该PSTN线路或无线信道的连接，同时指示当前基站在FCC上发送一个"定向重试"给被叫用户。定向重试控制被叫用户移动台切换到另一个不同基站的控制信道上请求话音信道分配。该定向重试命令能否使呼叫成功建立取决于无线信号的传播情况、用户的特定位置以及用户所定向基站的当前业务量。

很多种因素都有可能导致业务质量的下降、掉话或者阻塞。影响系统性能的主要因素包括MSC的性能、特定地理区域内的当前业务流量、特定的信道复用方式、相对于用户密度的基站数量、系统中用户之间特定的传播条件、切换信号阈值的设定等。在一个用户密集的区域里，由于系统的复杂性以及缺乏对无线信号覆盖和用户使用模式的控制，保持优良的业务和呼叫处理质量是非常困难的。尽管AMPS的系统运营商一直在努力预测用户的增长，尽力提供良好的覆盖和足够的容量，避免系统中的同频干扰，但掉话和阻塞仍然不能完全避免。在一个大城市的AMPS中，在业务非常繁忙的情况下，通常会有3%～5%的掉话率和超过10%的阻塞率。

12.2.3 AMPS 的空中接口

移动通信系统使用无线信道来发送控制信令和话音数据，用户移动台和基站之间的无线接口也称空中接口，相应的接口标准称为空中接口规范。在AMPS系统中，每个基站同时都使用FCC来寻呼用户移动台，提醒移动台呼叫到达或者将已经连接的呼叫转移到指定的话音信道上。在FCC上发送的信息中包括开销消息、移动台控制消息或控制文件消息。移动台则通过RCC来发起呼叫或着回复确认信息。话音数据则是分别使用FVC和RVC进行发送和接收。AMPS的空中接口规范见表12-1。

表 12-1 AMPS 的空中接口规范

参数		AMPS 规范
双工方式		FDD
多址方式		FDMA
反向信道频率		824～849MHz
前向信道频率		869～894MHz
信道带宽		30kHz
总信道数		832
话音调制		FM
峰值偏差	话音信道控制	±12kHz
	宽带数据	±8kHz
数据传输信道编码		前向：BCH(40，28) 反向：BCH(48，36)
控制/宽带信道上的数据速率		10kbps
带宽效率		0.33bps/Hz

12.2.4　话音的调制和解调

在进行FM调制之前，话音信号要经过压扩器、预加重滤波器、偏差限幅器和后偏差限幅滤波器处理。在接收机中，解调的处理过程正好和调制相反。AMPS的话音调制过程如图12-2所示。

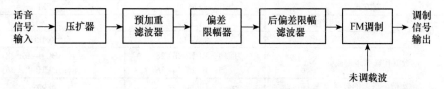

图 12-2　AMPS 系统的话音调制过程

（1）压扩器。为适应较大的话音动态范围，要求输入信号的幅度在调制之前进行压缩。压缩由一个2∶1的压扩器完成，即输入电平每上升2dB，输出电平上升1dB。压扩限定了30kHz信道带宽的能量并在话音突发时产生静音效果。在接收机端进行与压缩相反的扩张操作，可以用最小的失真恢复话音。

（2）预加重滤波器。压扩器的输出信号经过一个预加重滤波器，它的标称值在300Hz和3kHz之间，具有每倍频程6dB的高通响应。

（3）偏差限幅器。偏差限幅器可以确保AMPS移动台的最大频率偏差限制在±12kHz以内，而监测信号和带宽数据信号不受这一限制。

（4）后偏差限幅滤波器。通过一个后偏差限幅滤波器对偏差限幅器的输出进行滤波。这是一个低通滤波器，后偏差限幅滤波器确保实现对超过规定频带辐射的抑制，还要保证呼叫中始终存在的SAT音与话音信号之间不发生干扰。

（5）FM调制。1AMPS采用模拟调频方式，调制信号的带宽为30kHz。

12.3

全接入通信系统

TACS是欧洲在20世纪80年代中期开发的第一代模拟蜂窝系统，除了工作频段和信道带宽不同以外，与AMPS的技术标准基本一致。还有一个不同是移动标志号的格式，这是为了适合欧洲的国家代码。TACS和AMPS空中接口规范的对比见表12-2。

表 12-2　TACS 和 AMPS 空中接口规范对比

参数	AMPS	TACS
双工方式	FDD	FDD

续表

参数		AMPS	TACS
多址方式		FDMA	FDMA
反向信道频率		824～849MHz	890～915MHz
前向信道频率		869～894MHz	935～960MHz
信道带宽		30kHz	25kHz
调制方式		FM	FM
峰值偏差	话音信道控制	±12kHz	±10kHz
	宽带数据	±8kHz	±6.4kHz
数据传输信道编码		前向：BCH(40，28) 反向：BCH(48，36)	前向：BCH(40，28) 反向：BCH(48，36)
控制/宽带信道上的数据速率		10kbps	8kbps
带宽效率		0.33bps/Hz	0.33bps/Hz
总信道数		832	1000

本 章 小 结

　　20世纪80年代初，第一代模拟蜂窝移动通信系统的商用，带来了一场革命性的通信变革，人类首次摆脱了电话线的束缚，开创了移动通信系统的新纪元。

　　由于受当时的技术条件限制，第一代模拟蜂窝移动通信系统存在很多缺点。例如，多个系统之间没有公共接口，很难开展数据业务；频谱利用率低、无法适应大容量的通信需求；安全保密性差、容易被窃听和盗号等。这些缺陷是由于当时电子信息技术的发展阶段而造成的必然结果，随着现代数字通信技术的发展，第一代模拟通信系统已经退出了历史舞台。但是，第一代移动通信系统已基本建立起了现代移动通信系统的基本架构，现在的数字移动通信系统仍大量采用了这个基本的网络架构。

　　也正是由于这些缺点，严重制约了第一代模拟移动通信系统的进一步大规模商用，尤其是在欧洲，随着欧洲经济一体化进程的发展，欧洲各国的移动通信系统之间没有公共接口，相互之间不能漫游，给用户造成了极大的不便。因此欧洲最早开始致力于开发统一的泛欧数字移动通信系统，这就是第二代移动通信系统的典型代表——GSM。

练 习 题

1．第一代移动通信系统的典型系统有哪些？

2．AMPS采用的调制方式、双工方式、多址技术是什么？

3．AMPS的前向和反向信道的频率范围是多少？

4．AMPS的系统带宽是多少？每个业务信道的带宽是多少？

5．为什么AMPS总共有832个双向信道？

6．TACS与AMPS的主要不同是什么？

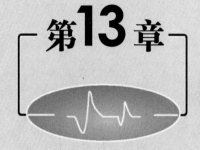

第13章

第二代移动通信系统

第一代移动通信系统的用户容量和通信质量受到模拟调制技术的限制，显然无法满足大城市中移动用户数量急剧增加的需要，如何提高蜂窝系统的用户容量和通信质量是移动通信发展的主要问题，采用大量数字技术的蜂窝移动通信系统在这两个方面可以提供很大程度的改善。

第二代移动通信系统的主要特征是完全采用数字技术，包括数字信号处理、数字调制等。2G 在 20 世纪 90 年代初开始投入商用，最典型的系统是欧洲的 GSM 和北美的 CDMA（IS-95）。2G 的主要技术特点如下：

采用了抗干扰性能良好的数字调制技术。

采用了功率控制技术解决大尺度衰落和远近效应问题。

采用了均衡、分集、信道编码等技术解决小尺度衰落问题。

采用了数字话音编码技术提供低码率、高质量的话音通信。

本章重点内容如下：

● GSM。
● CDMA（IS-95）移动通信系统。

概　述

第二代移动通信系统是以传送话音和数据业务为主的窄带数字通信系统，典型的系统有USDC、GSM、CDMA（IS-95）和日本的PHS等。2G除了可以提供话音服务之外，还可以提供低速率的数据服务和短消息服务。

2G普遍采用了数字话音编码、信道编码、数字调制和先进的呼叫处理技术，同时采用了新的网络结构。从GSM开始，在BTS和MSC之间引入了一个新的设备：基站控制器（Base Station Controller，BSC）。BSC设置在MSC与多个BTS之间，可以分担大量原来需要MSC进行处理的工作，使MSC的运算量大大降低。这种结构上的更新还使得MSC和BSC之间的数据接口完全标准化，标准化和互操作性是第二代移动通信系统的新特征，系统运营商可以使用不同制造商提供的MSC和BSC设备。这一改革促进了竞争，推动了技术进步，同时大大降低了设备价格。它最终使得MSC、BSC、BTS和MS等设备成为可以直接现货采购的标准设备，类似于PSTN中相应的交换机设备和电话机。

所有的2G在空中接口中都引入了专用控制信道（公共信道信令），在通话过程中，话音信息和控制信息可以同时在MS、BTS、BSC和MSC之间传输。2G还在MSC之间以及MSC与PSTN之间提供了专用的话音信道和信令信道。

与主要用来进行话音通信的1G相比，2G增加了用来传输寻呼及其他数据业务的功能，如传真、短消息和数据接入等。网络的控制功能则被分散于整个系统的不同设备中，包括作为用户终端的移动台在内也承担了更多的控制功能，在2G中，越区切换主要由移动台来控制，称为移动台辅助控制的越区切换。2G中的用户移动台有许多1G的用户终端所不具备的功能，如接收功率报告、邻近基站搜索、信道编码、交织和加密等。

2G中也包含了数字无绳电话的标准，第二代数字无绳电话标准的一个例子就是欧洲的数字增强无绳通信（Digital Enhanced Cordless Telecommunications，DECT）。它允许每个无绳电话可以通过自动选择信号最强的基站来与任意基站进行通信。在DECT中，基站更多地用于控制交换、信令及越区切换。

一般来说，2G都尽可能地减少BTS、BSC和MSC的运算量和交换负荷，同时信息配置也更灵活，这些特性使得2G得以快速发展。

13.2

美国数字蜂窝系统

　　20世纪80年代末期，美国的技术人员经过广泛的研究和对主要蜂窝系统制造商的产品的比较，开发了美国数字蜂窝（U.S. Digital Cellular，USDC）系统，它能够在有限的频带上支持更多的用户。USDS系统与AMPS使用完全相同的频段，同样使用了45MHz间隔的FDD双工方式，并且沿用了30kHz的FDMA载频。但是，USDC系统采用了时分多址技术，可以在每个AMPS信道上支持3个全速率或6个半速率用户，因此USDC系统最高可以提供的用户容量是AMPS的6倍。

　　USDC系统与AMPS共享相同的频带、蜂窝频率复用方案和基站站点，所以用户移动台可以用同一台移动终端（双模手机）接入AMPS和USDC信道。采用AMPS和USDC的双模技术，蜂窝服务运营商可以将支持AMPS和USDC的双模移动台提供给新的用户，而且随着时间的推移，可以逐渐用USDC基站替代原来的AMPS基站，用USDC信道替代原有的AMPS信道，即AMPS向USDC系统的演进可以逐渐进行。双模的USDC/AMPS系统在1990年被美国电子工业协会（Electronic Industries Association，EIA）和电信工业协会（Telecommunications Industry Association，TIA）制定为暂时标准IS-54，随后又升级到IS-136。由于USDC在许多方面保持了与AMPS的兼容性，所以USDC有时也被称为数字AMPS（D-AMPS）。

　　在美国，当时安装在城市郊区和农村偏远地区的AMPS一般采用的是不完的模拟蜂窝系统，没有使用1989年分配到的扩展频谱，在832个AMPS信道中只使用了666个。在这些地区，可以直接将USDC信道加入扩展频谱内以支持那些从城市的蜂窝系统中漫游到这些区域的USDC用户。在城市地区，由于所有的蜂窝信道都已经被使用，大业务量基站所选的频率组可以逐步转换成USDC数字标准。这种逐步的转变可能会导致干扰的暂时增加，并且有可能会导致AMPS的掉话率增加，同时当基站交换到数字方式时，一定地理区域内的模拟信道数量相应减少，这也会在一定程度上影响AMPS用户的服务。因此，从模拟AMPS到数字USDC系统的演进过程必须与区域内用户设备的变化相匹配。

　　为保持与AMPS移动台的兼容性，USDC系统的前向控制链路和反向控制链路都采用了与AMPS完全相同的信令技术。因此，尽管USDC系统的话音信道采用了信道速率为4.8kbps的$\pi/4$ DQPSK调制，但前向控制信道和反向控制信道与AMPS相同，采用同样的10kbps信令方案和同样标准的控制信道。

　　在同一个无线频带内从模拟系统到数字系统的平滑过渡是发展USDC系统的一个关键问题。在实际应用中，只有那些容量短缺的大城市（如美国的纽约和洛杉矶）会迫切地需要从AMPS转变到USDC系统，而中小城市则可以等待更多的用户配置USDC手机。

由于另外一个非常具有竞争力的数字扩频移动通信系统CDMA（IS-95）投入商用，延缓并最终限制了USDC系统在美国的使用。

13.2.1 USDC 系统的无线接口

为了保证从AMPS到USDC系统的顺利过渡，IS-54标准中规定了移动通信系统可以按照AMPS和USDC标准来进行双模式操作，这种采用了双模技术的移动电话可以在两种系统中实现切换和漫游。

USDC系统所采用的频段和信道间隔与AMPS的相同，只是在每个AMPS的信道上支持多个时分的USDC用户。USDC系统采用了TDMA技术，该系统通过使用比特率较低的话音编解码器VSELP（矢量和激励线性预测编码），可以在每个无线信道中容纳多个用户。

USDC系统的无线接口见表13-1。

表 13-1　USDC 系统的无线接口

参数	USDC（IS-54）
双工和多址方式	TDMA/FDMA/FDD
反向信道频带	824～849MHz
前向信道频带	869～894MHz
信道带宽	30kHz
调制	π/4 DQPSK
谱效率	1.62bps/Hz
信道编码	7 比特 CRC 和 1/2 比率、约束长度为 6 的卷积编码
交织	2 时隙交织器
每信道用户数量	3（全速率话音编码器，7.95kbps/用户） 6（半速率话音编码器，3.975kbps/用户）

1　USDC 系统的无线信道

USDC系统的控制信道与AMPS的控制信道基本相同。除了AMPS原有的42个控制信道以外，USDC系统还指定了42个附加控制信道，称为辅助控制信道，因此USDC系统的控制信道是AMPS的两倍，所以可以寻呼双倍的控制信道业务。只支持AMPS的移动台并不能对辅助控制信道进行监测或解码，因此系统运营商可以很方便地用辅助控制信道来标示USDC的使用，当需要从AMPS到USDC/AMPS双模系统转换时，系统运营商可以决定让MSC仅在USDC系统的辅助控制信道上向USDC移动台发送消息记录，而在AMPS的控制信道上仅发送现有的AMPS业务。对这样一个系统来说，USDC移动台只需要自动地监测在USDC模式中运行的前向辅助控制信道。当USDC移动台开始要求增加附加控制信道时，就在原有控制信道和辅助控制信道上同时发送USDC信息。

USDC系统的话音信道在每个前向链路和反向链路中仍然都占用30kHz的频段，每个话音信道采用时分多址方式，提供6个时隙。对于全速率话音，3个用户以等间隔方式占用6个时隙中的2个。例如，用户1占用时隙1和4，用户2占用时隙2和5，用户3占用时隙3和6，可以支持3个用户同时通话（AMPS只支持1个用户）。对于半速率话音，6个用户分别占用一个时隙，可以支持6个用户同时通话。在每个USDC的30kHz话音信道上，还可以同时提供3个数据信道，对用户来讲，最重要的数据信道是数字业务信道（Digital Traffic Channel，DTC），它载有用户信息（话音或用户数据），其他3个信道载有系统的辅助信息。反向DTC载有用户到基站的话音数据，前向DTC载有基站到用户的用户数据。3个辅助信道包括编码数字验证色码（Coded Digital Verification Color Code，CDVCC）、慢速随路控制信道（Slow Associated Control Channel，SACCH）和快速随路控制信道（Fast Associated Control Channel，FACCH）。

CDVCC的每时隙中发送12比特消息，功能上类似于AMPS中使用的SAT。基站在前向话音信道上发送一个CDVCC值，每个用户必须接收、解码，并在反向话音信道向基站重新发送一个相同的CDVCC值。如果这种CDVCC"握手"方式不能正确完成，该时隙将让出给其他用户，用户移动台的发射机会自动关闭。

SACCH在每个时隙中都要发送，它提供了并行于数字话音的信令信道。SACCH载有各种用户和基站之间的控制及辅助信息，并在多个连续时隙上提供一个信息，用来控制功率水平的变化或切换要求。SACCH也用于移动台报告其他邻近基站信号强度的测试结果，以使得基站可以实现移动辅助切换。

FACCH是另一个信令信道，用于发送基站和移动台之间的重要控制数据和特定业务数据。当发送FACCH数据时，该数据就代替了一帧内的用户信息数据（话音或用户数据）。FACCH可以发送双音多频信息、呼叫释放指令、快速中继指令、MAHO以及用户状态请求等。FACCH还提供了很大的灵活性，如果在某些TDMA时隙中的DTC空闲，则允许运营商断续地处理送往蜂窝网络的业务。FACCH数据的处理类似于话音数据，需要打包、交织并填入时隙中，不同之处是，当进行信道编码时，话音数据仅有部分重要比特受到保护，而FACCH数据则是用1/4比率的卷积信道编码来保护时隙中所有的传输比特。

2　USDC 系统业务信道的帧结构

USDC系统的TDMA帧由6个时隙组成，如图13-1所示。

每个业务信道支持3个全速率业务信道或6个半速率业务信道，TDMA帧长是40ms。由于USDC系统采用的是FDD双工技术，前向信道时隙和反向信道时隙可以同时工作。每个时隙被设计用来传送话音编码器两个邻近帧的交织话音数据（话音编码器的帧长为20ms，是TDMA帧长的一半）。USDC系统标准要求两个邻近话音编码帧的数据在一个指定时隙内发送，USDC话音编码器在20ms帧内提供159比特的原始话音编码数据，信道编码使20ms长的话音帧中的比特数增加到260比特。如果FACCH代替话音数据被发送，则一个帧中的话音编码数据将一起由FACCH数据来代替，一个时隙中的FACCH数据实际上是由两个邻近FACCH数据块组成的。

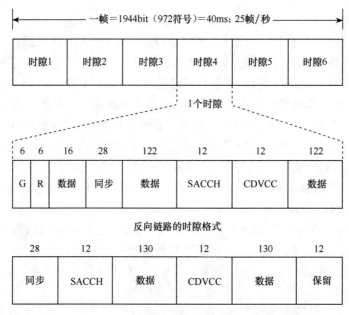

图 13-1 USDC 系统反向和前向链路的时隙和帧结构

在反向话音信道中，每个时隙包含两个122比特的突发序列和一个16比特的突发序列（共260比特），这些比特来自两个交织的话音帧（或FACCH数据块）。另外，在反向信道的每个时隙中还包含28个同步比特，12个SACCH数据比特，12个CDVCC比特和12个保护时间比特。在前向话音信道上，每个时隙包含有两个130比特的突发序列，这些比特来自于两个连续的交织话音帧（或FACCH数据），还包括28个同步比特，12比特的SACCH数据，12比特的CDVCC和12个保留比特。在前向信道和反向信道上，每个时隙都包含324个比特，时间长度为6.667ms。

前向信道和反向信道中的时隙在时间上交错排列。前向信道中第N帧的时隙1开始于反向信道第N帧时隙1起始端后的412比特处。这就使得每个移动台在前向、反向信道进行双工操作时可以简单地使用一个发送/接收转换开关，而不必用复用器。USDC提供了调整前向信道时隙和反向信道时隙之间时间交错的功能，该调整以1/2时隙的整数倍来进行，使得系统可以与安排到时隙中的新用户取得同步。

3 话音编码

USDC系统的话音编码器称为矢量和激励线性预测编码器，属于码本激励线性预测编码器的一种变形。这类编码器是以码本为基础来确定如何量化差值激励信号的。矢量和激励线性预测编码器所有的编码本有一个预先确知的结构，这样可以使编码本搜索过程所要求的计算量明显减少。矢量和激励线性预测编码器算法是由多个公司合作开发的，IS-54标准选取的是Motorola公司实现的算法，矢量和激励线性预测编码器输出速率为7.95kbps，每20ms为一个话音帧，每秒为一个用户产生50个话音帧，每帧包含159话音比特。

4 信道编码

话音编码器帧中的159个比特根据它们在话音识别时的重要性分为两类：77个第一类比特和82个第二类比特。第一类比特是重要的比特位，由一个比率为1/2，约束长度$K=6$的卷积码来保护。除了卷积编码外，第一类比特中的12个最重要比特用7比特CRC检错码来进行分组编码。这就保证了重要的话音编码比特在接收器中被检测到的概率较高。第二类比特是不太重要的比特位，没有对它们进行差错保护。

经过信道编码后，每个话音编码帧的159个比特用260个信道编码比特来表示，总的速率为13kbps。USDC系统对话音编码进行信道编码的过程如图13-2所示。

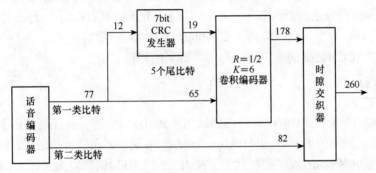

图 13-2 USDC 系统对话音编码器输出的信道编码

FACCH数据采用的信道编码与话音数据不同。一个FACCH数据块每20ms帧中包含了49个数据比特。一个16比特的CRC码字附加到每个FACCH数据块中，产生一个65比特的编码FACCH码字。然后，这65比特的码字通过比率为1/4、约束长度为6的卷积编码器，以便产生每20ms帧中260比特的FACCH数据。一个FACCH数据块所占带宽和一个编码话音帧所占带宽一样。采取这种方式，数字业务信道上的话音编码数据可以用FACCH编码数据来代替，话音编码数据和FACCH编码数据的交织是相同的。

每个SACCH数据包含6个比特，每个原始SACCH数据通过一个比率为1/2约束长度为5的卷积编码器，每20ms产生12个编码比特，即每个USDC帧中有24个比特。

5 交织

在发送之前，经过信道编码的话音数据与邻近话音帧的数据交织到两个时隙上，每个时隙只包含每个话音帧的一半数据。话音数据被放到26×10交织器中，如图13-3所示。

	1	2	3	4	5	6	7	8	9	10
1	x_1	x_{14}	x_{27}	x_{40}	x_{53}	x_{66}	x_{79}	x_{92}	x_{105}	x_{118}
2	y_1	y_{14}	y_{27}	y_{40}	y_{53}	y_{66}	y_{79}	y_{92}	y_{105}	y_{118}
$\vdots$	$\vdots$	$\vdots$	$\vdots$	$\vdots$	$\vdots$	$\vdots$	$\vdots$	$\vdots$	$\vdots$	$\vdots$
25	x_{13}	x_{26}	x_{39}	x_{52}	x_{68}	x_{78}	x_{91}	x_{104}	x_{117}	x_{130}
26	y_{13}	y_{26}	y_{39}	y_{52}	y_{65}	y_{78}	y_{91}	y_{104}	y_{117}	y_{130}

图 13-3 USDC 系统中两个邻近话音帧的交织

话音数据按照列的顺序输入交织阵列，然后按行的顺序从交织器输出。假设两个连续话音帧的数据分别用x和y表示，其中x是前一个话音帧的数据，y是当前话音帧的数据，从图13-3可以看出，交织阵列共有260bit，其中130bit提供给了x，另130bit提供给了y。编码后的FACCH数据的交织方法与话音数据的相同。

6 调制

为了与AMPS兼容，USDC系统仍然采用了30kHz的信道。在控制信道上，USDC系统和AMPS使用相同的调制方式：10kbps二进制FSK调制。在话音信道上，USDC系统用总比特速率为48.6kbps的数字调制代替了AMPS的模拟FM调制。为了在30KHz的信道中获得48.6kbps的比特率，需要调制器的频谱效率为1.62bps/Hz。另外，为了限制相邻信道的干扰，还必须采用频谱成形技术。使用常规的脉冲成形四相调制技术（如QPSK和OQPSK）就可以满足频谱效率的要求。但是，由于对称差分相移键控调制（通常称为$\pi/4$-DQPSK）在移动无线环境中有许多优点，所以USDC系统采用了这种调制方式，信道的符号速率为24.3kbps（总速率48.6kbps），符号持续时间为41.1523 μs。

采用脉冲成形技术是为了减少传输带宽，同时限制码间干扰。在发射端，信号通过一个滚降系数为0.35的均方根升余弦滤波器进行滤波，接收端也使用一个对应的均方根升余弦滤波器。相移键控调制经过脉冲成形技术以后就变为一种线性调制技术，其要求使用线性放大器以保持脉冲形状。非线性放大会破坏成形脉冲的形状，导致信号带宽的扩展。使用脉冲成形的$\pi/4-$DQPSK调制，可以在具有50dB相邻信道保护的30kHz信道带宽上支持3个全速率话音信号的传输。

7 解调和解码

用于接收端的解调及解码类型可以由制造商来确定，既可以在中频上也可以在基带上完成差分检测。在基带上实现差分检测通常可以采用数字信号处理技术，这样不仅可以降低了设备成本，而且可以大大简化射频电路。数字信号处理技术还可以支持USDC

均衡器和双模式功能的实现。

8　均衡

在900MHz的移动无线信道中进行的实际测量表明，在一般城市中，均方时延扩展少于15μs的占99%，而少于5μs的接近80%。对于一个符号速率24.3kbps、持续时间41.1523μs的DQPSK调制的系统来说，如果$\sigma/T>0.1$（σ是均方时延扩展，T是符号持续时间），码间干扰产生的误比特率将会变得不能忍受，因此最大均方时延扩展是4.12μs。如果超过了这个值，就需要采用均衡技术来减少误比特率。

统计研究表明，大约25%的测量结果中均方时延扩展会超过4μs，所以尽管IS-54标准中没有确定具体的均衡实现方式，但是为USDC系统规定了均衡器。为USDC系统提出的一种均衡器是判决反馈均衡器（Decision Feedback Equalization，DFE）。它包括4个前馈抽头和反馈抽头，其中前馈抽头间隔为符号的一半。这种分数间隔类型使得均衡器对简单的定时抖动具有抵抗能力。自适应滤波器的系数由递归最小平方（RLS）算法来更新。

13.2.2　USDC 系统的派生标准

IS-94标准利用了IS-54提供的系统功能，将蜂窝电话直接连到专用小交换机上，将MSC的智能功能前移到基站系统中，这样就有可能利用放置于建筑物内的小型基站来构成微小区，在一个建筑或园区内提供无线PBX业务。IS-94规定了一项技术，用来提供使用非标准控制信号的专用或封闭式的蜂窝系统。IS-94系统于1994年提出并迅速用于办公建筑和饭店等场合。

新的暂时标准IS-136提供了一组新的性能和业务，规定了短消息功能和专用用户组特性，使其更适合于无线PBX的应用和寻呼应用。而且，IS-136规定了一种"休眠"模式，可以使蜂窝电话大大节省电池能量。IS-136的用户终端与IS-54的用户终端不兼容，IS-136对全部控制信道均采用48.6kbps速率（不支持10kbps FSK），每个移动终端只需要使用48.6kbps的调制解调器，这样可以降低IS-136用户终端的成本。

13.3

全球移动通信系统

全球移动通信系统（Global System for Mobile Communications，GSM）是全世界范围内应用最广泛的第二代移动通信系统，GSM系列主要包括GSM900、DCS1800和PCS1900三部分，三者之间的主要区别是无线信道的工作频段不同，其他技术完全相同，用户只需要一个GSM标准的多频用户终端，就可以自动选择三者中最好的服务。

GSM是世界上第一个对数字调制技术、网络层结构和业务类型等做出了详细规定的数字蜂窝移动通信系统。在GSM之前，欧洲各国在整个欧洲大陆上采用不同的标准建立了很多互不兼容的第一代移动通信系统，往来于欧洲各国之间的用户不可能用一种标准的手机进行通信，这在一定程度上影响了欧洲一体化的进程。GSM最初就是为了解决欧洲第一代蜂窝系统的状况而发展起来的，它制定了一个统一的标准，通过使用ISDN得到大范围的移动通信业务，力求建立一个统一的泛欧第二代数字蜂窝移动通信系统。

GSM的原意是"Group Special Mobile，移动特别小组"，是欧洲电信管理部门下设的移动通信特别小组委员会的简称，它负责在900MHz频段为欧洲制定一个公共的移动通信系统。后来，出于商业原因GSM改名为"全球移动通信系统"。

GSM于1991年开始在欧洲市场投入商用，随后南美、亚洲和大洋洲的一些国家也相继采用GSM建设自己的第二代数字蜂窝移动通信系统。我国最早引进的第二代移动通信系统就是GSM，中国移动和中国联通分别建设了覆盖全国的GSM网络。

随着GSM用户数量的日益增长，900MHz频段提供的GSM容量已经不能满足用户需求，世界各国政府又联合制定了GSM的等效技术标准——DCS1800，它在1800MHz的频段上提供与GSM900完全相同的移动通信业务，用户移动台可以自动选择GSM900和DCS1800网络，从而大幅度提高了GSM的容量。北美（美国、加拿大和格陵兰岛）根据自己的频率资源情况，制定了工作在1900MHz频段的GSM标准——PCS1900。

GSM在商业上的成功远远超出了人们的预想，在全世界范围内的第二代移动通信系统中，GSM是最为流行的标准。最早的预测是到2000年整个欧洲范围内将有2000万～5000万的GSM用户，但实际的用户数量远远超过了预计，由于GSM得到了全世界大部分国家的采纳，到2000年底，全球的GSM用户就超过了5亿。我国移动通信行业的高速发展更是举世瞩目，根据2009年7年底的统计，我国的GSM用户已经接近7亿（中国移动超过5亿、中国联通超过1.5亿）。

13.3.1 GSM 的用户业务

GSM的用户业务按照ISDN的原则分为电信业务、数据业务和补充业务。电信业务主要是标准的移动电话业务；数据业务包括计算机之间的通信和分组交换业务；除此之外，GSM还可以提供一些ISDN补充业务。3种业务简述如下。

（1）电信业务主要包括电话呼叫和传真，GSM也可以提供可视图文和图文电视业务，但是这些并不是GSM标准的组成部分。电信业务还包括短消息业务（SMS），允许移动台传送一定长度的字母或数字消息。SMS还提供小区广播功能，允许GSM基站以连续方式重复传送ASCII信息。SMS也可以用于信息咨询业务，例如，在接收范围内，向所有GSM用户播发交通信息和气象信息等。

（2）数据业务可以用透明方式传送，也可以用非透明方式传送，数据速率从300bps到9.6kbps。在透明方式下，GSM为用户数据提供标准的信道编码；在非透明方式下，GSM提供基于特定数据接口的特殊编码功能。

（3）ISDN补充业务随同电信业务或数据业务一起提供给用户，以补充这两类基本通信业务的功能。ISDN补充业务本质上是数字业务，包括呼叫限制、呼叫转移、呼叫等待、呼叫保持、来电显示、封闭用户群等，这些业务在第一代模拟通信系统中是无法实现的。

13.3.2　GSM 的特点

GSM的一个显著特点是采用了机卡分离技术，即采用了独立于移动台之外的用户识别模块，它是一种存储模块，可以用来存储用户的识别信息，包括为用户提供服务的网络、地区、专用键以及其他特定用户信息。SIM可用智能卡来实现，这种卡可以插入任何符合GSM标准的移动台。SIM还可采用插入式模块来实现，这种方式虽没有使用SIM方便，但仍然具备可移动性和便携性。GSM的移动台是一个标准化的移动终端，GSM通过SIM（而不是移动台）来识别用户的身份，如果没有SIM，GSM移动台将不能工作。而一旦拥有SIM，无论用户身处世界何地，只要在GSM的信号覆盖区，用户都可以将SIM插入任何符合GSM标准的移动终端来进行通话。用户甚至可以将自己的SIM插入任何一个兼容GSM的终端中（如饭店电话和公用电话等），然后使用这个终端进行通话，而用这个终端进行通话的费用可以记在其SIM账户上。

GSM的第二个显著特点是其所提供的空中接口具有很好的保密性。第一代模拟蜂窝系统采用模拟调频方式，很容易被监听，而要窃听GSM的通话是非常困难的。GSM可以对GSM发射器发送的数字比特流进行加密，从而实现保密通信，根据规定，只有系统运营商知道这个密码，而且这个密码对每个用户来说是随时改变的。每一个GSM设备制造商和系统运营商在开发GSM设备或开通GSM之前，都必须签署一个谅解备忘录（一项国际协议），它允许各个地区的GSM运营商共享加密算法和其他专用信息。

GSM的主要优点可以归结为以下几点。

（1）频谱效率高。由于采用了高效率的数字调制、信道编码、交织、均衡和话音编码等技术，大大提高了系统的频谱效率。

（2）系统容量大。由于采用了数字传输技术并增加了每个信道的传输带宽，同频载干比（C/I）的阈值降低到9dB，同频复用模式可以缩小至4/12或3/9甚至更小（第一代模拟系统为7/21）。加上半速率话音技术的使用和话务分配的灵活性，使GSM的容量（每个小区的信道数）比第一代模拟系统提高了3～5倍。

（3）话音质量高。只要信道质量在阈值以上，话音质量就能达到相同的水平。

（4）安全性好。通过鉴权、加密和使用临时移动台标示码提高了安全性。

（5）互联性好。实现了与PSTN、ISDN等传统固定通信系统的互联。

（6）可自动漫游。在SIM的基础上实现了自动漫游。

13.3.3　GSM 的网络结构

GSM的网络结构主要包括4个相关的子系统，这些子系统通过一定的网络接口互相连接起来。这4个子系统分别是移动台（Mobile Station，MS）、基站子系统（Base Station Subsystem，BSS）、网络交换子系统（Network and Switching Subsystem，NSS）、运行支持子系统（Operation Support Subsystem，OSS）。

GSM的网络结构如图13-4所示。

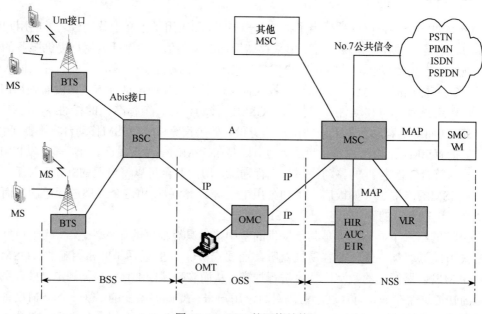

图 13-4　GSM 的网格结构

MS—移动台；BTS—基站收发信台；BSC—基站控制器；

MSC—移动交换中心；HLR—归属位置寄存器；VLR—拜访位置寄存器；

AUC—鉴权中心；EIR—设备识别寄存器；SMC—短消息中心；

VM—语音邮箱；OMC—操作维护中心；OMT—操作维护终端

1　移动台

移动台主要包括发送、接收和天馈线等单元，如图13-5所示。MS与BTS之间的接口是开放的空中无线接口（Um接口），工作频率由与其连接的无线信道决定。GSM的移动台只有插入SIM才可以正常使用。

2　基站子系统

基站子系统由基站控制器和所属的基站收发信台构成。BTS就是俗称的基站，包括多套工作在不同频率的发信机、收信机和共用的天线、馈线等设备。每个BTS的无线信号的覆盖范围称为无线小区或蜂窝小区，无线小区的大小主要由BTS的频率配置、发射功率和天线高度等因素决定。BTS是连接移动台和移动交换中心的核心设备。

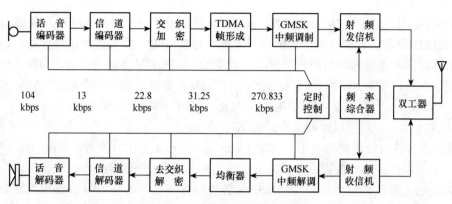

图 13-5　GSM 移动台的基本结构

BTS与MS之间的无线信道接口是Um接口，用来传输业务数据、无线资源管理、移动性管理、接续管理等信息。Um是一个开放型接口，有公开的接口标准和规范，按照该标准生产的GSM移动终端可以接入到任何厂商的BTS。

由于BTS的数量众多，为了管理方便，在BTS与MSC之间引入了BSC，一个BSC可以管理若干个BTS。它们之间的通信接口是Abis接口。Abis接口是一个准开放的接口，设备厂家可以在一定的准则下自行定义，因此BTS和BSC必须采用同一厂商的设备。

BSC中还包含一个码变换和速率适配单元（Transcoding and Rate Adaptation Unit，TRAU），在话音业务中，TRAU完成A接口64kbps的A律PCM话音编码与GSM的13kbps RPE-LTP-LPC话音编码之间的转换，实现GSM用户和固定电话用户之间的通信以及No.7信令在A接口的透明传输；在数据业务中，TRAU实现对数据信号的速率适配。

BSS也称无线子系统，它提供并管理着MS和MSC之间的无线传输通道，BSS也管理着MS与所有其他子系统的无线接口。每个BSS子系统可以包括多个BSC，每个BSC可以管理几十到上百个BTS，每个BTS为成百上千的MS提供通信服务。

3　网络交换子系统

网络交换子系统主要包括移动交换中心、归属位置寄存器（HLR）、拜访位置寄存器（VLR）、鉴权中心（AUC）和设备识别寄存器（Equipment Identity Register，EIR）。

MSC是GSM的业务和管理中心，负责业务信道的交换和移动通信系统的集中控制与管理。MSC与所辖的BSC之间的通信接口称为A接口，A接口是一个标准的开放接口，不同厂家的MSC和BSC可以完全兼容。MSC通过中继线和相应的接口与网关、PSTN/ISDN和分组交换网（PSPDN）互通。

PSTN中的电话交换机可以根据与电话机有固定连接的用户线来识别用户，而MSC与移动台之间没有这样的固定连接。为了识别移动台，必须建立称为归属位置寄存器的数据库，HLR中存储并管理着所有所辖用户移动台的身份和状态数据。此外，还要设置产生鉴权参数以认证移动用户合法性的鉴权中心和识别移动台合法性的设备识别寄存器，AUC用于认证用户SIM的合法性，EIR用于认证用户移动台的合法性，我国的GSM没有设置EIR设备。为实现移动台的漫游管理，每个MSC还要设置拜访位置寄存器，作为登录其辖区的漫游移动用户身份的动态数据库。MSC和VLR相互配合，为漫游用户提供位置更新登记服务，向用户归属地的HLR查询身份数据并更新状态数据。MSC和VLR通常会放在一起，记为MSC/VLR。HLR、AUC和EIR也可以放在一起，记为HLR/AUC/EIR，并且可以由若干个MSC共享使用。

通过在NSS内设置短消息中心（Short Message Center，SMC）和语音信箱（Voice Mail，VM），还可以在话音和数据业务以外提供短消息和语音信箱业务。

MSC的七号公共信令接口包括MSC与各类寄存器之间的MAP（移动应用部分）接口和MSC与PSTN/ISDN之间的TUP/ISUP（电话用户部分/ISDN用户部分）接口等。

4　操作支持子系统

操作支持子系统包括运行维护中心（Operation Maintenance Center，OMC）和操作维护终端（Operation Maintenance Terminal，OMT），OSS通过分组交换网或计算机局域网与其他子系统连接，管理各个功能单元。

一个大城市的GSM，可能包括多个MSC、几十个BSC和几千个BTS，为几百万个MS提供移动通信服务。MSC与BSC以及BSC与BTS之间一般采用光纤传输，直接建立光纤连接有困难时，可以先采用无线（微波、卫星）连接作为过渡。移动通信系统的最大特点就是MS与BTS之间采用的是无线信道。

13.3.4　GSM 的无线信道

GSM的无线信道采用频分双工方式，将分配的整个频带分成前向（下行）传输链路和反向（上行）传输链路。然后，采用频分多址＋时分多址（TDMA/FDMA）的混合多址方式将多个用户移动台同时接入到GSM，即首先将前向链路和反向链路的有效频段以FDMA的方式划分为很多200kHz带宽的载波信道（载频），每个载频用绝对无线频率信道号（Absolute Radio Frequency Channel Number，ARFCN，又称载频号）来标示，一个ARFCN代表着一对前向和反向载频，然后每个FDMA载频再采用TDMA方式分成8个时隙（Time Slot，TS）。每个FDMA载频的8个TDMA时隙可以分别由8个用户在时间上共享，使用相同载频的8个用户都使用相同的ARFCN，并且分别占用每个TDMA帧中的一个时隙。

GSM900使用了两个25MHz频段，双工间隔为45MHz。其中，890～915MHz用于移动台到基站的反向（上行）传输链路，935～960MHz用于基站到移动台的前向（下行）传输链路。每个25MHz频段被分成124个200kHz的载频（整个频带的上、下两端各保留了100KHz的保护频带），ARFCN为1～124。

上行中心频率：$f_U(n) = 890.2 + 0.2(n-1)$ MHz

下行中心频率：$f_D(n) = 935.2 + 0.2(n-1)$ MHz

DCS1800使用了两个75MHz频段，双工间隔为95MHz。其中1710～1785MHz用于反向（上行）链路，1805～1880MHz用于前向（下行）链路。每个75MHz频段被分成374个200KHz的载频（上、下两端各保留100kHz的保护频带），ARFCN为512～885。

上行中心频率：$f_U(n) = 1710.2 + 0.2(n-512)$ MHz

下行中心频率：$f_D(n) = 1805.2 + 0.2(n-512)$ MHz

每个200kHz的FDMA载频又被分成8个TDMA时隙，时隙号为TS_0～TS_7。每个时隙都分配等时长的时间段，长度为576.92μs，每个时间段内有156.25个信道比特，其中，有8.25个比特的保护时间以及6个比特的开始和停止时间用来防止相邻时隙间的重叠。8个时隙组成一个TDMA帧，时间长度为4.615ms，如图13-6所示。

前向和反向信道上无线信道的数据传输速率都是270.833kbps（156.25bit/576.92μs），即每个信令比特的持续时间是3.692μs，采用BT＝0.3的二进制GMSK调制方式。每个用户的有效信道传输速率为33.854kbps

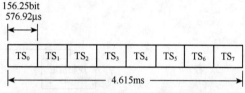

图 13-6　GSM TDMA 帧的时隙

（270.833kbps/8个用户）。当GSM超负荷运行时，每个用户的实际数据传输速率最大可以达到24.7kbps。

GSM900和DCS1800的空中接口规范见表13-2。

表 13-2　GSM900 和 DCS1800 的空中接口规范

参数	GSM900	DCS1800
双工和多址方式	TDMA/FDMA/FDD	
反向信道频率（手机→基站）	890～915 MHz	1710～1785 MHz
前向信道频率（基站→手机）	935～960 MHz	1805～1880 MHz
T_x/R_x 双工频率间隔	45 MHz	95 MHz
最大 ARFCN 数	124 个	374 个
ARFCN 信道间隔	200 kHz	
调制数据速率	270.833333 kbps	
帧长	4.615 ms	
每帧用户数（全速率）	8 个	
时隙长	576.9μs	
比特长	3.692μs	
T_x/R_x 时隙间隔	3 个时隙	
调制方式	0.3 GMSK	
交织最大延迟	40 ms	
语音编码比特速率	13.4 kbps	

ARFCN和时隙号组合构成了前向链路和反向链路中的一个物理信道（如第50号载频的第0时隙），每个物理信道在不同的时间可以映射为不同的逻辑信道，即每个具体的帧或时隙可以专门用来处理业务数据、信令数据或者是控制信道数据。

13.3.5　GSM 的逻辑信道

GSM要求其逻辑信道具有相当的广泛性，而且其可以用来连接GSM网络的物理层和数据链路层。GSM为特定的逻辑信道提供了明确的时隙分配和帧结构，这些逻辑信道在有效传输用户数据的同时，还能在每个载频和时隙上提供网络控制功能。

GSM的逻辑信道可以分为两种基本类型：业务信道（Traffic Channel，TCH）和控制信道（Control Channel，CCH），如图13-7所示。

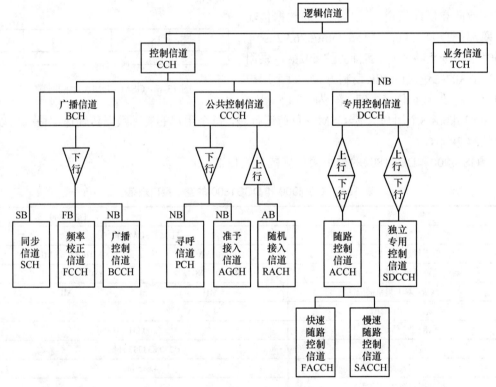

图 13-7　GSM 的逻辑信道

NB—正常"突发"；FB—频率校正"突发"：SB—同步"突发"；AB—随机接入"突发"

业务信道携带数字化的用户话音编码或用户数据，在前向链路和反向链路上具有相同的功能和格式。控制信道用于在基站和移动台之间传输信令和同步指令，某些类型的控制信道分别被定义为前向链路或反向链路。GSM中共包括7种类型的TCH和更多类型的CCH，具体介绍如下。

1 业务信道

GSM的TCH可以是全速率的，也可以是半速率的，用于传送数字话音或用户数据。当采用全速率传送时，用户数据包含在每一帧的某一个时隙内。当采用半速率传送时，用户数据仍然映射到相同的时隙上，但是分别在间隔的TDMA帧发送，即两个半速率信道的用户共享同一个载频的相同时隙，但是每隔一帧分别交替发送。

在GSM标准中，很多载频的第一个时隙（TS_0）内是不发送TCH数据的，这些载频的TS_0时隙是为广播控制信道保留的。而且，每隔13个TDMA帧，TCH的数据帧就会被一个慢速随路控制信道数据或空闲帧打断。26个连续的TDMA帧组成了一个业务信道复帧（$F_0 \sim F_{25}$），其中，第13帧（F_{12}）和第26帧（F_{25}）分别是SACCH数据帧或空闲帧。当采用全速率TCH时，第26帧包含空闲比特；当采用半速率TCH时，第26帧包含SACCH数据。业务信道复帧的结构如图13-8所示。

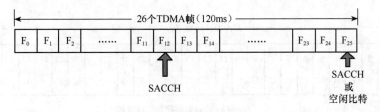

图 13-8 GSM 的业务信道复帧

1）全速率TCH

（1）全速率话音业务信道（Traffic Channel Fullrate Speech，TCH/FS）用来传送数字化的全速率用户话音编码，话音编码速率为13kbps，经过信道编码后，全速率话音数据的速率为22.8kbps。

（2）全速率9.6kbps数据业务信道（TCH/F9.6）用来传送以9.6kbps发送的用户数据，加上前向纠错编码后，9.6kbps的数据以22.8kbps发送。

（3）全速率4.8kbps数据业务信道（TCH/F4.8）用来传送以4.8kbps发送的用户数据，加上前向纠错编码后，4.8kbps的数据以22.8kbps发送。

（4）全速率2.4kbps数据业务信道（TCH/F2.4）用来传送以2.4kbps发送的用户数据，加上前向纠错编码后，2.4kbps的数据以22.8kbps发送。

2）半速率TCH

（1）半速率话音业务信道（Traffic Channel Halfrate Speech，TCH/HS）用来传送数字化的半速率用户话音编码，话音以全速率的一半进行采样，话音编码的速率为6.5kbps，加上信道编码后，半速率话音数据的速率为11.4kbps。

（2）半速率4.8kbps数据业务信道（TCH/H4.8）用来传送以4.8kbps发送的用户数据，加上前向纠错编码，4.8kbps的数据以11.4kbps发送。

（3）半速率2.4kbps数据业务信道（TCH/H2.4）用来传送以2.4kbps发送的用户数据，

加上前向纠错编码，2.4kbps的数据以11.4kbps发送。

2 控制信道

GSM中有3种主要的控制信道（CCH）广播信道（Broadcast Channel, BCH）、公共控制信道（Common Control Channel，CCCH）和专用控制信道（Dedicated Control Channel, DCCH）。每种控制信道由几个逻辑信道组成，这些逻辑信道提供GSM所需要的各种控制功能。

在GSM中，BCH和CCCH前向控制信道仅在一定的载频上发送，并且以特定的方式分配时隙。BCH和CCCH前向控制信道仅在那些被称为广播信道的载频上的某些TDMA帧上广播，而且仅分配到TS_0时隙，TS_1～TS_7用于传送常规的TCH业务，因此这个载频仍然可以在剩下的7个时隙上传输全速率的用户数据。51个连续的TDMA帧组成一个控制信道复帧（F_0～F_{50}）。控制信道复帧的结构如图13-9所示。

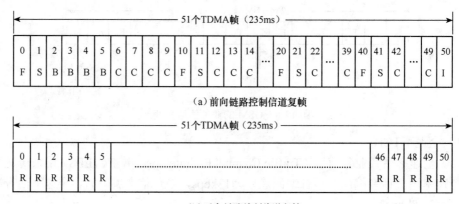

（a）前向链路控制信道复帧

（b）反向链路控制信道复帧

图 13-9　GSM 的控制信道复帧的结构

F—FCCH突发序列（BCH）；S—SCH突发序列（BCH）；B—BCCH突发序列（BCH）；
C—PCH/AGCH突发序列（CCCH）；I—空闲；R—反向RACH突发序列（CCCH）

GSM标准定义了34个载频作为标准的广播信道。对于每个广播信道，一方面，第51帧（F_{50}）不包含任何BCH或CCCH前向信道数据，被当作空闲信道，而反向信道的CCCH能够在任何帧（甚至是空闲帧）的TS_0接收移动台发来的数据；另一方面，DCCH数据也可以在任何时隙和任何帧期间发送，整个帧包含的全部是DCCH传输数据。

1）广播信道

BCH在每个小区中指定载频的前向链路上发送，而且仅在某些TDMA帧的第一时隙（TS_0）上发送数据。BCH仅在前向链路上单向使用，是一个TDMA信标，邻近的移动台可以识别并锁定BCH来接收系统的控制信息。BCH还为小区内所有的移动台提供同步，并且偶尔会被相邻小区内的移动台探测到，所以接收功率和移动台辅助切换的判决可以来自于小区外的用户。BCH数据仅在TS_0内传送，同一个载频中的其他7个时隙（TS_1～

TS_7）可以用于TCH数据、DCCH数据或填满伪突发序列，小区内所有不提供BCH的载频的所有8个时隙都可以用于TCH数据或DCCH数据。

BCH包括3个相互独立的信道：广播控制信道（Broadcast Control Channel，BCCH）、频率校正信道（Frequency Correction Channel，FCCH）和同步信道（Synchronization Channel，SCH），每个信道都连接到TDMA帧的TS_0上。

BCCH是一个前向控制信道，用于广播小区和网络识别、小区运行特征（当前控制信道结构、信道利用率和阻塞）等消息。BCCH还广播当前小区中使用的信道列表。从图13-9中可以看出，一个控制信道复帧的第3帧到第6帧（$F_2 \sim F_5$）共4个TDMA帧中包含BCCH数据。在某些特征帧的TS_0中包含BCCH数据，在其他特定帧的TS_0中包含其他的BCH信道（FCCH和SCH）、公共控制信道或空闲帧。

FCCH是一个特定的数据突发序列，它占用第一个TDMA帧的TS_0，在控制信道复帧中每隔10帧重复一次。FCCH允许用户移动台将内部频率基准（本振）的频率和基站的精确频率进行同步。

SCH出现在紧随FCCH帧后出现的帧中的TS_0内。当允许移动台与基站进行帧同步时，SCH用来识别所服务的基站。帧号（F_N）随同基站识别码（BSIC）在SCH突发序列期间发送。由于移动台可能距离所服务的基站很远，因此必须经常调整某些移动台的定时，以保证基站接收到的移动台信号与基站的时钟同步。同时，BTS也通过SCH向移动台发送时间提前命令（TA）。在控制信道复帧中每隔10个帧发送一次SCH。

2）公共控制信道

CCCH是最普遍使用的控制信道，用于寻呼指定用户、给指定用户分配信令信道、接收移动台的业务要求。由图13-9可以看出，前向控制信道载频中所有没有被BCH或空闲帧使用的TDMA帧中的TS_0都会被CCCH占用。

CCCH也包括3个相互独立的信道：寻呼信道（Paging Channel，PCH），它是一个前向链路信道；随机接入信道（Random Access Channel，RACH），它是一个反向链路信道；接入允许信道（Access Grant Channel，AGCH），它是一个前向链路信道。

寻呼信道从基站向小区内所有的移动台提供寻呼信号，通知指定的移动台接收来自MSC的呼叫。基站在PCH上发送目标用户的国际移动用户识别，同时要求得到移动台通过RACH发回的认可。PCH也可以用来向所有用户提供小区广播的ASCII文本消息，这是GSM短消息业务的一部分。

随机接入信道是一个反向链路信道，用来让用户回应从PCH接收到的寻呼，也可以用来让移动台发出一个呼叫请求。RACH采用分段ALOHA的接入方法。所有的移动台都必须在TDMA帧的TS_0内要求呼叫或响应PCH的寻呼。在BTS中，每个帧（包括空闲帧）都在TS_0从移动台接收RACH信息。在建立服务时，BTS必须响应RACH的信息，为呼叫中的信令分配一个信道并安排一个独立专用控制信道（Stand-alone Dedicated Control Channel，SDCCH）。

接入允可信道用来提供基站向移动台的前向链路通信，它载有使移动台在特定的物理信道（载频和时隙）中运行的数据。AGCH是用户在脱离控制信道之前基站发送的最后的CCCH消息。基站用AGCH来响应在前一个CCCH中移动台发出的RACH。

3 专用控制信道

DCCH也是双向信道（与TCH一样），在前向和反向链路中具有相同的格式和功能。DCCH存在于除了BCH载频的TS_0之外的任何载频和时隙上。

GSM中有3种类型的专用控制信道：独立专用控制信道，用于提供用户所要求的信令服务；慢速随路控制信道和快速随路控制信道，用于通话过程中移动台和基站之间辅助数据的传输。

独立专用控制信道（SDCCH）载有信令业务数据，这些数据在移动台与基站相互连接之后，基站分配TCH之前，提供服务。在基站和MSC确认用户移动台并为其分配TCH载频和时隙资源的时间段，由SDCCH来保证移动台和基站保持联系。SDCCH可以被看作一个中间的暂时信道，用来接收来自BCH新完成的呼叫。在等待基站分配TCH时，它还保持业务连接。当移动台取得帧同步并等待TCH时，SDCCH用来发送认证和告警信息。如果对BCH或CCCH业务要求较低时，SDCCH可以安排自己的物理信道或占有BCH的TS_0。

慢速随路控制信道（SACCH）总是与TCH或SDCCH相关联，并映射在相同的物理信道上。因此，每个载频都载有当前正在使用它的所有用户的SACCH数据。在前向链路上，SACCH用来从基站向移动台发送慢速但是规则变化的控制信息。例如，每个用户的传输功率等级指令和特定的定时提前量指令等。反向SACCH载有接收信号强度、TCH的质量以及邻近小区的BCH测量结果等信息。在每个话音信道复帧中，采用全速率业务时在第13帧发送SACCH，采用半速率业务时在第13帧和第26帧都发送SACCH，如图13-8所示。这些帧的全部8个时隙都被用来向8个全速率用户（或16个半速率用户）提供SACCH数据。

快速随路控制信道（FACCH）载有紧急控制信息，本质上包含有与SDCCH相同类型的信息。当没有为某个特定的用户指定一个SDCCH而有紧急控制信息时（如切换要求），就需要一个FACCH。FACCH以"偷帧"的方式从分配给它的TCH上接入到时隙中，这是通过在一个TCH前向信道突发序列中设定两个名为偷帧比特的特殊比特数来完成的。如果设定了偷帧比特，该时隙内就包含FACCH数据而不是TCH数据。

13.3.6 GSM 的帧结构

GSM中的每一个移动台都是在分配给它的时隙内传输突发数据，GSM标准规定，这些数据突发序列必须是以下5种规定格式中的一种，如图13-10所示。

正常突发	3个起始比特	58个加密数据比特	26个训练比特	58个加密数据比特	3个停止比特 ｜ 8.25个保护时间比特
FCCH突发	3个起始比特	142个固定零比特			3个停止比特 ｜ 8.25个保护时间比特
SCH突发	3个起始比特	39个加密数据比特	64个训练比特	39个加密数据比特	3个停止比特 ｜ 8.25个保护时间比特
RACH突发	8个起始比特	41个同步比特	36个加密数据比特	3个停止比特	68.25个扩展保护时间比特
伪突发	3个起始比特	58个混合比特	26个训练比特	58个混合比特	3个傍止比特 ｜ 8.25个保护时间比特

图 13-10　GSM 中时隙时间突发序列

正常突发用于在前向和反向链路上传输TCH和DCCH。在特定帧的TS$_0$上，FCCH和SCH突发序列用来广播前向链路上的频率和时间同步控制消息，RACH突发序列被所有移动台用来响应来自基站的服务，伪突发序列用作前向链路使用时隙的填充信息。

其中，GSM正常突发序列的数据结构如图13-11所示。

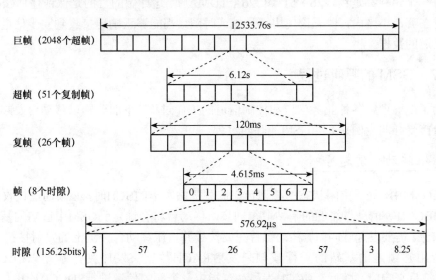

图 13-11　GSM 正常突发序列的帧结构

每个时隙包括以速率270.833kbps传输的156.25个比特（包括8.25个保护比特），有效比特148个，其中114个比特是信息承载比特，它们以接近突发序列始端和末端的两个57比特序列来传输。中间段由26个比特的训练序列构成，这些序列允许移动台或基站接收器的自适应均衡器在对用户数据解码之前先进行无线信道特征分析。中间段的两端各有一个称为"偷帧"标志的控制比特，这两个标志用来区分在同一物理信道上时隙中包含的是业务数据（TCH）还是控制数据（FACCH）。

每个TDMA帧包括8个时隙，帧长为4.615ms。每个TDMA帧包括$8\times156.25=1250$bit，帧速率为216.66帧/每秒（270.833 kbps/1250b/帧）。在一个TDMA帧中，每个GSM用户移动台用其中一个时隙来传输，用另外一个时隙来接收，同时还可以用另外6个空闲时隙来检测自己以及5个相邻基站的信号强度。

每个业务信道复帧包括26个TDMA帧，复帧长度为120ms，其中的第13帧或第26帧并不用于传输业务数据，而用于传输控制数据。

51个业务信道复帧又集合形成超帧，每个超帧包含51个复帧（1326个TDMA帧），超帧长度为6.12s。继续集合形成巨帧，一个巨帧包含2048个超帧（2715648个TDMA帧），一个完整的巨帧发射一次大概需要3h28min54s（12533.76s）。

突发序列的数据结构对GSM是很重要的，加密算法是在精确帧数的基础上进行的，而且只有使用巨帧提供的大帧数才能保证充分的保密性。

每个控制信道复帧中包含51个TDMA帧，复帧长度为235.365ms，因此，由26个控制信道复帧也可以组成一个超帧（6.12s）。在GSM中，有复帧和超帧两种方式。

（1）26个TDMA帧组成业务信道复帧，51个业务信道复帧组成超帧。

（2）51个TDMA帧组成控制信道复帧，26个控制信道复帧组成超帧。

每一个超帧都是包含$26\times51=1326$个TDMA帧。这样做的目的是保证任何GSM移动台无论在哪个小区内，也无论使用哪种帧或时隙，都能够正确地接收到同步信道和频率校正信道的数据。

13.3.7　GSM 的呼叫过程

为了能够理解各种业务信道和控制信道的工作过程，下面分别以移动台发起呼叫和移动台接受呼叫为例来介绍GSM的呼叫过程。

1　移动台发起呼叫

在GSM中，处于空闲状态的移动台在监测基站发出的BCH时，必须通过接收FCCH、SCH和BCCH等信息与邻近的基站取得同步，移动台将会锁定到GSM中适当的基站发出的BCH上。需要发起呼叫时，移动台首先要拨号并按压移动台按键上的发射按钮。这时，移动台用它锁定的基站的上行载频来发射RACH数据突发序列，基站以CCCH上的AGCH信息来响应，随后，CCCH为移动台指定一个新的信道进行SDCCH连接。

正在监测BCH中TS$_0$的移动台将从AGCH接收到分配给它的载频和时隙安排，立即转换到这个新的载频和时隙上，这个新分配的载频和时隙是SDCCH（并不是TCH）。一旦转换到SDCCH，用户首先等待传给它的SACCH帧（等待最大持续26帧或120ms），该SACCH帧发送适当的数据告知移动台要求的定时提前量和发射功率（基站可以根据移动台以前的RACH传输数据来决定合适的定时提前量和功率等级）。

在接收和处理完SACCH中的定时提前量和功率等级信息后，移动台就可以开始发送正常的TCH所要求的突发序列消息。当MSC连接到被叫用户并且将话音路径接入服务基站时，SDCCH检查确认用户的合法性及有效性，随后在移动台和基站之间发送信息。几秒钟后，基站通过SDCCH告知移动台重新转换到一个为TCH安排的载频和时隙上。一旦移动台转换到TCH，话音信号就开始同时在TCH的前向和反向链路上进行双向传送。呼叫成功建立以后，SDCCH将被清空，通话过程中的控制信息通过SACCH或FACCH传输。

2　移动台接受呼叫

当其他用户向GSM中的移动台发出呼叫时，其过程与移动台发起呼叫过程类似。MSC接收到用户的呼叫以后，控制相关的服务基站在适当的BCH帧内的TS_0时隙中广播一个PCH消息。锁定于这一载频上的被叫移动台检测到对它的寻呼，并回复一个RACH消息以确认接收到寻呼。当网络和服务基站连接后，基站采用CCCH上的AGCH将移动台分配到一个新的载频和时隙上，以便连接SDCCH和SACCH。一旦被呼叫的移动台在SDCCH上建立了定时提前量和功率等级并获准确认后，基站就通过SDCCH重新分配TCH的载频和时隙，最后控制移动台和基站转向TCH的载频和时隙，建立话音连接。

13.3.8　GSM 的通信过程

在GSM中，话音信号从发射端到接收端的通信过程如图13-12所示。

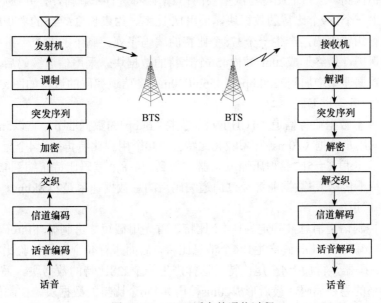

图 13-12　GSM 话音的通信过程

1 话音编码

GSM的话音编码（信源编码）器采用的是基于线性预测技术并结合了长期预测的编码器：规则脉冲激励–长期预测–线性预测编码（RPE-LTP-LPC）。该话音编码器为每个20ms的话音块提供260个比特的编码数据，话音编码的比特率为13kbps（260b/20ms）。GSM的标准中还规定了半速率话音编码器，半速率话音编码的比特率为6.5kbps。

GSM的话音编码器利用了实际通话过程中的一个重要特性；即在整个通话过程中，每个人的实际讲话时间不到总时间的40%，其余的时间处于静默状态。基于这一特性，GSM的话编码器中加入了一个语音激活检测器，话音以非连续传输模式（Discontinuous Transmission Mode，DTX）来发送。在静默期间GSM的话音信道不被激活，这样设计可以延长移动台的电池寿命，并且可以减少瞬时无线接口。当然，用户并不会感觉到这一操作，在接收端通过补偿噪声子系统引入了一个背景噪声来补偿由于DTX而产生的不舒适静音。

2 信道编码

在GSM中，话音信道、数据信道和控制信道的编码方式是不同的，全速率信道和半速率信道的编码方式也不同，下面分别举例说明。

1）话音业务信道编码

GSM全速率话音业务信道（TCH/FS）一个话音帧的输出比特共有260个，根据它们对话音质量的影响程度进行分组并采取不同的差错保护，其中最重要比特50个，次重要比特132个，不重要比特78个。最重要的50个比特中加入3个奇偶校验比特，这样有利于接收端的纠错检测。这53个比特与次重要的132个比特进行重新排序，并在后面附加4个尾比特，产生一个189个比特的数据块。采用1/2比率、约束长度$K=5$的卷积编码器对这个数据块进行纠错编码，产生一个378个比特的编码序列。剩下的78个不重要比特不采取任何差错保护，最终形成20ms帧内456个比特的数据块。采用信道编码后，全速率话音信号的总数据速率增加到22.8kbps（456bit/20ms）。信道编码的过程如图13-13所示。

2）数据业务信道编码

GSM全速率数据业务信道（TCH/F9.6）支持9.6kbps的数据业务。它以5ms的间隔处理60个比特的用户数据（20ms帧内共240比特）。240个用户比特再加上4个尾比特，采用1/2比率、约束长度$K=5$的卷积压缩编码器，得到的488个编码比特压缩到456个编码比特（32个比特不传送）。数据业务经过信道编码后的总数据速率是22.8kbps。

3）控制信道编码

GSM的控制信道消息被确定为184个比特，首先用截短二进制循环Fire码进行编码，然后通过卷积编码器。Fire码产生184个消息比特，后面跟有40个奇偶检验比特，为清空随后的卷积编码器，再加上4个尾比特，这样产生一个228比特的数据块。采用1/2比率、约束长度$K=5$的卷积编码，最后形成20ms帧内共456个比特的数据块。控制信息经过信道编码后的总数据速率是22.8kbps。

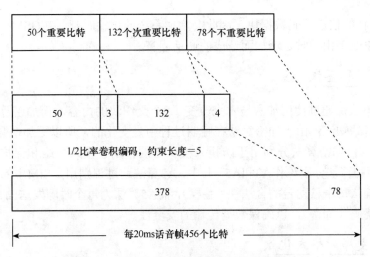

图 13-13　GSM 全速率话音信号的信道编码过程

3　交织

为了保证接收数据在受到信道衰落时的突发误码率最小，GSM对信道编码后的数据比特进行了两次交织，第一次交织是内部交织；第二次交织是子块之间的时隙交织。以话音数据为例，内部交织将每个信道编码数据块中的456个编码比特交织为8个57比特的子块，时隙交织再将内部交织后的8个子块分布到特定时隙号的8个连续的TCH时隙中，两个信道编码数据块的子块在时隙中对角交织，交织后每个TCH时隙中载有来自两个不同的信道编码数据块的2个57比特的子块，如图13-14所示。

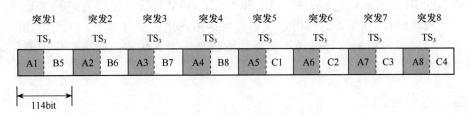

图 13-14　TCH 数据的时隙交织

8个话音子块（A1～A8）被分布到特定时隙号的8个连续TCH时隙上

图13-14中，第1个突发的TS_3中包含第N个信道编码数据块（用A表示）中第1个子块的57比特数据和第$N-1$个信道编码数据块（用B表示）中第5个子块的57比特数据，后面的时隙以此类推，第8个突发的TS_3中包含有第N个信道编码数据块中第8个子块的57比特数据和第$N+1$个信道编码数据块（用C表示）中第4个子块的57比特数据。

由于信道编码后的数据块经过了两次交织，编码比特的顺序已经被完全打乱，如果因为干扰或衰落使某个突发序列丢失，解交织后的数据块能够保证有足够的连续比特被正确的接收，满足信道编码进行纠错的要求。当然，由于经过8次突发后才能完整传输一组456个比特的信道编码数据块，因此会增加系统的传输时延，在GSM中需要采用回音抵消技术来改善由于时延增加而造成的通话回音。

4 加密和鉴权

加密的方法是通过使用加密技术来改变了8个交织块的内容，而加密算法只有特定的移动台和基站知道。由于加密算法在呼叫过程中是变化的，所以更加增强了安全性。GSM采用了两种加密算法分别用于防止未被认可的移动台接入网络和保护无线传输的私密性。这两种算法分别称作A3和A5。其中，A3算法通过识别用户SIM中的口令和MSC中的密钥来确认每个移动台的合法性（鉴权），而A5算法为每个时隙发送的114个编码数据比特提供扰码（加密），以确保数据传输的安全性。

5 突发序列格式化

在突发序列格式化单元中，114个比特的数据流加入训练序列、头比特、尾比特和保护比特组成156.25个比特的突发，这些突发按照信道类型组合到不同的TDMA帧和时隙中，形成TDMA突发脉冲。突发序列格式化便于信息的接收、同步、均衡和信息分类处理，经过格式化后的数据进入调制器。

6 调制

GSM采用的调制方式是GMSK（高斯滤波最小频移键控），高斯脉冲成形滤波器的3dB带宽和比特周期的乘积：BT＝0.3。在GSM中，首先通过使射频载波的频率偏移±67.708kHz来表示二进制中的"1"和"0"。GSM的信道速率为270.833kbps，正好是射频载波频移的4倍，这样可以使调制频谱所占用的带宽最小，从而增加信道容量。最小频移键控调制信号再通过高斯滤波器来平滑其快速的频率变化，避免调制信号的频谱扩展到相邻信道。

7 发射机

发射机将已调制的中频载波变频为系统要求的射频载波，然后进行功率放大，最后送到天线系统发射出去。

8 接收机

接收机首先将接收到的微弱的射频载波进行低噪声放大，然后变频为中频载波，最后送到解调器进行解调。

9 解调、解密、解交织、信道解码、话音解码

接收信号的恢复过程是信号发射的逆过程。在前向信道的发送信号中，特定用户移

动台的信息由所分配的载频和时隙来承载，相应载频中指定时隙的信号在突发序列格式化提供的同步数据的协助下进行解调。解调后的数据依次被解密、解交织、信道解码和话音解码，最终恢复发送端的话音信号。

10　跳频

在正常条件下，属于特定物理信道的每个数据突发序列都是用特定的载频来发送的。然而，如果特定小区内的用户遇到严重的小尺度衰落或干扰时，该小区就可以被系统运营商定义为"跳频小区"，采用跳频技术来抵消小尺度衰落或其他干扰的影响。跳频是一帧一帧进行的，因此发生跳频的最大速率为216.7跳/秒（1/4.615ms）。GSM中规定最多可用的跳频序列为64个，是否采用跳频则完全由系统运营商决定。

11　均衡

均衡是通过在发送端的每个时隙的中间段所发送的训练序列来实现的，接收端根据接收到的训练序列来调整均衡器的参数，使其更适应传输信道的特性，从而降低紧随其后传输的业务数据的误码率。GSM没有指定均衡器的具体类型，由制造商确定。

13.3.9　GSM 的编号计划

GSM移动台的电话号码采用的是等位长的统一编码MSISDN（移动用户国际ISDN号），如86 13903119999。为了保证接入的安全性，GSM在Um和MAP接口上传送的用于识别用户并进行接续操作的并不是MSISDN，而是保存在HLR、VLR和用户SIM中的IMSI（International Mobile SubscriberIdentification Number，国际移动用户识别号码）。为了避免IMSI在空中被窃取，在用户进行位置更新登记时，由MSC/VLR临时分配给该用户一个有时效性的TMSI（Temporary Mobile Subscriber Identity，临时移动用户标识码）来替代IMSI。当漫游台被呼叫时，该用户所在的MSC/VLR还要为其分配一个MSRN（Mobile Station Roaming Number，移动台漫游号码）。此外，每个移动台在出厂时还有一个唯一的IMEI（International Mobile Equipment Identity，国际移动设备识别码）。

GSM本身也有一套号码。例如，MCC（Mobile Country Code，移动国家代码），我国为460；MNC（Mobile Network Code，移动网络代码），中国移动为00，中国联通为01；NDC（National Destination Code，国内目的地码），中国移动为134～139，中国联通为130～132；NC（标示某个GSM中HLR的网络代码），NC＝NDC＋$H_0H_1H_2H_3$，$H_0H_1H_2H_3$是HLR识别号；LAI（Location Area Identify，位置区识别码）；BSIC（Base Station Identify Code，基站识别码）等。以这些基本代码为单元，可以组织和定义一系列GSM中有关设施或服务区的识别码。

GSM中的主要编号如下。

（1）MSISDN：按照IDSN的编号计划定义的移动用户国际ISDN号码，最长15位。

$$MSISDN＝CC＋NDC＋HLR识别号＋SN \tag{13-1}$$

式中，CC为国家代码，我国为86；

NDC为国内目的地码，中国移动为134～139，中国联通为130～132；

HLR识别号的格式是$H_0H_1H_2H_3$；

SN为用户号码，格式为ABCD。

例如，某市的中国移动GSM，NDC为134～139，HLR识别号为0311～9311，可用的MSISDN号码范围为134 0311 0000～139 9311 9999，共计60万个号码。

（2）IMSI：按照陆地移动台标示计划定义的国际移动用户识别码，长度为15位。

$$IMSI=MCC+MNC+MSIN \tag{13-2}$$

式中，MCC为移动国家代码，我国为460；

MNC为移动网络代码，中国移动为00，中国联通为01；

MSIN为移动用户识别号码，$MSIN=H_1H_2H_3$ S XXXXXX（S对应NDC）。

例如，某市的中国移动GSM，S为9；HLR识别号的$H_1H_2H_3$为311，可用的IMSI号码范围为460 00 311 9 000000～460 00 311 9 999999，共计100万个号码。

（3）TMSI：临时移动用户识别码。

TMSI是为了避免IMSI长时间暴露在空中信息被窃取而采用的一种保密措施。当用户的位置更新成功后，由用户当前所在的MSC/VLR分配给该用户一个TMSI替代IMSI。TMSI是一个临时号码，至少在每次位置更新后改变。

（4）MSRN：移动台漫游号码。

$$MSRN=CC+NDC+0+M_0M_1M_2M_3+ABC \tag{13-3}$$

式中，$M_0M_1M_2M_3$为漫游地MSC/VLR的标识号或局号，M_1M_2与H_1H_2相同；

ABC为VLR临时分配给被叫用户的漫游号。

例如，中国移动某市某MSC的MSC/VLR号码＝86 139 0 0311，该局的MSC/VLR所能供分配的MSRN号码范围是86 139 0 0311 000～86 139 0 0311 999，共1000个号码。

（5）IMEI：国际移动设备识别码。

$$IMEI=TAC+FAC+SNR+SP \tag{13-4}$$

式中，TAC为由欧洲型号认证中心分配的允许类型码，长度5位；

FAC为由厂家编制的表示生产厂家和装配地的最后组装号，长度为2位；

SNR为厂家制定的产品串号，长度为5位；

SP为备用的1位空号。

使用IMEI认证可以防止非法移动台入网，但需要配备EIR（设备识别寄存器）。也可不使用IMEI以节省投资，中国移动和中国联通的GSM中均没有安装EIR进行IMEI认证，只安装了AUC对用户的SIM卡进行鉴权和认证。

$$MSC/VLR号码＝CC+NDC+0+M_0M_1M_2M_3 \tag{13-5}$$

例如，中国移动某市某局MSC/VLR的号码为86 139 0 0311。

（6）
$$HLR号码＝CC+NDC+H_0H_1H_2H_3+0000 \tag{13-6}$$

例如，中国移动某市某HLR的号码为86 139 0311 0000。

(7) LAI（位置区识别码）＝MCC＋MNC＋LAC (13-7)

式中，LAC为由2字节BCD码（16进制格式$X_1X_2X_3X_4$）构成的位置区码，总共有65 536个位置区，X_1X_2由电信管理当局统一分配，X_3X_4由运营商自定。

LAI主要用于识别一个漫游用户当前所在的VLR辖区。

(8) BSIC（基站识别码）＝NCC＋BCC (13-8)

式中，NCC为位长3bit（XY_1Y_2）的国家色码，X表示运营商（中国移动$X=1$；中国联通$X=0$），Y_1Y_2由电信管理当局统一分配。

BCC是位长3bit 的基站色码，由运营商自定。

BSIC主要用于区别相邻国家（或省）之间的相邻基站。

13.3.10 通用分组无线业务

GSM在全世界范围内得到了广泛的应用，话音业务的覆盖范围和服务质量得到了用户的广泛认可，但是GSM可以提供的电路型数据业务的基本速率只有9.6kbps，远远不能满足用户对数据业务的要求。虽然采用高速电路交换数据（High Speed Circuit Switched Data，HSCSD）技术，数据速率可以提高到57.6kbps，但是呼叫建立时间长，而且多时隙捆绑的工作方式会造成频谱资源的紧张和浪费，仍然难以满足用户日益增加的对数据业务（特别是以Internet为代表的IP分组数据业务）的需求。

通用分组无线业务（General Packet Radio Service，GPRS）是一种经济有效的分组数据无线传输技术，数据速率可以达到115kbps，具有支持移动上网的功能，能够按照比特收取用户通信费用，而且对GSM的改动较少，可以基本满足大部分用户对数据业务的初期需求。在传统的GSM中叠加GPRS网络实现分组数据业务，可以有效保护电信运营商的投资，更容易与现有的网络业务兼容，同时GPRS网络基于分组数据业务的核心网络也为今后3G的建设打下了基础。由于以上诸多优点，GPRS技术得到了非常广泛的应用，有时人们也把叠加了GPRS技术的GSM（GSM/GPRS）称为从2G向3G演进的2.5G的技术。叠加了GPRS的GSM如图13-15所示。

GPRS的基本思路是在支持话音和电路型数据业务的GSM中叠加一个支持分组数据业务的网络，并且可以与外部的分组网络（如Internet）互联。在叠加了GPRS的GSM中，话音和电路型数据业务仍然由GSM的MSC/VLR支持，分组数据业务则由GPRS网络提供，HLR和AUC由两者共用。作为基于分组数据业务的体系结构，GPRS是为了在无线系统和公共分组网络之间进行分组数据交换而引入的全新网络结构。

GPRS网络的核心单元是SGSN（服务型GPRS支持节点）和GGSN（网关型GPRS支持节点）。SGSN是为MS提供移动性管理和路由选择等服务的节点，负责处理用户注册、加密、移动、会话管理和基于位置的具体事务，实现GPRS与GSM的互通，把GPRS连接到无线环境。GGSN是GPRS网络接入外部分组数据网络的节点，用于实现GPRS网络与外部分组数据网络的互连。

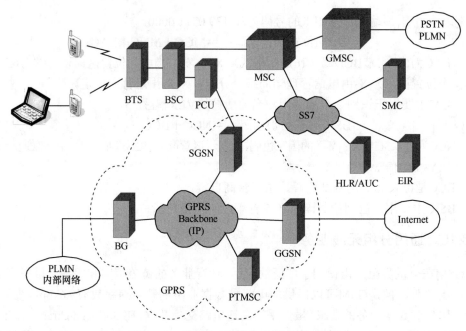

图 13-15　叠加在 GSM 之上的 GPRS 网络

PCU—Packet Control Unit，分组控制单元；

SGSN—Serving GPRS Support Node，服务型GPRS支持节点；

GGSN—Gateway GPRS Support Node，网关型GPRS支持节点；

PTM SC—Point to Multipoint Service Center，点对多点服务中心；

BG—Border Gateway，边界路由器

　　GPRS采用分组交换的形式承载数据业务，不需利用电路交换资源。它能提供的数据速率取决于所采用的编码方案，4种标准的编码数据速率分别是每信道9.05kbps、13.4kbps、15.6kbps和21.4kbps。由于用户可以动态共享一个载频中的全部业务信道（8个时隙），理论上每个用户的最大数据吞吐量可以达到171kbps。不过，由于信道编码和多时隙分配需要一些开销，实际的最高吞吐量为115kbps。

　　GPRS能够更高效地利用无线资源并以更合理的收费方式提供丰富的业务服务。例如，点对点业务、点对多点业务、补充业务和短消息业务等。

　　考虑到2G的多样性和维护2G的巨大投资，ITU最终放弃了对3G空中接口和核心网络的一致性要求，致力于采用2G向3G的演进方式，GPRS技术就是从2G的GSM向3G的WCDMA和TD-SCDMA系统平滑过渡的重要过程。

　　欧洲电信标准协会（European Telecommunications Standards Institute，ETSI）还提出的一种可以将GSM的数据传输速率扩展到384kbps的技术，称为增强型数据速率的GSM演进（Enhanced Data Rates for GSM Evolution，EDGE）。这一速率达到了ITU规定的3G的数据传输速率的下限，能够为用户提供许多准3G的业务，但EDGE需要的软硬件投资较大，限制了它的大规模应用。

13.4

CDMA（IS-95）系统

CDMA（IS-95）系统是美国在USDC系统之后提出的另外一种第二代数字蜂窝移动通信标准，使用800MHz和1900MHz频段，主要在北美和韩国等地区和国家使用。我国现在由中国电信运营（由原中国联通引进）的窄带CDMA系统就是CDMA（IS-95）系统。

13.4.1　CDMA 的特点

CDMA（IS-95）系统的最大改变是无线接口采用了窄带码分多址技术，由于CDMA技术比GSM采用的TDMA技术成熟晚，使得CDMA（IS-95）系统在世界范围内的应用不及GSM。但CDMA与TDMA相比具有许多独特的优点，因此CDMA技术成为了第三代移动通信系统的核心技术。

CDMA技术应用于数字蜂窝移动通信系统的主要优点如下。

（1）系统容量大。CDMA系统的容量不再受限于带宽，而只受限于干扰、噪声和PN码的长度，具有软容量限制。CDMA系统的容量远远大于FDMA和TDMA系统。

（2）通信质量好。CDMA系统采用了确定声码器速率的自适应阈值技术、强有力的误码纠错技术和RAKE接收机，可以提供FDMA和TDMA系统不能比拟的通信质量。CDMA系统还支持软切换技术（先连接，再断开），可以克服硬切换（先断开，再连接）容易掉话的缺点。CDMA系统的相邻基站工作在相同的频率和带宽上，比TDMA系统更容易实现软切换，从而提高通信质量。

（3）频率规划灵活。按不同的PN序列码来区分用户，相同的CDMA载波可在相邻的小区内使用，因此CDMA系统的频率规划简单灵活，容易实现系统扩展。

（4）适用于多媒体通信系统。CDMA系统可以方便地使用多CDMA信道和多CDMA帧的方式，用于传送不同速率要求的多媒体业务，信息处理方式和合成方式都比TDMA和FDMA灵活、简便，有利于多媒体通信系统的应用。

CDMA（IS-95）系统是由美国通信工业协会颁布的基于CDMA的数字蜂窝系统，CDMA（IS-95）系统与USDC（IS-54）系统一样，与美国的第一代模拟蜂窝系统（AMPS）采用完全相同的频带，可以比较经济地制造出用于双模方式工作的基站和移动台。1994年，美国的高通（Qualcomm）公司首先生产出了兼容CDMA和AMPS的双模电话。

CDMA（IS-95）是一种采用直接序列扩频码分多址（DS-CDMA）技术的系统，它允许同一个小区和邻近小区内的所有移动台都使用相同频率的无线信道。与GSM相比，CDMA（IS-95）系统完全取消了对频率规划的严格要求。

与其他蜂窝系统的标准不同的是根据话音激活和系统的要求，CDMA（IS-95）的用户数据速率（不是信道码片速率）要实时的改变。而且CDMA（IS-95）的前向链路和反向链路采用了不同的调制和扩频技术。在前向链路上，基站通过采用不同的扩频序列同时发送小区内全部用户的数据，同时还要发送一个导频码，使得所有移动台在估计信道条件时可以使用相干载波检测。在反向链路上，所有移动台以异步方式响应，并且采用了严格的功率控制技术，在理想的情况下，每个小区内的所有移动台发送到基站天线处的信号具有相同的信号电平。

CDMA（IS-95）系统在基站和用户端都采用了RAKE接收机来改善小尺度衰落的影响。RAKE接收机利用了信道中的多径时延，将不同延时的多径信号合并起来，从而改善链路质量。在基站处一般使用三分支的RAKE接收机。CDMA（IS-95）系统还利用RAKE接收机在软切换期间提供分集接收，在两个小区之间移动的用户可以与这两个小区同时保持联系，移动台可以将来自两个基站的信号合并起来，方法与合并多径信号相同。

13.4.2　IS-95 的网络结构

CDMA（IS-95）系统的网络结构与GSM类似，由移动台、基站系统、网络系统（Network System，NS）和操作系统（Operating System，OS）组成，主要的接口有Um接口、Abis接口和A接口，如图13-16所示。

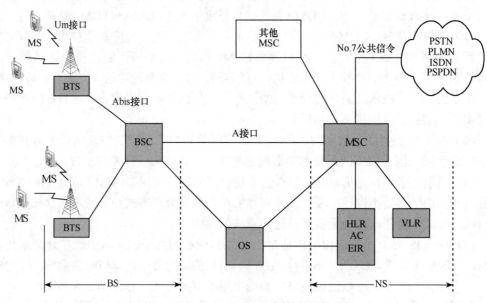

图 13-16　CDMA（IS-95）系统的网络结构

MS—移动台；BTS—基站收发信台；BSC—基站控制器；

MSC—移动交换中心；HLR—归属位置寄存器；VLR—拜访位置寄存器；

AC—鉴权中心；EIR—设备识别寄存器；OS—操作系统

13.4.3　IS-95 的无线信道

CDMA（IS-95）系统工作在800MHz频段，反向（上行）链路的频段是824～849MHz，前向（下行）链路的频段是869～894MHz，采用FDD双工方式，一对前向信道和反向信道的双工频率间隔是45MHz。

为了利于与AMPS兼容，每个CDMA（IS-95）信道占用41个AMPS载频，即每个CDMA信道的带宽为1.23MHz（41×30kHz＝1.23MHz）。

目前，我国的CDMA（IS-95）系统使用的频段是，反向链路825～835MHz，前向链路870～800MHz，系统带宽10MHz，载频号是37、78、119、160、201、242、283。

上行中心频率：$f_U(n)=825+n\times0.03\text{MHz}$

下行中心频率：$f_D(n)=870+n\times0.03\text{MHz}$

CDMA（IS-95）系统中最大的用户数据速率为9.6kbps，用户数据通过扩频技术被扩展到码片速率为1.2288Mcps的信道上，总扩频因子为128。

$$\text{码片速率＝符号速率×扩频因子} \tag{13-9}$$

由于采用了CDMA技术，CDMA（IS-95）系统中的大量的用户可以共享同一个公共信道来传送信号，但前向链路和反向链路的扩频过程是不同的。

13.4.4　前向 CDMA 信道

在前向链路中，用户数据首先用1/2比率的卷积码进行编码，然后进行交织，最后通过64个正交扩频序列（沃尔什函数）之一来扩频。给小区中的每个移动台都分配一个不同的、在逻辑上正交的扩频序列，以保证不同移动台的信号至少能够在没有受到多径干扰的情况下可以完全分开。

为了减小不同小区中使用相同扩频序列的移动台之间的干扰，并提供所要求的宽带频谱特性（并不是所有沃尔什函数都产生宽带功率谱），特定小区内的所有信号用一个码片长度为2^{15}的伪随机序列来进行扰频。由于同一小区内所有的前向信道用户信号同步地进行扰频，所以它们之间仍然保持正交性。

CDMA（IS-95）系统的前向CDMA信道包括1个导频信道、1个同步信道、7个寻呼信道和63个前向业务信道。

（1）导频信道允许移动台获得前向CDMA信道的定时，为相干解调提供一个参考相位，还为每个移动台提供不同基站之间信号强度的比较，以确定何时切换。导频信道的发射功率要高于业务信道的发射功率。

（2）同步信道向移动台广播同步消息，工作速率为1.2kbps。

（3）寻呼信道用来从基站向移动台发送控制信息，速率为9.6kbps、4.8kbps和2.4kbps。

（4）前向业务信道支持话音或用户数据业务，速率为9.6kbps、4.8kbps、2.4kbps和1.2kbps。

CDMA（IS-95）系统前向业务信道上的用户数据首先被分成20ms的帧，并进行卷积编码，然后根据实际的用户数据速率进行格式化和交织，最后用一个沃尔什码和一个速率为1.2288Mcps的PN序列来扩展信号。

前向业务信道的调制过程如图13-17所示。

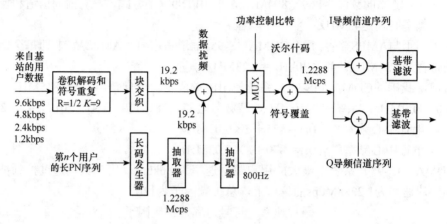

图 13-17 前向 CDMA 信道的调制过程

1 卷积编码和符号重复

用户话音数据用一个约束长度为9的1/2比率的卷积编码器进行编码。编码过程可由生成器矢量G_0和G_1来说明，G_0和G_1分别是753（八进制）和561（八进制）。

话音编码器利用了话音中的暂停和间歇，在静默期间将速率从9.6kbps降低到1.2kbps。为了保证19.2kbps的基带符号速率，当用户数据速率少于9.6kbps时，从卷积编码器产生的符号在进行块交织之前要重复，如果数据速率为4.8kbps，则每个符号需要重复1次。如果消息速率为2.4kbps或1.2kbps，则每个符号分别重复3次或7次。采用重复以后，任何可能的用户数据速率都会产生一个19.2kbps的基带编码速率。

2 块交织

经过卷积编码和重复之后，19.2kbps的编码符号被发送到20ms长的块交织器中，交织器的结构是24×16的阵列。

3 长 PN 序列

在前向信道中，用直接序列进行扰频。每个用户分到一个特有的长PN序列，该序列是码元$2^{42}-1$的周期长码。

在长码发生器中使用了两种类型的掩码方式，一种是用于移动台电子序列号（ESN）的公共掩码，一种是用于移动台识别号（MIN）的专用掩码。所有CDMA呼叫都用公共掩码来初始化，在完成认证识别后，转换成专用掩码。

4　数据扰码

数据扰码是在块交织器后完成的，1.2288Mcps的PN序列通过一个抽取器。该抽取器仅保留64个连续码片中的第一个码片，从抽取器中抽取出来的符号速率是19.2kbps。块交织器的输出序列和抽取器的输出符号进行模2加，完成数据扰码。

5　功率控制比特

为了减少移动台之间的相互干扰，降低每个移动台的误码率，CDMA（IS-95）系统采用了功率控制技术。通过对移动台发射功率的精确控制，使每个移动台的发射信号在到达基站接收机时功率电平相同，也就是具有相同的信噪比。基站的反向业务信道接收机接收并测量移动台的信号强度（实际上是信号强度与干扰之和），因为信号和干扰都是连续变化的，因此基站每隔1.25ms就要更新一次功率控制参数。功率控制比特在功率控制子信道上发送给移动台，该命令控制移动台以1dB的步长来增加或降低自己的发射功率。如果接收信号的功率电平较低，则通过功率控制子信道发送一个"0"，指示移动台提高自己的平均输出功率；如果接收信号的功率电平较高，则发送一个"1"，指示移动台降低自己的发射功率。

功率控制比特对应于前向业务信道上的两个调制符号，并采用插入技术来传送。在CDMA（IS-95）系统中，为功率控制比特指定了16个可能的功率控制位置，每个位置对应于16个调制符号中的一个。在1.25ms的周期内，从长码抽取器中抽取出来的24个比特用于数据扰码，而仅用最后的4个比特来确定功率控制比特的位置。

在数据扰码之后加入功率控制比特的过程如图13-18所示。图中最后的4个比特是"1011"（相当于十进制的11），因此功率控制比特开始于位置11。

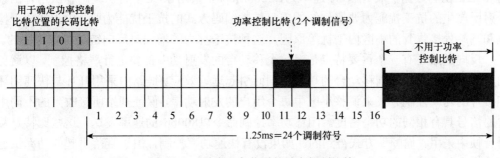

图 13-18　前向业务信道的功率控制比特

6　正交覆盖

在CDMA前向信道上，对数据进行扰码之后需要完成正交覆盖。每个在前向CDMA信道上传送的业务信道数据用一个码片速率为1.2288Mcps的沃尔什函数进行扩频。沃尔什函数由64个二进制序列组成，每个序列的长度为64位。这些序列相互正交，并为前向链路上的所有用户提供相互正交的信道。

7　正交调制

正交覆盖完成后，进行正交调制，前向链路采用的调制方式是QPSK。这时采用码片周期为$2^{15}-1$的短二进制扩频序列来进行调制，以方便移动台完成捕获和同步。这个短扩频序列称为导频PN序列，其中的同相（I）PN码和正交（Q）PN码是分别使用的。

CDMA（IS-95）系统前向业务信道的参数见表13-3。

表 13-3　CDMA（IS-95）前向业务信道的参数

用户数据速率/kbps	9.6	4.8	2.4	1.2
编码比率	1/2	1/2	1/2	1/2
用户数据重复周期	1	2	4	8
基带编码数据速率/kbps	19.2	19.2	19.2	19.2
PN 码片/编码数据比特	64	64	64	64
PN 码片速率/Mcps	1.2288	1.2288	1.2288	1.2288
每比特 PN 码片数	128	256	512	1024

13.4.5　反向 CDMA 信道

在反向链路中，CDMA（IS-95）系统采用了不同的扩频方法。反向链路中每个接收信号是经由不同的传播路径到达基站的，反向信道的用户数据流首先用1/3比率的卷积码进行编码，经过交织后，每个编码符号块被映射给一个正交沃尔什函数，产生64列正交信号。最后，分别通过码片周期为$2^{42}-1$的用户特定码和码片周期为2^{15}的基站特定码，将307.2kcps的数据扩展4倍，即速率为1.2288Mcps。采用1/3比率卷积编码和沃尔什函数映射所产生的抗干扰能力要比传统的重复扩频编码方式的抗干扰能力强，由于非相干检测和基站处接收到的小区内干扰等原因，这种抗干扰力的增强对反向链路是很重要的。

反向链路还有一个重要特点是对每个移动台的发射功率都要进行严格控制，以避免由于基站接收到的不同移动台的功率不同而引起远近效应。链路中采用开环与快速闭环相接合的功率控制方式来调整小区中每个用户的发射功率，保证基站所接收到的不同用户的信号具有相同的功率密度。闭环功率控制命令以800bps的速率发送，这些比特是从话音帧中采用"偷帧"方式得到的。如果没有快速功率控制，由于衰落引起的功率快速变化将会使系统中所有用户的性能大大降低。

反向信道上的用户数据被分成20ms长的帧，所有的传输数据在传输之前都要经过卷积编码、块交织、64阶正交调制和扩频。在反向信道中，话音或用户数据速率可以是9.6kbps、4.8kbps、2.4kbps或1.2kbps。反向CDMA信道由接入信道（Access Channel，AC）和反向业务信道（Reverse Traffic Channel，RTC）组成，这两种信道共享相同的频段，而且每个AC和RTC由特定的用户长码来识别。移动台通过AC来初始化与基站之间的通信并响应寻呼信道的信息，在反向CDMA信道中，每个被支持的寻呼信道最多包含32个AC。当RTC以可变速率工作时，AC以4.8kbps的固定速率工作。

CDMA（IS-95）反向业务信道的调制过程如图13-19所示。

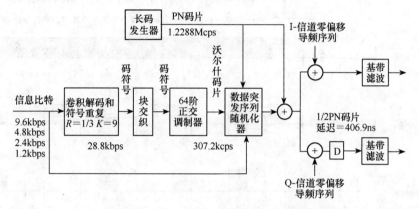

图 13-19　反向业务信道的调制过程

1 卷积编码和符号重复

反向业务信道中使用的卷积编码器比率为1/3，约束长度为9。3个发生器矢量G_0、G_1、G_2分别是557（八进制）、663（八进制）、771（八进制）。

当数据速率少于9.6kbps时，卷积编码得到的编码比特在进行交织之前要进行符号重复，方法与前向信道相同。符号重复后，编码器的输出符号速率为28.8kbps。

2 块交织

卷积编码和符号重复后，28.8kbps的编码符号紧接着进行块交织，块交织器的长度为20ms，是一个32行×18列的交织阵列。编码符号按列写入阵列，然后按行读出。

3 正交调制

反向CDMA信道采用64阶正交调制，每6个编码比特为一组，用64个沃尔什函数中的1个进行调制，沃尔什码片传送速率为307.2kcps。

$$28.8\text{kbps} \times (64\text{个沃尔什码片})/(6\text{个编码比特}) = 307.2\text{kcps} \qquad (13\text{-}10)$$

需要注意的是，沃尔什函数在前向信道和反向信道中的作用是不同的。在前向信道，沃尔什函数用于扩频，而在反向信道，沃尔什函数用于数据调制。

4 数据传输

在反向CDMA信道上发送的是变速率数据。当数据速率为9.6kbps时，所有交织器的输出比特都被发送；数据速率为4.8kbps时，交织器输出比特的一半被发送，移动台的传送工作时间为50%，以此类推；当某些时刻关闭发射器时，就用一个随机函数发生器来发送一定的比特。不同数据速率的传输过程如图13-20所示。

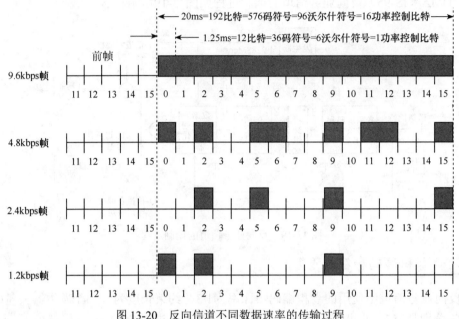

图 13-20　反向信道不同数据速率的传输过程

20ms帧内的数据被分成了16个功率控制组，每组周期1.25ms。一些功率控制组选通，而一些不选通。数据突发序列随机化器保证了每一个重复的码符号都能被正确传输。在非选通时，移动台所发送的功率要比邻近选通期间发送的功率至少低20dB或者低于传输噪声，取值为二者中的最低值，这样可以减少对相同反向CDMA信道上其他移动台的干扰。

数据突发序列随机化器产生一个"0"和"1"的屏蔽模式，它可以随机地屏蔽掉由于符号重复而产生的冗余数据。从长码中取出的14个比特块决定了屏蔽模式，这14个比特是前一帧倒数第二个功率控制组用于扩频的长码的最后14个比特。

如果用户数据速率为9.6kbps，则在所有的16个功率控制组上发射；如果用户数据速率为4.8kbps，则在其中的8个功率控制组上发射；如果用户数据速率为2.4kbps，则在其中的4个功率控制组上发射；如果用户数据速率为1.2kbps，则在其中的2个功率控制组上发射。

5　直接序列扩频

在反向业务信道中，用户数据由速率为1.2288Mcps的长码PN序列进行扩频，每个沃尔什码片由4个长码PN码片来扩频。

6　正交扩频

在发送之前，反向业务信道由I和Q信道导频PN序列来扩频，这些导频PN序列与前向CDMA信道中使用的相同，它们用于同步目的。反向信道的调制方式是OQPSK（偏移四相相移键控）调制。Q导频PN序列扩频的数据与I导频PN序列扩频的数据相比，延时增加了码片周期的一半（406.901ns），这个延时用于改善频谱形状和同步。

CDMA（IS-95）系统反向业务信道的参数见表13-4。

表 13-4　CDMA（IS-95）反向业务信道的参数

用户数据速率/kbps	9.6	4.8	2.4	1.2
编码速率	1/3	1/3	1/3	1/3
发射占用周期/%	100	50	25	12.5
编码数据速率/kbps	28.8	28.8	28.8	28.8
每个沃尔什符号比特数	6	6	6	6
沃尔什码片速率/kcps	307.2	307.2	307.2	307.2
PN 码片/编码符号	42.67	42.67	42.67	42.67
PN 码片/沃尔什符号	256	256	256	256
PN 码片/沃尔什码片	4	4	4	4
PN 码片速率/Mcps	1.2288	1.2288	1.2288	1.2288

13.4.6　软切换技术

软切换是CDMA系统特有的关键技术之一，所谓软切换是指移动台从一个小区进入另一个小区时，先建立与新基站的通信，直到原基站的接收信号电平低于一个阈值时，才切断与原基站的通信，即"先连接，再断开"。

在移动通信系统中，当处于连接状态的移动台从一个小区移动到另一个小区时，为了保证通信不中断，通常会启动切换过程来保证移动台的业务传输，将与原服务小区的连接释放，并与新的服务小区产生连接。切换过程是蜂窝移动通信系统最重要的过程之一，它不仅影响着小区边界处的呼叫服务质量，还与网络的负荷有着紧密的联系，即它还与无线资源的使用情况有着密切的联系。如果切换过程进行得不好，很可能造成小区的过载和移动台的"掉话"，使网络的服务质量大大下降。特别是在城市中心区的蜂窝移动通信系统中，由于大量引入了微小区的结构来增加系统容量，每个小区的覆盖半径很小，切换发生的概率很高，这就更需要一种可靠的切换技术来保证系统的性能。

FDMA和TDMA系统采用的是硬切换技术，在需要进行越区切换时，首先要断开与原服务小区的连接，然后再建立与新小区的连接，即"先断开，再连接"，切换过程中造成通信中断的可能性相对比较高。

在CDMA系统中，当移动台处于切换区时，可以在保持与原服务小区连接的同时，根据事先设定的阈值和不同小区的导频强度，选择与两个或多个小区同时建立连接。在继续移动的过程中，当原服务小区的电平低于一定的阈值后，再释放与原服务小区的连接，而仅与即将进入的小区连接，这就是软切换。软切换保证了切换过程中信息传输的连续性，大大降低了掉话的概率。

在CDMA（IS-95）系统中，软切换的过程从移动台开始，它必须不断测量系统内导频信道的信号强度。为了有效地对导频信道进行搜索，系统中的导频信道被分为活动集、候选集、邻近集和剩余集4个集合。活动集由具有足够的信号强度并正在支持移动台呼叫的导频组成；候选集由导频强度能够支持移动台呼叫的导频组成；邻近集由不属于活动集或候选集，但是有可能参与软切换的导频组成（如这些导频在已知的邻近区域内）；剩余集由属于CDMA系统但未包含在其他3组中的小区导频组成。当移动台测得邻近集或剩余集中的一个导频的强度超过导频加入阈值，或者候选集中的一个导频的强度超过活动集中的导频强度，或者活动集中的导频低于导频丢弃阈值并且持续时间达到导频丢弃定时器阈值时，移动台就会向基站发送"导频强度测量消息"，报告导频搜索的结果以及切换定时器的状态。"导频强度测量消息"中还应报告有关导频信道相对于移动台时间基准的相对时间间隔。基站通过发送"切换指示消息"来响应"导频强度测量消息"，给移动台分配新的前向业务信道。另外"切换指示消息"也用来标示从活动集中去掉的导频，移动台将停止使用已从活动集中去掉的导频，并发送"切换完成消息"。一般情况下，处于切换状态下的移动台的数量应该控制在系统用户总数的30%左右。当系统资源不够时，可能会造成用户接入某小区不畅的问题（如延迟或失败）。在不改变网络现有设备的情况下，可适当降低系统软切换的百分比，以释放业务信道来提供正常通信。

13.4.7 话音编码和空中接口的改进

CDMA（IS-95）系统最初采用的话音编码器是高通公司开发的9.6kbps的码本激励线性预测编码器（QCELP）。该编码器检测话音激活，并在静默期间将数据速率降至1.2kbps，中间数据速率4.8kbps和2.4kbps也用于一些特定情况。1995年，高通公司又开发并推出了14.4kbps编码器，该编码器使用13.4kbps的话音数据（QCELP13），其话音质量与GSM采用的13kbps RPE-LTP-LPC编码方式相当。

为了与更高质量的高数据速率话音编码相匹配，CDMA（IS-95）系统空中接口的结构也做出了一些改动以便提供更高速率的数据业务。在前向链路上，对于用1/2比率卷积编码的编码符号，每6个符号去掉2个，编码比率由1/2变成3/4。在反向链路上，卷积编码比率由1/3变成1/2。这些改变使有效信息速率分别从9.6kbps、4.8kbps、2.4kbps和1.2kbps提高到了14.4kbps、7.2kbps、3.6kbps和1.8kbps，其他空中接口的结构参数不变。

可变速率语音编码器QCELP13被用于14.4kbps的高数据速率信道。QCELP13是QCELP的修正版本，除了使用更高的数据速率来改善LPC余值的量化外，QCELP13相对于QCELP算法还有其他几种改善，包括频谱量化、话音激活检测、基音预测以及基音滤波的改善。QCELP13算法可以用几种模式来运行，其中模式"0"与原来的QCELP话音编码器的运行方式相同。QCELP13对激活语音进行最高数据速率编码，而静默时进行最低数据速率编码。中间数据速率用于其他不同的语音模式，如静态浊音和清音帧，因此降低了平均语音速率而增大了系统容量。

13.5

个人手持电话系统

　　个人手持电话系统（Personal Handy-phone System，PHS）是由日本无线系统研究开发中心开发的一种空中接口标准。

　　PHS标准采用了时分双工和时分多址技术，每个无线信道上可以提供4个双工业务信道。前向和反向链路中均采用了π/4 DQPSK调制，信道速率为384kbps。每个TDMA帧长为5ms，采用32kbps的ADPCM，并且有CRC差错检测。

　　PHS系统在1895～1918.1MHz范围内支持77个无线信道，每个信道宽度为300kHz。其中1906.1～1918.1MHz范围内的40个信道用于公共系统，1895～1906.1MHz范围内的33个信道用于家庭或办公室。

　　PHS采用动态信道分配技术，能够根据基站和移动台所得到的射频信号强度来动态分配信道。PHS采用一定的控制信道来锁定空闲的用户。PHS主要是为微小区和室内PCS使用而设计的，所以仅能够在步行速度时提供越区切换。

　　我国固定电话运营商开通的"小灵通"系统就是采用PHS标准建设的。由于这些固定电话运营商没有得到国家认可的建设移动通信系统的运营执照，因此小灵通是作为一种固话延伸的概念推向市场的，也被称为无线市话。但是从技术上说，PHS实际上是一个数字蜂窝移动通信系统，属于第二代的移动通信技术。由于小灵通系统所使用的是我国分配给第三代移动通信系统TD-SCDMA的频带，随着我国第三代移动通信系统的建设，小灵通被迫退出我国的电信市场。

13.6

欧洲数字无绳电话

　　第二代移动通信标准还包括数字无绳电话系统，其中最典型的系统是DECT（Digital Enhanced Cordless Telecommunications，数字增强无绳通信）系统。DECT系统是由欧洲电信标准协会在1992年7月制定的一个在欧洲广泛使用的数字无绳电话标准。

　　DECT系统可以为用户密度较高的小范围区域提供无绳电话通信，其主要功能是为使用专用小交换机的便携用户提供一定区域的移动性。DECT是一个开放型的标准，它可以将移动用户连接到广域的固定网络上，如PSTN、ISDN或者GSM。DECT可以在几百米的范围内，在便携用户与固定基站之间提供低功率的无线接入。

13.6.1 DECT 的技术体系

DECT系统与ISDN类似，是基于开放系统互连（Open System Interconnect，OSI）原则的。DECT能够寻呼多达6000个用户而并不需要知道这些用户位于哪个小区。与GSM等蜂窝移动通信系统不同，DECT并不是一个完整的移动通信系统，它是为无线本地环路或城市区域的无线接入而设计的，但是它可以用于用户与GSM等移动通信系统的相互连接。DECT根据便携终端所接收到的信号强度来动态分配信道，而且只能在低速运动下提供越区切换。

1 物理层

DECT的物理层规范要求信道带宽是信道数据速率值（1.152Mbps）的1.5倍，即1.728MHz。无线信道采用时分双工和多载波时分多址（Multi-Carrier TDMA，MC-TDMA）技术。在一个TDMA时隙中，可以从十个载频中动态地选择一个。每一帧中有24个时隙，其中12个时隙用于基站到便携终端的通信（下行），另外12个时隙用于便携终端到基站的通信（上行）。这24个时隙组成一个长度为10ms的DECT帧。每个时隙中共有480个比特，其中32个比特用于同步，388个比特用于数据传输，60个比特用于保护时间。

2 媒体访问控制层

媒体访问控制层（Medium Access Control，MAC）包括一个寻呼信道和一个控制信道。用户信息信道的正常比特率是32kbps。但是DECT也可以支持其他的比特率，例如，用于ISDN和局域网的64kbps或其他32kbps的倍数的比特率。MAC层也支持呼叫交接和广播信标服务，以保证所有空闲的便携终端能找到并锁定到最佳的无线信道。

3 数据链路控制层

数据链路控制层（Data Link Control，DLC）负责向网络层提供可靠的数据链路，并针对每个用户将逻辑物理信道划分成时隙，DLC对每个时隙提供格式化和纠错检错。

4 网络层

网络层是DECT的主要信令层，是基于ISDN（第三层）和GSM协议的信令层。DECT网络层提供呼叫控制业务、电话交换业务以及面向连接的消息业务和移动性管理。

13.6.2 DECT 的网络结构

DECT是一种微小区或微微小区结构的无绳电话系统，它可以通过一个专用或者公用的电话交换机连接到PSTN上。DECT系统包含下列5个功能块，如图13-21所示。

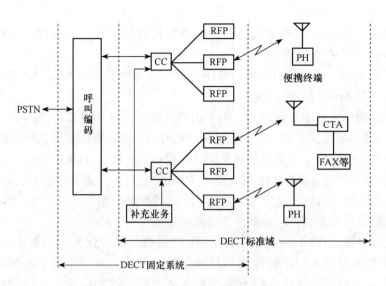

图 13-21 DECT 系统的网络结构

便携终端（Portable Terminal，PH）是移动电话或终端。

无绳终端适配器（Cordless Terminal Adapter，CTA）用来提供传真或视频业务。

无线固定部分（Radio Fixed Part，RFP）支持DECT系统公共空中接口的物理层，每个RFP覆盖微小区中的一个小区。RFP与PH之间的无线传输采用时分双工方式和多载波时分多址技术。由于DECT系统会受到无线信道载波干扰比的限制，紧凑设置RFP可以提高系统的容量，减少其他系统的干扰。

无绳控制器（Cordless Controller, CC）用于处理一个或一组RFP的MAC层、DLC层和网络层，并形成DECT设备的中央控制单元。在CC中完成32kbps的ADPCM语音编码。

补充业务，当DECT用于提供Telepoint（电话服务站）业务时，该部分提供鉴权和计费功能，当DECT用在多点专用自动交换机网络业务时，该部分提供移动性管理。

13.6.3 DECT 的无线信道

DECT 的工作频段是 1880 ~ 1900MHz。在该频段中，DECT 在 1881.792 ~ 1897.344MHz之间划分了10个间隔为1.728MHz的信道。DECT支持MC-TDMA/TDD结构。每个基站提供一个支持12个双工话音信道的帧结构，在DECT频段上最多可以提供120个信道。每一个时隙可以占用任意的DECT信道，因此，DECT基站在MC-TDMA/TDD结构上可以支持跳频多址。每个不同的信道分配一个时隙以利用跳频带来的优点，同时也可以避免异步方式中其他用户的干扰。

（1）信道类型。DECT可以提供用户数据业务。每个时隙提供320个用户比特，帧长为10ms，因此每个用户产生32kbps的数据流。在每一个建立呼叫的时隙中，有64个比特携带DECT的控制信息，每个用户总的控制信道数据速率是6.4kbps。DECT控制信息的正确发送依赖于差错检测和重新传输，64个比特的控制字包含有16个循环冗余校验（CRC）比特和48个控制数据比特。

（2）话音编码。模拟话音首先用8kHz抽样频率数字化为PCM编码，然后对数字话音的样值进行32kbps的ADPCM编码。

（3）信道编码。对于话音信号，不采用信道编码。由于DECT对每个时隙提供了跳频，而且DECT系统主要在室内环境下使用，延时很小，话音质量可以得到保证。但是，在每个时隙中，对控制信道采用了16个比特的循环冗余校验（CRC）码。

（4）调制。DECT采用GMSK调制技术（与GSM一样）。最小频移键控是FSK的一种特殊形式，两个符号的相移被限定为连续的。在进行最小频移键控调制之前，信号用一个高斯滤波器进行滤波处理，以减少边带辐射。

（5）天线分集。在DECT系统中，基站RFP接收端的空间分集用两个天线来实现，通过分集接收选出能为每个时隙提供最优信号的天线，分集是基于功率检测或信号质量测量来完成的，基站的天线分集改善了衰落和干扰的影响。在用户端不采用天线分集。

13.7 2G 的典型系统

几种在全世界范围内得到广泛应用的第二代移动通信系统见表13-5和表13-6。

表 13-5　数字无绳电话系统

	DECT	PHS	PACS
地区	欧洲	日本	美国
双工类型	TDD	TDD	FDD/TDD
频段/MHz	1880～1900	1895～1918	1850～1910 1920～1990
载波间隔/kHz	1728	300	300
载波数	10	77	400 或 32
信道/载波	12	4	8 或 4
信道比特率	1152	384	384
调制	GMSK	$\pi/4$ DQPSK	$\pi/4$ DQPSK
语音编码/（kbps）	32	32	32
帧长/ms	10	5	2.5 或 2
手机最大/平均功率	250/10 mW	80/10 mW	100/25 mW

表 13-6　第二代数字蜂窝系统

		GSM900 和 DCS1800	CDMA（IS-95）
频率 / MHz	GSM	890～915（反向） 935～960（前向）	824～849（反向） 869～894（前向）
	DCS	1710～1785（反向） 1805～1880（前向）	
双工方式		FDD	FDD
多址方式		TDMA/FDMA	CDMA/FDMA
调制		GMSK（BT＝0.3）	反向：OQPSK 前向：QPSK
载波间隔		200kHz	1.23 MHz
信道数据速率		270.833 kbps	1.2288 Mcps
语音信道数		992	
频谱效率		1.35（bps）/Hz	
语音编码		13kbps RPE-LTP-LPC	QCELP/8/13
信道编码	前向	CRC（$R＝1/2$；$K＝6$ 卷积码）	CRC（$R＝1/2$；$K＝9$ 卷积码）
	反向		CRC（$R＝1/3$；$K＝9$ 卷积码）
均衡器		自适应	—
手机最大/平均功率		1W/125mW	600/200 mW

本 章 小 结

　　移动通信技术的高速发展和移动通信系统的大规模商用是从第二代数字蜂窝移动通信系统开始的。与第一代模拟系统相比，2G完全基于数字技术，采用了均衡、分集、交织、信道编码、话音编码、数字调制等先进的数字通信技术，无线信道的传输质量和频谱效率都大大提高，提供了更大的通信容量，同时也大幅度改善了通信质量和安全性。在保证话音通信的基础上，2G还可以更好的支持分组数据业务，并且实现了全球自动漫游。由于这些突出优点，2G得到了大规模的商用，其中的典型系统是欧洲的GSM和美国的CDMA（IS-95）。特别是GSM，得到了世界各国主要电信运营商的普遍认可，在全世界范围内得到了非常广泛的应用。

　　从2G开始，我国的移动通信系统逐步发展成为世界上规模最大、用户数量最多的通信网络，中国移动和中国联通分别建立了两个覆盖全国的GSM，中国联通还建立了覆盖全国的CDMA（IS-95）系统（现由中国电信运营）。同时，我国在移动通信技术上也步入了世界先进水平，开始越来越多的参与到国际市场的竞争。

练 习 题

1. USDC系统的最大容量是AMPS的几倍？为什么？
2. GSM的原意是什么？现在的全称是什么？
3. GSM的用户业务主要分为哪三大类？
4. GSM的两个显著特点是什么？还有哪些优点？
5. GSM的体系结构主要包括哪4个相关的子系统？
6. GSM的双工和多址方式是什么？采用的调制方式是什么？
7. 简述GSM的逻辑信道类型。
8. GSM每个TDMA帧的长度是多少？每个时隙的长度是多少？
9. GSM有哪两种复帧形式？如何复用成相同长度的超帧？
10. 简述GSM的呼叫过程。
11. 简述GSM的通信过程。
12. CDMA（IS-95）系统的双工和多址方式是什么？
13. CDMA（IS-95）系统的前向信道又可以分为几个子信道？
14. CDMA（IS-95）系统的前向信道和反向信道分别采用哪种调制方式？
15. 我国的"小灵通"采用的是哪种系统？双工和多址方式是什么？

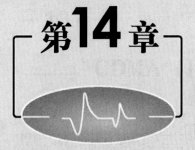

第14章
第三代移动通信系统

第三代移动通信系统的概念是国际电信联盟早在 1985 年就提出来的。直到 1997 年，由于第二代移动通信系统的巨大成功，用户的高速增长与有限的系统容量和业务类型之间的矛盾日渐明显，特别是用户对宽带数据业务的需求急剧增加，促使第三代移动通信系统的标准化和系统研制工作正式进入实质阶段。

第三代移动通信系统的宗旨是建立全球性的综合个人通信网，能够提供综合业务（尤其是高速分组数据和多媒体业务），并且实现全球无缝覆盖。与现有的第二代移动通信系统相比，第三代移动通信系统在全球漫游、业务能力、应用环境和数据传输速率等很多方面都具有无法比拟的优点。

本章重点内容如下：

- 3G 网络的基本结构。
- 3G 的标准化进程。
- 3 种主要 3G 标准的比较。
- 3G 的频谱资源。
- 2G 向 3G 的演进过程。

14.1 概 述

第三代移动通信系统是一种能提供多种类型的高质量宽带多媒体业务、能实现全球无缝覆盖、具有全球漫游能力、与固定通信网络相兼容并通过小型便携终端进行通信的新一代移动通信系统。由于第三代移动通信系统的诸多优点，因此深深吸引了全世界的各大电信运营商、系统集成商、设备制造商和广大用户。第三代移动通信系统的实现目标可以概括如下。

（1）能实现全球漫游，用户可以在整个系统甚至全球范围内漫游，并且可以在不同的速率、不同的运动状态下获得有服务质量保证的通信。

（2）能提供多种业务，可以提供话音业务，还可以提供可变速率的高速数据和视频等非话音业务，特别是多媒体业务。

（3）能适应多种环境，可以综合现有的PSTN、ISDN、无绳电话系统、移动通信系统、卫星通信系统等通信网络，提供无缝隙的通信覆盖。

（4）能提供足够的系统容量、强大的多用户管理能力、高保密性能和良好的服务质量。

为了实现上述目标，国际电信联盟对第三代移动通信系统的无线接口提出了以下基本要求如下。

（1）能够实现高速数据的传输以支持多媒体业务。

① 室内静止环境至少达到2Mbps；

② 室外步行环境至少达到384kbps；

③ 室外车辆运动环境至少达到144kbps；

④ 卫星移动环境至少达到9.6kbps。

（2）能够实现数据传输速率的按需分配。

（3）能够适应上、下行链路不对称的业务需求。

第三代移动通信系统是在业已成熟的第二代移动通信系统的基础上发展起来的，其初衷之一是想用一套单独的标准来满足广泛的移动通信需求，并在全世界范围内提供通用的通信接口。在第三代移动通信系统中，蜂窝电话和无绳电话之间将没有什么区别，各种话音、数据和视频业务都可以通过通用的个人移动终端来实现。

宽带综合业务数字网（B-ISDN）将在第三代移动通信系统中得到广泛的应用，用来提供Internet以及其他公用和专用数据网络的接口。在第三代移动通信系统中，许多不同的信息（话音、数据、视频等）可以同时传输；在任何地方（不论人多或人少）都能够提供通信服务；不论是固定用户还是高速移动的用户都能进行通信；在保证可靠的信息传输的同时，将采用无线分组通信来分散网络的控制。

3G 的网络结构

　　3G的概念最早由ITU在1985年提出，当时称为未来公众陆地移动通信系统（Future Public Land Mobile Telecommunication System，FPLMTS），1996年更名为国际移动通信–2000（International Mobile Telecommunication-2000，IMT-2000），其含义是该系统工作在2000MHz频段，最高业务速率可达2000kbps，预期在2000年左右得到商用。IMT-2000包括地面移动通信系统和卫星移动通信系统。

　　IMT-2000定义的3G的基本网络结构如图14-1所示。其中，UIM是用户识别模块（User Identify Module），MT是移动终端（Mobile Terminal），RAN是无线接入网（Radio Access Network），CN是核心网（Core Network）。

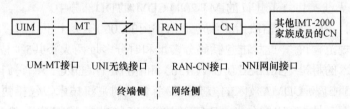

图 14-1　3G 系统的基本网络结构

　　3G分为终端侧和网络侧两大部分。终端侧主要包括用户识别模块和移动终端，网络侧主要包括无线接入网和核心网。它们之间的接口关系如下。

　　（1）UIM-MT接口是用户识别模块和移动终端之间的接口（终端设备的内部接口），移动终端只有插入了相应的用户识别模块才能使用。

　　（2）UNI（User-Network Interfaces）无线接口是用户识别模块与无线接入网之间的无线接口，这是3G最重要的接口，体现了3G最显著的特征。不同的3G标准之间的主要区别就体现在无线接口的无线传输技术上。

　　（3）RAN-CN接口是无线接入网与核心网之间的接口。

　　（4）NNI（Network-Network Interface）网间接口是IMT-2000家族成员之间互联互通的网络-网络接口，这是保证网络互通和移动台漫游的关键接口。

14.3

3G 的标准化进程

1992年，世界无线电大会（World Radio Conference，WRC）为第三代移动通信系统在2GHz频带上分配了230MHz的带宽。1997年，ITU开始在全世界范围内征求IMT-2000无线传输技术（Radio Transfers Technology，RTT）的候选方案，3G的标准化制定进入了实质性阶段。到1998年6月的提交截止期限，ITU-R共收到了16个RTT的技术候选方案，其中包括10个地面RTT技术方案和6个卫星RTT技术方案。

1998年，ITU完成了对RTT技术候选方案的技术性能评估。1999年，在ITU-RTG8/1第16次会议确定了"IMT-2000的无线接口的关键参数建议"。1999年11月5日，ITU-RTG8/1第18次会议通过了"IMT-2000无线接口技术规范建议"，其中由我国提出的TD-SCDMA技术写在了3G无线接口规范建议的IMT-2000 CDMA TDD部分中。

2000年5月，在国际电信联盟无线电通信部门的2000年会上正式通过了"IMT-2000无线接口技术规范建议"，此标准包括码分多址和时分多址两大类共5种技术。其中两种基于TDMA技术的标准是IMT-SC（UWC136）和IMT-FT（DECT），它们受到重视的程度不高。另外3种基于CDMA技术的方案是目前公认的主流技术，包括两种频分双工技术和一种时分双工技术，它们分别是IMT-2000 CDMA DS（WCDMA），IMT-2000 CDMA MC（CDMA2000），IMT-2000 CDMA TD（TD-SCDMA和UTRA TDD）。

"IMT-2000无线接口技术规范建议"的通过，表明第三代移动通信系统无线接口技术规范方面的工作已经基本完成，第三代移动通信系统的开发和应用将进入实质性的建设阶段。与此同时，IMT-2000许可证的发放工作也在世界各国开展起来。

IMT-2000后续的标准化主要集中在"IMT-2000增强"（Future Development of IMT-2000）和"后IMT-2000系统"（Systems Beyond IMT-2000）的研究，目标是采用更加先进的技术达到更高的性能指标，包括CDMA2000向1X EV-DO和1X EV-DV的演进、第三代移动通信系统向全IP结构的演进、高速下行分组接入协议（IPv6）、软件无线电、智能天线等，还有扩展频谱的规划、不同系统间的干扰分析、不同系统的共存方案等技术领域。

由于移动通信在未来的信息化社会占有举足轻重的作用，很多国家的电信部门、运营商和制造商都积极参加到第三代移动通信系统的标准制定和产品研发工作中，希望在未来的市场竞争中占据有利地位。我国的相关政府部门也非常重视第三代移动通信系统的标准化研究和产业化发展，中国通信标准化协会专门组织人员对3G标准进行跟踪和研究，并积极参与国际标准化工作。

14.4

3G 的三大主流标准

3G的标准化包括核心网络和无线接口两个部分。ITU最初的愿望是制定一个公共的核心网络标准和统一的无线接口标准，进而形成全球化的统一标准。但是由于各种原因这一目标实际上无法实现，所以ITU最后提出了一个"家族概念"。

在核心网络部分，1997年3月，在ITU-T SG11的一次中间会议上，通过了欧洲提出的"ITM-2000家族概念"。这一概念的中心是3G的核心网络将基于现有的2G网络演进，两种主要的现有2G核心网络是欧洲的"GSM MAP"和美国的"IS-41"。

在无线接口部分，1997年9月，在ITU-R TG8/1会议上，开始讨论3G的无线接口的家族概念，并最终形成多个无线技术标准。在1998年1月TG8/1特别会议上，不再使用"家族概念"，提出并开始采用"套"的概念。其含义是无线接口标准可能多于一个，但并没有承认一定多于一个，仍然希望最终能形成一个统一的无线接口标准。

由于各种技术和商业方面的原因，3G最终没有能够形成一个全球化的统一标准，形成了不同3G技术标准共存的局面，其主要原因如下。

1　与 2G 的关系

（1）核心网络。3G的核心网络部分一定要考虑与2G的兼容性，即3G的核心网络一定是基于2G逐步发展和演进的关系，而不是替代的关系。2G有两大核心网络，它们是欧洲的GSM MAP和美国的IS-41，这两个核心网络互不兼容。

（2）无线接口。美国的CDMA（IS-95）系统和TDMA（IS-136）系统运营商强调无线接口的后向兼容（演进型），因此CDMA2000系统的无线信道仍然采用了与CDMA（IS-95）系统相同的1.23MHz带宽，通过多载波捆绑等技术来提高传输速率。而欧洲的GSM和日本的PDC系统等运营商采用的无线接口不支持后向兼容（革命型），WCDMA的无线信道带宽直接扩展到5MHz。我国提出的标准也不支持后向兼容，TD-SCDMA的无线信道带宽扩展到1.6MHz，并且采用了TDD的双工方式。

核心网与无线接口的对应关系如图14-2所示。

2　频谱分配

频谱的分配对技术的选用也有重要作用。在美国，ITU所分配的ITM-2000频率已经被用于个人通信系统，而且美国的3G网络要与2G网络共用频谱，所以特别强调无线接口的后向兼容性，在技术上强调逐步演进。而其他的大多数国家都可以提供全新的

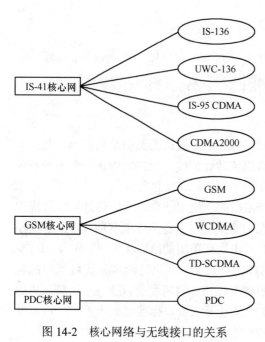

图 14-2　核心网络与无线接口的关系

IMT-2000频段，在3G频段的分配上有很大的灵活性。

市场的竞争也是造成不同的3G技术标准共存的主要原因之一。在2G时代，形成了欧洲的GSM和北美的CDMA（IS-95）系统两大阵营的相互竞争，这两大阵营分别占据着全世界范围内巨大的移动通信市场，而且这两大阵营向3G发展时所采取的技术方向是不同的，不可能形成统一的标准。

基于以上原因，形成全球统一的3G标准的愿望已经无法实现，经过ITU的讨论，最后决定将世界各国提交的3G标准按照技术方向进行融合，最终形成了WCDMA、CDMA2000和TD-SCDMA这三大主流技术标准。

14.4.1　WCDMA

WCDMA（IMT-2000 CDMA DS）是由欧洲和日本共同提出的3G标准，其核心网络是基于GSM/GPRS网络演进的，无线接口采用直接扩频-宽带码分多址技术（DS-WCDMA）。WCDMA由欧洲标准化组织3GPP（3th Generation Partnership Project，第三代伙伴关系计划）制定，得到了欧洲、北美和亚太地区的GSM运营商以及日本的大多数运营商的广泛支持，同时也受到了国际标准化组织、设备制造商、器件供应商的广泛支持，是第三代移动通信系统最具有竞争力的技术标准之一。WCDMA系统的主要技术特点如下。

（1）WCDMA的核心网络是基于GSM/GPRS核心网络演进的，保持了与GSM/GPRS的兼容性，可以从GSM平滑过渡。

（2）WCDMA的核心网络可以基于TDM、ATM和IP等技术，并逐渐向全IP技术的网络结构演进。

（3）WCDMA的核心网络在逻辑上分为电路域和分组域两个部分，分别完成电路交换（Circuit Switched，CS）业务和分组交换（Packet Switched，PS）业务。

（4）WCDMA的无线接入网基于ATM技术，统一处理话音和分组数据业务，并逐渐向IP的方向发展。

（5）GSM MAP技术和GPRS隧道技术是WCDMA标准中移动性管理机制的核心。

（6）无线接口采用DS-WCDMA，信道带宽为5MHz，码片速率为3.84Mcps，AMR

话音编码，支持同步/异步基站运营模式，上下行闭环加外环功率控制方式，开环和闭环发射分集方式，导频辅助的相干解调方式，卷积码和Turbo码的编码方式，支持上行BPSK、下行QPSK调制方式。

采用WCDMA无线接口的第三代移动通信系统在欧洲被称为通用移动通信系统（Universal Mobile Telecommunications System，UMTS），它的主体包括CDMA无线接入网络和分组化的核心网络等一系列技术规范和接口协议。

WCDMA系统使用了与2G的GSM基本相同的网络结构，包括了一些逻辑网络单元。按照功能划分，网络单元可以划分为RAN（无线接入网）和CN（核心网），其中RAN负责处理所有与无线接口有关的功能，CN负责系统内的所有话音呼叫、数据连接以及与外部网络的交换和路由。WCDMA的用户设备（User Equipment，UE）同样沿用了GSM的用户设备模式，即采用移动终端插入用户SIM（MT＋USIM）的方式。

在WCDMA标准中，CN采用了完全兼容GSM/GPRS的模式，这样可以保证WCDMA系统的核心网络从GSM的平滑过渡和演进。RAN和UE则采用了全新的协议结构，其基于WCDMA无线接口技术。采用宽带CDMA技术，每个载频的带宽为5MHz，码片速率为3.84Mcps。WCDMA的用户终端一般采用WCDMA＋GSM的双模技术，在WCDMA系统的建设初期可以利用原有的GSM实现全球漫游。

CN、RAN这两个网络单元与UE一起构成了整个WCDMA系统，其网络结构如图14-3所示。

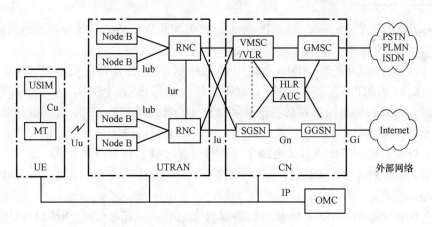

图 14-3　WCDMA 的网络结构

1　用户设备

用户设备即UE，是WCDMA系统的用户终端设备，主要包括以下两个部分。

（1）USIM用于提供用户身份识别和认证。

（2）MT用于提供应用和服务。MT中包括射频单元、基带处理单元、协议模块和应用软件，MT通过Un无线接口与UTRAN连接，为用户提供话音、网络和多媒体业务的服务。

2　UMTS 陆地无线接入网

UMTS陆地无线接入网（UMTS Terrestrial Radio Access Network，UTRAN），意为"通用移动通信系统陆地无线接入网"，简称无线接入网。UTRAN包括基站（Node B）和无线网络控制器（Radio Network Controller，RNC）两部分。

（1）Node B是WCDMA系统的基站（相当于GSM中的BTS），包括基带处理单元和无线收发信机。Node B通过Un无线接口与用户设备相连，完成Un接口中物理层协议的处理，主要功能包括基带数据处理、编码/解码、调制/解调、扩频/解扩、功率放大等。Node B通过lub接口与RNC连接，lub是一个开放的标准接口（这与GSM的Abis接口不同），用户可以选择不同设备商提供的Node B和RNC。

（2）RNC通过lub接口与Node B连接，可以管理多个Node B（相当于GSM中的BSC）。同时RNC还通过lu接口与核心网连接。除此之外，RNC之间还可以通过lur接口相互连接，用于在RNC之间切换的移动台的移动性管理，例如，当移动台在两个RNC之间进行软切换时，移动台的所有数据可以通过lur接口从当前的RNC传送到要切换到的RNC。lur也是一个开放的标准接口，不同的设备商提供的RNC之间可以互相连接。RNC的主要功能包括系统信息广播和系统接入控制功能、建立和断开通信连接、越区切换等移动性管理，分集合并，功率控制，无线资源的控制和管理等。

3　核心网络

CN是WCDMA系统的交换和管理中心，同时负责WCDMA系统与外部网络的连接，CN的主要功能模块如下。

（1）VMSC/VLR是WCDMA系统电路交换域的交换节点，它通过lu_CS接口与UTRAN连接，通过PSTN/ISDN接口（或GMSC）与外部网络（PSTN、ISDN、其他PLMN等）连接。VMSC/VLR的主要功能是提供电路交换域的鉴权和加密、呼叫的接续、移动性（如漫游）管理等。

（2）GMSC是WCDMA系统电路交换域与外部网络之间的网关节点，是一个可选的功能节点，通过PSTN/ISDN接口与外部网络连接。GMSC的主要功能是完成VMSC呼叫功能的路由管理。

（3）SGSN是WCDMA系统分组交换域的交换节点，它通过lu_PS接口与UTRAN连接，通过Gn接口与GGSN连接。SGSN的主要功能是提供分组交换域的鉴权和加密、路由管理、移动性管理和会话管理等。

（4）GGSN是GPRS网关支持节点，它通过Gn接口与SGSN连接，通过Gi接口与外部的IP网络（如Internet）连接。GGSN是WCDMA系统内部的用户设备接入外部IP网络的网关，提供分组数据包在WCDMA系统和外部网络之间的数据封装和路由管理，需要与外部IP网络交换路由信息。

（5）HLR是WCDMA系统的归属位置寄存器，作用与GSM中的HLR相同。

（6）AUC是WCDMA系统的鉴权中心，作用与GSM中的AUC相同。

4　操作维护中心

OMC主要包括两个部分：设备管理系统和网络管理系统。设备管理系统负责各独立网元设备的管理和维护，主要包括网元设备的性能管理、配置管理、故障管理、安全管理、计费管理等。网络管理系统负责全部网元的统一管理和维护，以实现网络业务功能，同样包括网络业务的性能管理、配置管理、故障管理、安全管理、计费管理等。

5　外部网络

外部网络包括两种网络：电路交换网络（CS Networks）和分组交换网络（PS Networks）。电路交换网络负责电路交换业务的连接，主要是指话音业务，PSTN和ISDN均属于电路交换网络；分组交换网络负责分组交换业务的连接，主要是指IP数据业务，Internet属于分组交换网络。

14.4.2　CDMA2000

CDMA2000（IMT-2000 CDMA MC）由美国最早提出，其标准化工作由3GPP2来完成。CDMA2000的主要技术特点如下。

（1）电路域继承了CDMA（IS-95）网络。

（2）分组域基于Mobile IP技术的分组网络。

（3）无线接入网以ATM交换为平台，提供丰富的适配层接口。

（4）无线接口采用CDMA2000兼容CDMA（IS-95）技术：信道带宽$N \times 1.23$MHz（$N=1$和3），码片速率$N \times 1.2288$Mcps，采用8/13kbps QCELP或8kbps EVRC语音编码。基站需要GPS/GLONESS同步方式运行，上下行闭环加外环功率控制方式。前向可以采用OTD和STS发射分集方式，提高信道的抗衰落能力，改善了前向信道的信号质量，反向采用导频辅助的相干解调方式，提高了解调性能。采用卷积码和Turbo码的编码方式，支持上行BPSK、下行QPSK调制方式。

CDMA2000的核心网络是由CDMA（IS-95）的核心网络（IS-41）演进的，与现有的CDMA（IS-95）系统后向兼容。CDMA2000无线接口的单载波标准CDMA2000-1X采用与CDMA（IS-95）相同的带宽，但容量提高了一倍，第一阶段支持144kbps业务速率，第二阶段可以支持614kbps。CDMA2000-1X的网络结构如图14-4所示。

CDMA2000系统保持了与CDMA（IS-95）系统的兼容性，在CDMA（IS-95）系统的基础上增加了一些新的功能单元。

1　分组控制功能

在CDMA2000-1X的BSC中增加了分组控制功能（Packet Control Function，PCF），

PCF用于保持无线网络和MS之间的可到达性，当分组数据需要到达一个处于不可到达状态的MS时，PCF将分组数据进行缓存并且请求无线网络寻呼MS。PCF的主要功能如下。

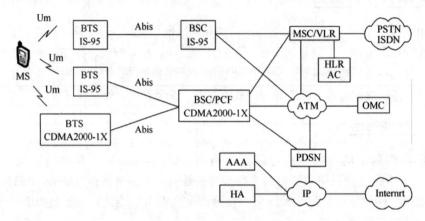

图 14-4　CDMA2000-1X 的网络结构

（1）建立、维持和终止与MS的连接。

（2）与BSC配合，完成与分组数据有关的无线信道控制功能。

（3）维护点对点协议（Point to Point Protocol，PPP），提供流量控制。

（4）在MS和PDSN之间转发分组数据。

（5）收集计费信息并发送到PDSN。

2　分组数据业务节点

分组数据业务节点（Packet Data Serving Node，PDSN）的作用是支持分组数据业务，在分组数据业务中完成以下功能。

（1）建立、维持和终止与无线网络的逻辑连接。

（2）建立、维持和终止与 MS 的 PPP 会话。

（3）支持 IP 分组业务，提供路由管理。

（4）负责 MS 到 AAA 之间的认证、授权和计费。

3　认证、授权和计费

认证、授权和计费（Authentication Authorization Accounting，AAA）服务器负责与分组数据业务相关联的认证、授权和计费，它对分组数据用户进行认证和授权，判决用户的合法性，同时通过PDSN收集计费信息。

4　归属代理

归属代理（Home Agent，HA）功能如下。

（1）负责维护用户的注册信息，记录移动节点的当前位置信息。

（2）为移动IP用户分配归属网络的IP地址。

CDMA2000的最终技术标准是CDMA2000-3X，采用3个载波捆绑的方式，数据业务的速率可以得到大幅度提高。目前，增强型的单载波CDMA2000 1X EV（Evolution，演进）在技术发展上比较受重视，包括EV-DO（Data Only）和EV-DV（Data and Voice）两个阶段。CDMA2000技术得到了CDMA（IS-95）运营商的大力支持，主要分布在北美和亚太地区。美国和韩国已于2001年初成功商用CDMA2000 1X，北美和日本的几个运营商也已经采用EV-DO和EV-DV技术，在我国，中国电信也首先采用EV-DO和EV-DV技术开始建设CDMA2000系统。

14.4.3　TD-SCDMA

IMT-2000 CDMA TD采用时分双工方式，包括我国提出的TD-SCDMA和欧洲提出的UTRAN TDD技术。在IMT-2000中，CDMA TD系统拥有自己独立的频谱资源并部分采用了智能天线和上行同步技术，适合于高用户密度的低速接入、小范围覆盖和不对称数据传输的环境。

由于欧洲重点致力于WCDMA系统的商用，而且UTRAN TDD与WCDMA在技术上比较接近（扩频带宽为5MHz，码片速率为3.84Mcps），因此UTRAN TDD并没有受到重视，最终被融合为统一的WCDMA。

2000年，由我国提出的具有自主知识产权的TD-SCDMA最终被正式接纳为3G的国际标准。TD-SCDMA系统的网络结构与WCDMA基本相同，核心网络也基于GSM/GPRS网络演进。但无线接口采用了完全不同的技术，双工方式为时分双工，多址技术为同步码分多址，每个载频带宽为1.6MHz，码片速率为1.28Mcps。

TD-SCDMA采用的关键技术包括智能天线＋联合检测、多时隙CDMA＋DS-CDMA、同步CDMA、信道编译码和交织、接力切换等。TD-SCDMA系统的主要特点如下。

（1）核心网基于GSM/GPRS网络的演进，保持与GSM/GPRS网络的兼容性。

（2）核心网络可以基于TDM、ATM和IP技术，并向全IP的网络结构演进。

（3）核心网络逻辑上分为电路域和分组域，分别完成电路交换和分组交换业务。

（4）无线接入网基于ATM技术，统一处理语音和分组业务，并向IP方向发展。

（5）无线接口采用TD-SCDMA（时分双工的同步码分多址技术）。

（6）易于使用非对称频段，无需具有特定双工间隔的成对频段。

（7）上、下行使用同个载频，无线传播特性对称，有利于智能天线技术的实现。

（8）适应用户业务的各种需求，灵活配置时隙，优化频谱效率。

（9）无需笨重的射频双工器，使用小巧的基站，降低成本。

但是，由于受到TDD双工方式的限制，其对同步的要求较高，TD-SCDMA在终端允许的移动速度和小区覆盖半径等方面落后于FDD方式。

14.4.4　三大标准的对比

WCDMA、CDMA2000和TD-SCDMA这3种主要技术标准具有不同的特点，3种标准的对比情况见表14-1。

表 14-1　3 种主要 3G 技术标准的比较

体制	WCDMA	CDMA2000	TD-SCDMA
采用的地区和国家	欧洲、日本	美国、韩国	中国
继承基础	GSM	CDMA（IS-95）	GSM
核心网	GSM MAP	IS-41	GSM MAP
同步方式	异步	同步	同步
无线接口	WCDMA	兼容 CDMA（IS-95）	TD-SCDMA
信号带宽	5MHz	$N\times1.23$MHz	1.6MHz
码片速率	3.84Mcps	$N\times1.2288$Mcps	1.28Mcps

14.5

3G 的频谱资源

ITU给IMT2000划分了总共230MHz的频带，上行1885～2025MHz（140MHz）、下行2110～2200MHz（90MHz），上、下行频带是不对称的，这主要是考虑到可以采用双频的FDD方式和单频的TDD方式。其中，上行1980～2010MHz和下行2170～2200MHz（双向带宽30MHz）用于移动卫星业务（Mobile Satellite Service，MSS），如图14-5所示。

WRC-1992划分的频谱已经得到了各个标准化组织的广泛支持，如3GPP和3GPP2分别在WCDMA和CDMA2000的标准中给出了IMT-2000 WRC-1992频谱的使用方法。在2000年的WRC-2000大会上，在WRC-1992的基础上又批准了新的附加频段，包括806～960MHz、1710～1885MHz和2500～2690MHz。

欧洲对3G的频谱资源问题非常重视，欧洲电信标准化协会很早就开始了第三代移动通信标准的研究工作，成立了一个由电信管理机构、电信运营商和设备制造商的代表组成的"通用移动通信系统（UMTS）论坛"，并于1995年正式向ITU提交了频谱划分的建议方案。欧洲的方案是陆地移动通信采用1900～1980MHz、2010～2025MHz和2110～2170MHz，共计155MHz。

北美的情况比较复杂，3G频谱的低频段1850～1990MHz实际上已经划分给了PCS使用，并且已划分成2×15MHz和2×5MHz的多个频段。PCS业务已经占用了一些IMT-2000的频谱，虽然经过了适当调整，但调整后IMT-2000的上行与PCS的下行频段仍需要重叠，这种安排不太符合一般前向信道频率高、反向信道频率低的配置。

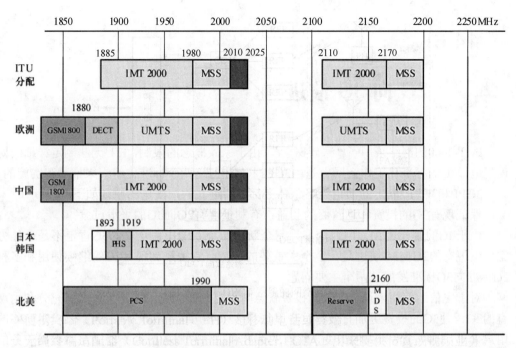

图 14-5　IMT-2000 的频率分配

　　日本的1893.5～1919.6MHz频段已用于PHS，还能提供2×60MHz＋15MHz＝135MHz的3G频段（1920～1980MHz，2110～2170MHz，2010～2025MHz）。目前，日本正在努力调整与第三代移动通信频率有冲突的问题。

　　在我国，根据目前的频谱划分，在1700～2300MHz频段有移动业务、固定业务和空间业务，该频段内有大量的微波通信系统和一定数量的无线定位设备正在使用。1996年12月，原国家无线电管理委员会（现中国国家无线电监测中心）为了发展蜂窝移动通信和无线接入的需要，对2GHz频段的部分地面无线业务的频率进行了重新规划和调整，但还是与3G有一些冲突。因此，3G系统必须与现有的一些无线通信系统共享有限的频率资源。

　　我国的无线本地环路（Wireless Local Loop，WLL）和部分公众移动电话占用了IMT-2000的低频段，为了保证未来IMT-2000的频谱需要，原国家无线电管理委员会正在颁布法规，收回部分FDD/WLL和TDD/WLL的使用频率。我国固定电话运营商的小灵通系统（实际上是TDMA/TDD的PHS系统）使用的频段是1880～1920MHz，也与3G的频谱相冲突，工业和信息化部已经将这一频段划分给中国移动的TD-SCDMA使用，小灵通系统将逐渐退出网络。

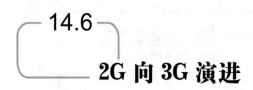

2G 向 3G 演进

IMT-2000的网络采用了"家族概念",由于家族概念的限制,ITU无法制定详细的协议规范,3G的标准化工作实际上是由3GPP和3GPP2这两个标准化组织来推动和实施的。

3GPP和3GPP2制定的演进策略总体上都是渐进式的,演进的原则如下:

保证现有2G的投资和运营商的利益;有利于现有2G向3G的平滑过渡。

由于2G的规模庞大、用户众多,完全新建一个新的覆盖全球的3G肯定不是最佳方案。由现有的2G向3G演进是一个至关重要的环节,它关系到现有2G的继续使用和多种2G标准向3G标准发展这两个主要问题。

对于电信运营商来说,有效的投资就意味着更高的利润,需要考虑如何充分利用现有的2G,使3G的投资更加有效,这也是衡量一个公司运营状况的关键所在。对于2G的用户来说,随着生活方式的改变,现有的话音和短信息服务已经不能满足对数据业务的要求,从而成为3G的潜在用户。现有2G向3G的整体演进,使其可以更加方便地在原有的移动通信系统上得到新业务,同时可以减少费用。

在我国,目前运行的2G包括中国移动GSM、中国联通GSM和中国电信CDMA(IS-95)系统。已经批准建设的3G同样包括3个:中国移动的TD-SCDMA系统、中国联通的WCDMA系统和中国电信的CDMA2000系统。因此我国的2G向3G的演进更加复杂,涉及GSM向TD-SCDMA和WCDMA系统的演进、CDMA(IS-95)系统向CDMA2000系统的演进。

1 GSM 向 WCDMA 的演进

GSM向WCDMA的演进策略是GSM→HSCSD(高速电路交换数据,14.4～64kbps)→GPRS(通用分组无线业务,速率144kbps)→最终形成网络业务覆盖再平滑无缝隙地演进到WCDMA。

在GSM向WCDMA系统的演进过程中,核心网部分是平滑的,但是无线接口的变化是革命性的(载频从200kHz提高到5MHz),无线接入部分的演进也将是革命性的。

在我国,重新整合后的新的中国联通正在现有的GSM的基础上,采用WCDMA标准进行3G移动通信系统的建设。

2 GSM 向 TD-SCDMA 的演进

TD-SCDMA也提供了一个由GSM向3G移动网络业务平滑、无缝演进的解决方案。

TD-SCDMA基站可以直接连接到一个现有的GSM核心网中，形成TD-SCDMA和GSM的混合组网，这是TD-SCDMA技术的一个优势。采用这项技术，运营商完全可以利用现有的GSM核心网络，大大降低了运营商从GSM向TD-SCDMA系统过渡的技术风险。

　　TD-SCDMA系统的建设是一个循序渐进的过程，GSM所拥有的优质覆盖、充足的站址、忠实的用户群等这些竞争优势都可以得到充分利用。这就意味着，TD-SCDMA和GSM将会在相当长一段时间内共存，如何保证这两个系统的协调发展和最终的技术融合就显得尤为重要。

　　在我国，中国移动拥有最大的GSM和最多的GSM用户，正在已经建成的GSM的基础上，采用TD-SCDMA标准进行3G的建设。

3　CDMA（IS-95）向 CDMA2000 的演进

　　CDMA2000标准强调与CDMA（IS-95）的后向兼容，无线接口的载频是相互兼容的，使由IS-95向CDMA2000的演进更加容易。演进策略是IS-95A（数据速率9.6/14.4kbps）→IS-95B（数据速率115.2kbps）→ CDMA2000 1X → CDMA2000 3X。

　　IS-95B与IS-95A的重要区别在于前者可以捆绑多个信道（一般为3个）。当不使用辅助业务信道时，IS-95B与IS-95A是基本相同的，可以共存于同个一载波中。CDMA2000 1X则有较大的改进，CDMA2000与IS-95是通过不同的无线配置来区分的。CDMA2000 1X系统可以通过设置无线配置，同时支持1X终端和IS-95A/B终端。因此，IS-95A/IS-95B/CDMA2000 1X可以同时存在于同一个载波中。

　　对CDMA2000系统来说，从2G过渡到3G，可以采用逐步替换的方式，即首先将2G的1个载波转换为3G载波，开始向用户提供中高速速率的业务。这个操作对用户来说是完全透明的，IS-95用户仍然可以工作在2G载波中，2G载波中的用户数并没有增加，也不会因此增加呼损。随着3G中用户数量的增加，可以逐步减少2G的载波，增加3G的载波。通过这种方式，可以很好地解决系统升级的问题，网络运营商通过这种平滑升级，不仅可以向用户提供各种新的业务，而且可以很好地保护已有的设备。

　　CDMA2000 1X能够提供更大的系统容量和高速数据业务，支持突发模式并增加了新的补充信道，可以提供改进的服务质量（QoS）保证。采用了增强技术之后的CDMA2000 1X EV可以提供更高的性能，CDMA2000 1X EV的演进方向包括两个阶段。

　　仅支持数据业务的阶段——CDMA2000 1X EV-DO。

　　同时支持数据和话音业务的阶段——CDMA2000 1X EV-DV。

　　CDMA2000 3X与CDMA2000 1X的主要区别在于应用了多路载波技术，通过采用3个载波使传输信号的带宽大幅度提高。

　　在向3G演进的过程中，BTS等无线设备的演进是一个重要问题。在制定CDMA2000标准的时候，已经充分考虑了保护运营商的投资，很多无线指标在2G和3G中是相同的。对BTS来说，天线、双工器和功率放大器等射频设备是可以继续使用的，只有基带信号处理部分的设备必须更换。

在我国，中国电信已经整合了原中国联通的CDMA（IS-95）系统，在已经建成的CDMA（IS-95）系统的基础上，采用CDMA2000标准进行3G的建设。

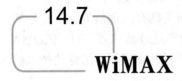

14.7 WiMAX

WiMAX（Worldwide Interoperability for Microwave Access，微波存取全球互通），又称802.16无线城域网。2007年10月19日，ITU在瑞士的日内瓦举行的无线通信全体会议上，经多数国家投票通过，WiMAX正式被批准成为继WCDMA、CDMA2000和TD-SCDMA之后的第四个全球3G标准。

WiMAX与其他3个3G技术的研究方向完全不同。传统的3G技术都是在以电话为主的传统电信业务的基础上，逐渐提供更高速率的网络业务。而WiMAX则是在一个宽带无线数据网络的基础上，提供电信级的电话业务。

WiMAX采用了很多可能代表未来移动通信技术发展方向的新技术，包括正交频分复用、正交频分多址、智能天线、多输入多输出（Mutiple-Input Mutiple-Output, MIMO）等。WiMAX是一项新兴的宽带无线接入技术，技术起点比较高，能够提供面向互联网的高速数据连接，具有覆盖区域大、传输速率高、可以提供QoS保障、业务丰富多样等突出优点。WiMAX声称的最高速率可以达到70Mbps，一个基站的覆盖距离最远可以达到50km。

WiMAX系统的四大优势如下。

（1）传输距离更远。WiMAX能实现50km的无线信号传输距离，基站的覆盖面积是3G的10倍，只要少量的基站就可以实现一个城市的覆盖，这样就使得无线网络应用的范围大大扩展。

（2）接入速率更高。WiMAX所能提供的最高接入速率是70Mbps，这个速度是3G所能提供的宽带速度的30倍。

（3）提供优良的最后1km内网络接入服务。作为一种无线城域网技术，它可以将Wi-Fi（Wireless Fidelity,无线保真）热点连接到互联网，也可作为DSL等有线接入方式的无线扩展，实现最后1km的宽带无线接入。WiMAX可以为50km线性区域内的用户提供服务，用户无需线缆即可与基站建立宽带无线连接。

（4）提供多媒体通信服务。由于WiMAX比Wi-Fi具有更好的可扩展性和安全性，从而可以实现电信级的多媒体通信服务。

当然，WiMAX作为一个无线城域网直接用于电信级的服务，也还有一些问题。

（1）从标准来讲，WiMAX技术不能支持用户在高速移动过程中的无缝切换，支持的速度只有50km，跟3G的3个主流标准比，其性能相差很远。

（2）从严格意义讲，WiMAX还不是一个完整的电信级的移动通信系统的标准，还只是一个无线城域网的技术。

（3）WiMAX需要发展到802.16m标准才能成为具有无缝切换功能的移动通信系统，WiMAX阵营把解决这个问题的希望寄托于未来的802.16m标准上。

14.8

3G 的后续技术（4G）

移动通信技术的发展日新月异，就在3G刚刚开始大规模商用，人们开始享受到3G所带来的优质服务的同时，第四代移动通信系统（4G）的标准化工作已经开始，最新技术的研究正在悄然进行，实验性的商用系统也已经开始运行。随着数据通信与多媒体业务需求的发展，适应移动数据、移动计算及移动多媒体需要的4G已经开始兴起，人类已经开始期待4G移动通信技术带来的更加美好的未来。

4G的下行数据传输速率将达到100Mbps（是2G的1万倍，3G的50倍），上行速率也将达到20Mbps以上。4G手机可以提供高性能的流媒体服务，它可以接收高分辨率的电影和电视节目，从而成为融合电信网和广播电视网的新一代通信基础设施中的一个纽带。此外，4G的无线即时连接等服务的费用会比3G更便宜。4G有望集成不同模式的无线通信，包括无线局域网和蓝牙等室内网络、蜂窝无线系统、广播电视网络和卫星通信系统，移动用户可以自由地从一个标准漫游到另一个标准。

当然，4G技术并不能完全脱离当前的通信技术，而是以传统的通信技术为基础，并利用了一些全新的通信技术，来不断提高无线通信的网络效率和业务功能。如果说3G能为人们提供一个高速传输的无线通信环境，那么4G会是一种超高速的无线通信网络，一种不需要电缆的超级信息高速公路。

与传统的通信技术相比，4G最明显的优势在于通话质量及数据通信速度。现有的2G和3G在通话质量方面还是能够被用户接受的，随着技术的发展与应用，4G网络中手机的通话质量还会进一步提高。4G数据通信速度的高速化是一个很大的优点，它的最大数据传输速率达到100Mbps，对于无线通信网络来说，这在几年前还是不可想象的事情。另外，由于技术的先进性确保了成本投资的大大减少，未来的4G通信费用也会比现在更低。

4G是继3G以后的又一次无线通信技术演进，其开发更加具有明确的目标性，即提高移动终端无线访问互联网的速度。为了充分利用4G给人们带来的先进服务，人们还必须借助各种各样的4G终端才能实现，不少通信营运商已经看到了未来通信市场的巨大潜力，已经开始把目光瞄准到生产4G终端产品上。例如，生产具有高速分组通信功能的小型终端、生产配备摄像机的可视电话以及电影电视的影像发送服务终端，或者是生产与计算机相匹配的卡式数据通信专用终端。有了这些通信终端后，手机用户就可以随心所欲的漫游，随时随地的享受高质量的通信服务。

14.8.1 4G 的标准化

从2009年初开始，ITU在全世界范围内征集IMT-Advanced（4G）的候选技术。截止到2009年10月，ITU共计征集到了6个候选技术。这6个候选技术基本上可以分为两大类：一类是基于3GPP的LTE的技术，我国提交的TD-LTE-Advanced是其中的TDD部分；另外一类是基于IEEE 802.16m（WiMAX后续研究）的技术。

4G的标准化工作历时3年时间（这远远快于3G的标准化工作）。2012年1月18日，在ITU的无线电通信全体会议上，正式审议通过将LTE-Advanced和WirelessMAN-Advanced（802.16m）这两种技术规范确立为IMT-Advanced的国际标准。其中，WCDMA的后续演进标准FD-LTE以及由我国主导的TD-LTE入选，WiMAX的后续研究标准（基于IEEE 802.16m的技术）也获得通过。

1 LTE-Advanced

LTE（Long Term Evolution，长期演进）是指3G向4G的演进，它改进并增强了3G的空中接入技术，采用OFDM和MIMO作为其无线接口演进的标准。LTE在20MHz频谱带宽下能够提供下行100Mbps、上行50Mbps的峰值速率，相对于3G网络大大提高了小区的容量，同时将网络延迟大大降低。

LTE是3GPP的长期演进项目，是近两年来3GPP启动的最大的新技术研发项目，其演进的阶段如下。GSM→GPRS→EDGE→WCDMA→HSPA→HSPA＋→FD-LTE。我国自主研发的TD-SCDMA系统则是绕过了HSPA和HSPA＋直接向LTE演进，即TD-LTE。

LTE-Advanced是LTE技术的升级版，它满足ITU-R关于IMT-Advanced技术征集的要求，是3GPP形成欧洲的IMT-Advanced技术提案的一个重要来源。LTE-Advanced是一个后向兼容的技术，完全兼容LTE，是LTE的演进而不是革命。

严格地讲，LTE应当算作3.9G的移动通信技术，LTE-Advanced作为4G标准更加确切。LTE-Advanced包含FDD和TDD两种体制，其中，WCDMA系统能够演进到FDD标准（FD-LTE），而TD-SCDMA系统能够演进到TDD标准（TD-LTE）。

LTE-Advanced标准获得了很多国家的电信管理部门、电信运营商和设备制造商的广泛的支持，将是未来4G标准的主流。

LTE-Advanced的主要特性如下。

频率带宽——100MHz。

峰值速率——下行1Gbps，上行500Mbps。

峰值频谱效率——下行30bps/Hz，上行15bps/Hz。

针对室内环境进行优化。

有效支持新频段和大带宽应用。

峰值速率大幅提高，频谱效率得到有效改进。

2　WirelessMAN-Advanced

WiMAX已经在2007年被ITU正式接纳为3G标准。作为一个新的3G标准，WiMAX在网络覆盖范围和带宽上有巨大优势，但是其移动性也有先天缺陷，难以满足高速移动下网络的无缝连接。从这个意义上严格来讲，WiMAX还没有完全达到移动通信系统的水平，还并不能算作真正的移动通信技术。但是WiMAX有希望通过演进到IEEE 802.16m来有效的解决这些问题，因此WiMAX的后续研究成为呼声仅次于LTE的4G网络。

WiMAX的另一个名称是IEEE 802.16。WiMAX的技术起点较高，它所能提供的最高接入速度是70Mbps，这个速度是其他3G所能提供的宽带速度的30倍，对无线系统来说，这的确是一个惊人的进步。传统的3G技术是致力于实现移动业务的宽带化，而WiMAX则是逐步实现宽带业务的移动化，两者研究的方向不同，但两种系统的融合程度会越来越高，这也是未来移动和固定通信系统的融合趋势。

WirelessMAN- Advanced实际上是WiMAX的升级版，即IEEE 802.16m标准，802.16系列标准在IEEE被正式称为WirelessMAN（无线城域网），而WirelessMAN-Advanced指的是IEEE 802.16m。IEEE 802.16m可以在漫游模式或高效率/强信号模式下提供最高1Gbps的下行速率，还能兼容未来的4G无线系统。

WirelessMAN- Advanced的优势如下。

提高网络覆盖，改建链路预算。

提高频谱效率。

提高数据和VoIP容量。

低时延和QoS增强。

功耗节省。

14.8.2　4G 的网络结构

4G的网络结构可以分为3层：物理网络层、中间环境层和应用网络层。物理网络层提供接入和路由选择功能，它们由无线接口和核心网络的结合完成。中间环境层的功能有QoS映射、地址变换和完全性管理等。应用网络层与中间环境层和物理网络层之间的接口是开放的，它使发展和提供新的应用及服务变得更为容易。4G可以自动适应多个无线标准并具有多模终端能力，能够跨越多个运营商的服务，提供广阔的服务范围。

4G具有更多的功能，4G的基本结构可以包括宽带接入和分布网络，它包括宽带移动系统、宽带无线固定接入、宽带无线局域网和交互式广播网络等。4G可以在不同的移动和固定环境中提供无线通信服务，可以在任何地方宽带接入互联网，还能够提供定位定时、数据采集、远程控制等综合功能。

4G的一个显著特点是，智能化的多模式终端基于公共平台，通过各种接入技术，在各种网络系统（平台）之间实现无缝连接和协作。在4G中，各种专门的接入系统都基于一个公共平台，相互协作，以最优化的方式工作，来满足不同用户的通信需求。当多模式终端接入系统时，系统可以自适应分配频带、给出最优化的路由，以达到最佳的通信效果。

结合移动通信市场发展和用户需求，4G的根本任务是在多个运行网络（平台）之间或者多个无线接口之间建立最有效的通信服务，并对其进行实时的定位和跟踪。在移动通信过程中，移动网络还要保持良好的无缝连接能力，保证数据传输的高质量、高速率。4G将基于多层蜂窝结构，通过多个无线接口，由多个业务提供商和系统运营者提供多媒体业务。不同类型的接入技术针对不同业务而设计，因此，人们可以根据接入业务的具体类型、接入技术的适用领域、移动小区的半径和工作环境等，对通信网络进行分层。

（1）分配层主要由卫星通信和平流层通信组成，提供广域的服务范围。

（2）蜂窝层主要由无线蜂窝系统组成，提供高密度的移动通信服务，按照功率大小可以细分为宏蜂窝、微蜂窝和微微蜂窝。

（3）热点小区层主要由无线局域网组成，服务范围集中在校园、社区、会议中心、交通枢纽等热点区域，提供有限的移动服务。

（4）个人网络层主要应用于家庭、办公室等场所。服务范围小，移动能力有限，但可通过网络接入系统连接其他网络层。

（5）固定网络层主要是指双绞线、同轴电缆、光纤组成的固定通信系统。

14.8.3　4G 的业务特征

根据通信技术的发展和市场的需求，4G将逐步实现将目前的电信网、计算机网络、广播电视网和卫星通信网等多个网络融为一体。宽带无线网络、光网络和IP技术将成为多系统融合的支撑和结合点，宽带无线网络提供灵活和高效的无线接入，而实现全球互联的宽带骨干网络将以宽带光纤网络和IP技术为主。数字数据交易点（Digital Market Place，DMP）将用于预处理各个不同网络平台之间的呼叫，帮助业务提供商和系统运营商提供高质量、低价格的业务应用。

例如，当需要在两个网络平台之间传送电视数据信息时，首先经由数字数据交易点处理，将这个电视数据信息分离成视频信号和音频信号并经由不同的网络传送，音频信号可以通过覆盖广泛的网络传送，而视频信号将由专门处理视频信号的网络传送，从而降低通信成本和有效利用传输信道。

4G应当具备以下几个基本的业务特征。

（1）多种业务的完整融合。个人通信、信息系统、广播、娱乐等业务无缝连接为一个整体，满足用户的各种需求。4G应能够集成不同模式的无线通信，从蜂窝系统到无线局域网等室内网络，从广播电视到卫星通信，移动用户可以自由地从一个标准漫游到另一个标准。各种业务应用、各种系统平台之间的互连更便捷、安全，面向不同用户要求，更富有个性化。

（2）高速移动中不同系统之间的无缝连接。用户在高速移动中，能够按需接入系统，并在不同的系统之间无缝切换，传送高速多媒体业务数据。

（3）各种用户设备便捷入网。各种设备应能够方便地接入通信网络中。用户之间不再局限于听、说、读、写的简单交流方式，为满足用户的特殊需要和特殊用户的需要，更多的新的人机交互方式将出现。

（4）高度智能化的网络。4G是一个高度自适应的网络，它具有良好的重构性、可伸缩性和自组织性，可以满足不同环境、不同用户的通信需求。

14.8.4　4G 的关键技术

4G的关键技术包括抗干扰性强的高速接入技术、调制和信息传输技术；高性能、小型化和低成本的自适应阵列智能天线；大容量、低成本的无线接口和光接口；系统管理资源；软件无线电、网络结构协议等。

1　正交频分复用技术

4G的无线信道主要是以正交频分复用（OFDM）为核心技术。OFDM技术的特点是网络结构高度可扩展，具有良好的抗噪声和抗多径信道干扰性能，可以提供质量更高（速率高、时延小）的无线数据服务和更好的性价比，因此成为4G系统无线接口的首选。

2　多输入多输出技术

多输入多输出技术是近年来的热门无线通信技术之一，其最主要的特色是可以大幅度提高数据的传输速率。根据香农理论，通道所允许传输的最大速率与信号功率和传输频宽有关，然而这两个因素都是无线通信系统中最稀缺的资源。传统的单输入单输出（Single-Input Single-Output，SISO）技术以单个天线进行传输，而MIMO技术则是通过增加天线数量来达到提高传输速度的效果。

MIMO技术利用多组天线同时传送和接收资料，通过信号合并技术，经过衰减的信号不仅可以到达接收端，还可以保持一定的传输速率。MIMO还可以利用环境中的多径波来组合信号，因此即使是处于障碍物多的环境也能获得稳定快速的高速信号传输，这对于建筑物内部的室内环境非常重要。

MIMO技术的特性就是在相同的时间内，能在相同的无线信道中发送和接收多个不同的数据串流，因此系统在每个信息通道内传送的数据速率可以成倍提高。MIMO技术每个信息通道的最大数据速率，都能随着同一信息通道中所传输的数据串流的数量呈线性增加。采用MIMO技术可以在不使用额外频谱的条件下，同时发送和接收多个数据串流，这极大地提高了无线信道的传输容量。

3 软件无线电技术

软件无线电（Software Defined Radio，SDR）技术的基本思想是以一个通用、标准、模块化的硬件平台为依托，通过软件程序来实现无线通信的各种功能，从基于硬件、面向用途的通信设计方法中解放出来。软件无线电技术支持多频宽和多模式的无线通信、国际漫游、运行时间重新配置和无线程序设计等，并且可以将不同的通信技术有效整合。只要在处理硬件时改变设备的软件程序码，软件无线电就可以灵活改变无线通信的能力。

通信功能的软件化可以减少那些功能单一、灵活性差的硬件电路，尤其是减少模拟环节，把数字化处理（A/D和D/A转换）尽量靠近天线。软件无线电技术强调体系结构的开放性和全面可编程性，可以通过软件更新来改变硬件配置结构，实现新的功能。软件无线电技术采用标准的、高性能的开放式总线结构，以利于硬件模块的不断升级和扩展。除此之外，软件无线电技术还具有其他优点，可以进一步提升其技术价值。

由于4G的架构将会变得非常复杂，因此可以使用软件无线电技术作为跨越2G、3G以至于4G等不同技术之间的桥梁。软件无线电技术能够将模拟信号的数字化过程尽可能与天线的距离接近，即使A/D及D/A转换器尽可能的靠近RF前端，并利用DSP技术完成信道分离、调制解调以及信道编解码等工作。通过建立一个无线通信平台并在平台上运行各种软件系统，可以实现多通道、多层次与多模式的无线通信。

4 智能天线技术

智能天线可以为每个用户提供一个在本小区内不受其他用户干扰的唯一信道。为了满足高频谱效率的需求，智能天线技术已经越来越受到重视，并被公认为解决频率资源匮乏、有效提高系统容量、提高信息传输速率和确保通信质量的有效途径之一。随着无线通信技术的发展，加上多媒体传输需求的提高，频率已经成为珍贵资源，因此设计新一代无线通信系统的重要课题之一就是加强终端用户的无线接入能力，提高频谱效率及系统容量，并满足动态工作的需求，使终端用户能在现有的话音和数据传输服务之外，获得更高速、多元化的多媒体应用服务。

5 切换技术

切换技术涉及移动终端在不同的小区之间越区、在不同的频率之间通信以及信号质量下降时如何选择信道等情况。切换技术是未来的移动终端在众多通信系统的覆盖小区之间建立可靠通信的基础和重要技术，它主要有软切换和硬切换两种方式。在4G中，切换技术的适用范围更为广泛，并朝着软切换和硬切换相结合的方向发展。

14.8.5 4G 的技术优势

如果说2G和3G通信还不能满足人类对于信息化发展的要求，那么未来的4G通信将真正实现人类之间的自由沟通，并彻底改变人们的生活方式甚至社会形态。现在构想的

4G具有下面的特征。

1 通信速度更快

人们研究4G的最初目的就是提高用户终端和其他移动设备无线访问Internet的速率，因此4G具有更快的无线通信速度。1G模拟系统只提供话音服务；2G数字系统的数据传输速率最大只有300kbps左右；3G的数据传输速率理论上可以达到2Mbps；而4G系统最高可以达到100Mbps以上。

2 网络频谱更宽

要想使4G达到100Mbps的传输速率，电信运营商必须在3G的基础上，进行大幅度的技术改造和更新，估计每个4G信道会占有100MHz左右的频谱，这相当于3G的WCDMA系统的20倍。

3 通信更加灵活

从严格意义上说，4G移动终端已经不能再简单地称为"移动电话"，话音业务只是4G终端的诸多功能之一，未来的4G终端应该是一台小型的计算机。未来的4G通信使人们不仅可以随时随地通信，更可以双向下载或传递资料、图片和影像。

4 智能化更高

4G的智能化更高，这不仅表现在4G终端设备的设计和操作具有智能化，更重要的是4G终端可以实现许多难以想象的功能。

5 兼容性更平滑

要使4G通信尽快地被人们接受，不仅需要考虑它的功能，还应该考虑它与现有通信基础的兼容，以便让更多的现有通信用户在投资最少的情况下就能很轻易地过渡到4G。从这个角度来看，未来的4G应当具备全球漫游、接口开放、能与多种网络互联、终端多样化以及能从2G、3G平滑过渡等特点。

6 提供各种增值服务

4G并不是在3G的基础上经过简单的升级而演变过来的，它们的核心技术有着根本的不同，3G主要以CDMA为核心技术，而4G则是以OFDM最受瞩目。不过考虑到与3G的过渡性，4G不会仅仅只采用OFDM一种技术，CDMA技术会在4G系统中与OFDM技术相互配合以便发挥出更大的作用，甚至未来的4G系统有可能会产生一些新的整合技术（比如OFDM/CDMA）。因此未来以OFDM为核心技术的4G系统，一部分会是CDMA的延伸技术。

7 实现更高质量的多媒体通信

尽管3G也能在一定程度上实现了多媒体通信，但未来的4G能在覆盖范围、通信质量、价格上支持更高质量的高速数据和高分辨率多媒体服务，因此，未来的4G会成为真正的多媒体移动通信系统。

8 频率使用效率更高

相比3G技术而言，4G技术在开发研制过程中使用和引入了许多功能强大的突破性技术，其无线频率的使用效率远远高于2G和3G。按照乐观的估计，这种有效性可以让用户使用与以前相同的无线频谱做更多的事情，而且做这些事情的速度更快。

9 通信费用更加便宜

由于4G不仅解决了与3G的兼容性，让更多的现有通信用户能轻易地升级到4G，还引入了许多尖端的通信技术，这些技术保证了4G能提供一种灵活性非常高的系统操作方式，因此相对其他技术来说，4G部署起来就容易得多；同时，在建设4G网络时，网络运营商们会考虑直接在3G通信网络的基础设施之上，采用逐步演进的方法，这样就能够有效地降低运营商和用户的费用。

本 章 小 结

信息化是当今世界发展的重要主题，作为信息领域支柱之一的移动通信产业，从20世纪70年代开始蓬勃发展，短短的几十年时间已经发展到了第三代。目前，3G形成了三大主流标准——WCDMA、CDMA2000和TD-SCDMA，其中，TD-SCDMA是由我国提出的自主知识产权的3G标准。同时，一个新的标准WiMAX成为3G标准家族的新成员。

3G的商用将彻底改变人们对移动通信的认识，第一代和第二代移动通信系统都是以话音业务为主的通信系统，从第三代移动通信系统开始，这一概念将被打破，移动通信系统将可以提供宽带的数据服务，人们的手机将不再是一个简单的"移动电话"，而成为一个可以支持综合业务的"移动终端"。

3G的建设并不是完全取代现有的2G，而是采用演进的策略在2G的基础上逐渐建设，2G和3G会在很长的时间内共存，并且会作为一个整体逐渐向更新的后3G或4G技术发展，这是一个必然的趋势。

练 习 题

1. IMT-2000的含义是什么？

2．3G网络的实现目标是什么？

3．ITU关于3G无线接口的基本要求是什么？

4．3G的标准化分为哪两个部分？

5．3G最终没有能够形成一个全球化的统一标准的主要原因是什么？

6．3G的三大标准是什么？分别基于哪个核心网演进？

7．3G的三大标准的无线接口有什么不同？

8．ITU给IMT-2000划分的频段是什么？

9．2G向3G演进的基本原则是什么？

10．我国的三大运营商分别建设和运营哪种3G网络？

11．什么是WiMAX？它的主要优缺点是什么？

12．4G目前的主要标准有哪几个？我国提交的标准是什么？

13．4G的关键技术有哪些？主要技术优势是什么？

第15章

无线局域网

由双绞线构成的局域网的主要管理工作之一是敷设电缆或者检查电缆连接，这是一项非常耗时的工作。随着网络和应用环境的不断更新与发展，原有的网络需要不断地进行重新布局，这就需要重新敷设双绞线。虽然双绞线本身的成本并不高，但是请工程人员来布线的成本很高，尤其是老旧的大型建筑，布线的工程费用更高。因此，架设无线局域网络就成为一个最佳的解决方案。

无线局域网是使用无线连接方式的局域网络。它使用无线电磁波作为数据传送的媒介，传送距离一般为几十米到几百米。WLAN的主干网路仍然可以使用电缆，无线局域网的用户终端通过一个或更多的无线接入节点接入无线局域网中。无线局域网现在已经在商务区、大学、机场、火车站及其他公共区域得到了广泛的应用。WLAN是一种非常便利的数据传输系统，它利用射频技术，用无线网络取代了传统的碍手碍脚的铜双绞线来构成更加灵活的局域网络。WLAN最通用的标准是IEEE定义的802.11系列标准。

本章重点内容如下：

- 802.11 系列标准的发展进程。
- 无线局域网的网络结构。
- WLAN 与 PLMN 的融合。

15.1

IEEE 802.11 标准

15.1.1 802.11 标准的发展进程

无线局域网是一个新兴技术，它的第一个标准版本（IEEE 802.11）发表于1997年，其中定义了MAC层和物理层。物理层定义了工作在2.4GHz的ISM（Industrial Scientific Medical，工业、科学、医学）频段上的两种无线传输方式和一种红外传输方式，总的数据传输速率设计为2Mbps。ISM频段是一个开放频段，不需要授权许可，只需要遵守一定的发射功率（一般小于1W）并且不对其他频段造成干扰就可以自由使用。WLAN使用的ISM频段主要包括2.4GHz和5.8GHz两个频段，其中，2.4GHz是世界上绝大多数国家通用的ISM频段，得到了最为广泛的应用。

自从802.11标准问世以来，WLAN得到了广泛的应用，各种WLAN设备不断投入市场，不同厂商之间的设备兼容问题越来越突出。1999年工业界成立了Wi-Fi联盟，致力于规范符合802.11标准的WLAN设备的生产，解决设备兼容性问题。

IEEE 802.11系列标准的发展进程如下。

（1）802.11，1997年，第一个版本的原始标准（2Mbps，2.4GHz）。

（2）802.11a，1999年，对物理层进行补充（54Mbps，5.8GHz）。

（3）802.11b，1999年，对物理层进行补充（11Mbps，2.4GHz）。

（4）802.11c，符合802.1d的媒介访问控制层桥接（MAC Layer Bridging）。

（5）802.11d，根据各国的无线电管理规定做的调整。

（6）802.11e，支持服务等级。

（7）802.11f，规定基站的互连性，2006年2月被IEEE批准撤销。

（8）802.11g，2003年，对物理层进行补充（54Mbps，2.4GHz）。

（9）802.11h，2004年，无线覆盖半径的调整（5.8GHz频段）。

（10）802.11i，2004年，无线网络的安全方面的补充。.

（11）802.11j，2004年，根据日本规定做的升级。

（12）802.11l，预留及准备不使用。

（13）802.11m，维护标准，互斥及极限。

（14）802.11n，更高传输速率的改善，支持多输入多输出技术。

（15）802.11k，规范了无线局域网络的频谱测量。

（16）802.11p，主要用在车用电子的无线通信上。

15.1.2　802.11 的标准系列

1　IEEE 802.11

802.11是IEEE最初制定的第一个WLAN标准，主要用于解决办公室局域网和校园网中用户终端的无线接入，业务主要局限于数据存取，数据传输速率最高只能达到2Mbps。由于802.11在传输速率和传输距离上都不能满足人们的需要，因此，IEEE随后又相继推出了802.11a和802.11b两个新标准，3者之间技术上的主要差别在于MAC层和物理层。

2　IEEE 802.11a

802.11a是802.11原始标准的一个修订标准，于1999年获得批准。802.11a标准采用了与原始标准相同的核心协议，工作频率为5.8GHz，使用52个正交频分复用的副载波，最大数据传输速率为54Mbps，达到了中等吞吐量（20Mbps）的要求。如果需要，数据速率可降低为48、36、24、18、12、9、6 Mbps。

在52个正交频分复用副载波中，48载频个用于传输数据，4个载频是导频载波，每个载频的频率带宽为0.3125MHz（20MHz/64）。采用的调制方式可以是BPSK、QPSK、16QAM或者64QAM。总的频率带宽为20MHz，占用带宽为16.6MHz，符号时间为4ms，保护间隔为0.8ms，见表15-1。

表 15-1　802.11a 的数据速率和调制方式

数据速率/Mbps	调制方式	编码率	1472 字节传输时间/μs
6	BPSK	1/2	2012
9	BPSK	3/4	1344
12	QPSK	1/2	1008
18	QPSK	3/4	672
24	16 QAM	1/2	504
36	16 QAM	3/4	336
48	64 QAM	2/3	252
54	64 QAM	3/4	224

802.11a拥有12条不相互重叠的频道，8条用于室内，4条用于点对点传输。它不能与更早商用的802.11b进行互操作，除非使用了两种标准都采用的设备。

由于2.4GHz频带已经被各种无线设备使用，采用5.8GHz频带可以让802.11a具有更少冲突的优点。然而，高载波频率也带来了负面效果，802.11a几乎被限制在直线传输范围内使用，不能传播得像802.11b那么远，这导致必须使用更多的接入点。

802.11a的正交频分复用副载波产生和解码正交分量的过程都是在基带中采用数字信号处理技术完成的，时域信号通过逆向快速傅里叶变换产生，然后由发射单元将频率提高到5.8GHz。接收单元则将信号频率从5.8GHz降低到20MHz，重新采样并通过快速傅里叶变换来重新获得原始系数。使用正交频分复用的好处是可以改善多径效应、提高频谱效率。

　　802.11a产品于2001年开始销售，实际比802.11b的产品还要晚，这是因为5.8GHz组件的研制比较慢。由于802.11b已经被广泛采用，再加上802.11a的一些弱点和一些国家的规定限制，802.11a并没有得到广泛的应用。802.11a的设备厂商为了应对这样的市场匮乏，对技术进行了改进（现在的802.11a技术已经与802.11b在很多特性上都很相近了），并且开发了可以使用不止一种802.11标准的技术。现在已经有可以同时支持802.11a、b的双频，同时支持802.11a、b、g的三频甚至同时支持802.11a、b、g、n的四频无线网卡，它们可以自动选择标准，同样，移动适配器和接入设备也能同时支持所有的这些标准。

3　IEEE 802.11b

　　802.11b是WLAN的一个典型标准。它是当前应用最为广泛的WLAN标准之一，采用的频段是2.4GHz，最高速率为11Mbps，在信号较弱或有干扰的情况下，可以通过自动降低数据速率来保证无线网络的稳定性和可靠性，速率可以自动调整为5.5Mbps、2Mbps和1Mbps。在2.4GHz的ISM频段共有14个带宽为22MHz的频道可供使用。802.11b有时也被称为Wi-Fi，但Wi-Fi实际上只是Wi-Fi联盟的一个商标，使用该商标的商品之间可以互相兼容，Wi-Fi与标准本身实际上并没有直接关系。

4　IEEE 802.11g

　　802.11g是802.11b的后继标准，在2003年7月被批准。采用的频段为2.4GHz（与802.11b相同），最高速率为54Mbps（与802.11a相同），802.11g的设备可以向下兼容802.11b。后来，有些无线路由器厂商因市场需要而在IEEE 802.11g的标准上开发了新标准，并将理论传输速度提高到了108Mbps或125Mbps。

5　IEEE 802.11i

　　802.11i是IEEE为了弥补802.11脆弱的安全加密功能（Wired Equivalent Privacy, WEP）而制定的修正案，于2004年7月完成。其中定义了基于AES的全新加密协议。

　　无线网络中的安全问题的解决经历了相当长的时间，Wi-Fi厂商采用802.11i的草案三为蓝图设计了一系列的通信设备，称之为支持WPA（Wi-Fi Protected Access）。这个协议包含了向前兼容RC4的加密协议TKIP（Temporal Key Integrity Protocol，临时密钥完整性协议），它沿用了WEP所使用的硬件并修正了一些缺陷，但仍然存在安全弱点。现在广泛应用的支持802.11i最终版协议的通信设备称为支持WPA2（Wi-Fi Protected Access 2）。

6　IEEE 802.11n

　　802.11n是2004年1月IEEE宣布组成一个新的机构来开发的新的802.11标准，于2009年9月正式批准。传输速率的理论值为300Mbps。此项新标准比802.11b快50倍，比802.11g

快10倍左右。802.11n也将比目前的无线网络传送到更远的距离。

802.11n增加了对于MIMO的标准，使用多个发射和接收天线来提供更高的数据传输速率，并使用了阿拉穆蒂编码方案来增加传输范围。802.11n支持在20MHz标准带宽上的传输速率包括7.2、14.4、21.7、28.9、43.3、57.8、65、72.2 Mbps。使用4×MIMO时，速率最高可以达到300Mbps。802.11n也支持双倍带宽（40MHz），当使用40MHz带宽和4×MIMO时，速率最高可以达到600Mbps。

7 IEEE 802.11k

IEEE 802.11k阐述了无线局域网中频谱测量所能提供的服务，并以协议方式规定了测量的类型及接收发送的格式。此协议制定了几种有测量价值的频谱资源信息，并创建了一种请求/报告机制，使测量的需求和结果在不同终端之间进行通信。协议制定小组的工作目标是要使终端设备能够通过对测量信息的分析做出相应的传输调整，为此，协议制定小组定义了测量类型。

这些测量报告使IEEE 802.11规范下的无线网络终端可以收集临近无线接入点的信息（信标报告）和临近终端链路性质信息（帧报告，隐藏终端报告和终端统计报告）。测量终端还可以提供信道干扰水平和信道使用情况。

IEEE 802.11典型的标准系列见表15-2。

表15-2 802.11 的典型标准系列

协议	发布时间	标准频带/GHz	最高速率/Mbps	实际速率/Mbps	室内/m	室外/m
802.11	1997	2.4～2.5	2	1		
802.11a	1999	5.725～5.875	54	25	30	45
802.11b	1999	2.4～2.5	11	6.5	30	100
802.11g	2003	2.4～2.5	54	25	30	100
802.11n	2009	2.4 or 5.8	600	300	70	250

15.1.3 802.11b 的工作频段

802.11b和802.11g标准将2.4GHz频段划分为14个重复标记的频道，每个频道的中心频率相差5MHz。标准中并没有详细规范每个频道的具体带宽，而是规范了中心频率和频谱屏蔽要求。频谱屏蔽的要求是，在中心频率±11 MHz处至少衰减30dB，在±22 MHz处至少衰减50dB，如图15-1所示。

由于频谱屏蔽只规定到±22 MHz处的能量限制，所以通常认定使用带宽不会超过这个范围。实际上，当发射机距离接收机非常近时，接收机接收到的有效能量频谱还是有可能会超出22MHz的范围。

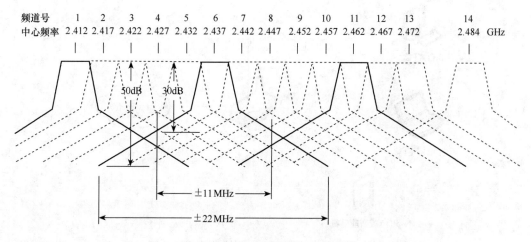

图 15-1　2.4GHz 频段的 14 个频道

一般认为频道 1、6、11 互不重叠，实际上只是 1、6、11 三个频道之间的互相影响比其他频道要小很多，一个使用频道 1 的高功率发射机，还是有可能会干扰到一个使用频道 6 的功率较低的发射机，即使是相距最远的频道 1 和 11，也有互相干扰的可能。但是，只要每个频道的发射都符合 FCC 规范（±11MHz/−30dB、±22MHz/−50dB），1、6、11 频道之间就不会出现严重的互相干扰问题，至少不会严重影响到通信的传输速率。

15.2

WLAN

15.2.1　WLAN 的网络结构

基于 IEEE802.11 标准的 WLAN 允许在局域网络环境中使用不需要授权的 2.4GHz 或 5.8GHz 无线频段进行无线通信。在 WLAN 中，两个终端设备之间的通信可以采用自由直连的方式进行，也可以在基站或者接入点（Access Port，AP）的协调下进行。WLAN 可以广泛应用于家庭或企业内部以及家庭或企业到 Internet 的接入环节。

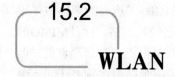 简单的家庭 WLAN

家庭 WLAN 的典型应用如图 15-2 所示。

一台无线路由器设备作为防火墙、路由器、交换机和无线接入点。这台无线路由器可以提供广泛的功能，例如，保护家庭网络远离外界的入侵，允许多台计算机共享一个

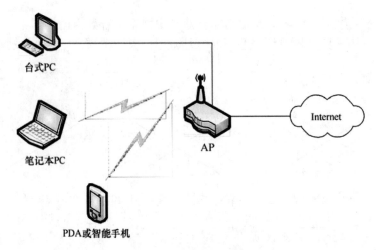

图 15-2   家庭 WLAN 的典型应用

ISP（Internet服务提供商）的单一IP地址，为多台计算机提供有线或无线的局域网服务，为多台计算机提供一个有线或无线的接入点。

随着具有WLAN功能的笔记本式计算机、掌上计算机和智能手机的普及，家庭网络的需求增长很快，采用WLAN结构的费用很低而且可以提供很强的灵活性。

通常的AP基本模块可以提供2.4GHz的802.11b/g的WLAN服务，更高端的AP设备可以提供双频段服务或高速MIMO服务。双频AP设备可以提供2.4GHz的802.11b/g和5.8GHz的802.11a，其本质上是将两个AP设备合为一体并且可以同时提供两个非干扰频段（2.4GHz和5.8GHz）。而具有MIMO功能的AP设备可以在2.4GHz或更高的频段中使用多个射频载波来大幅度提高数据传输速度。由于2.4GHz频段已经很拥挤，而且MIMO的成本较高，所以MIMO设备并没有得到广泛应用。双频AP设备虽然不具有最高性能，但是允许WLAN在相对不那么拥挤的5.8GHz频段工作，并且如果两个终端设备不在同一个频段，则还可以允许它们同时全速工作，得到了更广泛的应用。

2   中小型企业的 WLAN

中小规模的企业一般会使用一个简单的WLAN设计，即直接向所有需要无线覆盖的区域提供多个无线AP。这个方法是最通用的，它的接入成本很低，缺点是一旦AP的数量超过一定限度，WLAN就会变得难以管理。在大多数的这类WLAN中，多个AP配置在相同的局域网，允许用户在多个AP之间漫游，如图15-3所示。

从管理的角度来看，每个AP以及连接到它的接口都被分开管理。在更高级的支持多个虚拟SSID（服务集标识）的网络中，VLAN（Virtual LAN，虚拟局域网）通道可以被用来连接访问点到多个子网，但这需要以太网连接具有可管理的交换端口。这种情况下的交换机需要进行配置，以便在单一端口上支持多个VLAN。尽管使用一个模板配置多个AP是可能的，但是当固件和配置需要进行升级时，管理大量的AP仍然会变得比较困难。

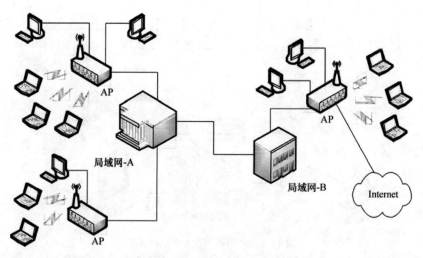

图 15-3　中小型企业的 WLAN

从安全的角度来看，每个AP必须被配置为能够处理自己的接入控制和认证，RADIUS（Remote Authentication Dial In User Service，远程用户拨号认证服务器）可以很轻松地完成这项任务，因为AP可以将访问控制和认证委派给中心化的RADIUS服务器，这些服务器可以轮流与诸如Windows活动目录这样的中央数据库进行连接。但是即使如此，仍然需要在每个AP和每个RADIUS服务器之间建立一个RADIUS关联，如果AP的数量很多还是会变得相当复杂。

3　大型的可交换的 WLAN

大型的可交换的WLAN是无线网络的新应用，简化的AP通过几个中心化的无线控制器进行控制，数据也通过这些无线控制器进行传输和管理。在这样的WLAN中，AP的设计更加简单，复杂的逻辑被嵌入无线控制器中。数据以某种形式被封装在隧道中，所以即使设备处在不同的子网中，但从AP到无线控制器都有一个直接的逻辑连接，如图15-4所示。

从管理的角度来看，管理员只需要管理可以轮流控制几百个AP的无线局域网控制器。这些AP可以使用某些自定义的DHCP属性以判断无线控制器在哪里，并且自动连接到它成为控制器的一个扩充。AP是即插即用的，这极大地改善了交换无线局域网的可伸缩性。如果需要支持多个VLAN，则AP不再需要连接到交换机上一个特殊的VLAN隧道端口，可以直接使用普通交换机甚至更易于管理的集线器上的接入端口，VLAN数据被封装并发送到中央无线控制器，由无线控制器来处理到核心网络交换机的连接。同时，因为所有的访问控制和认证都在中心化的控制器进行处理，安全管理也得到加强。只有中心化的无线控制器需要连接到RADIUS服务器，这些服务器轮流连接到活动目录。

这种具有交换能力的WLAN的优点是低延迟漫游，切换时间可以在50ms内完成，这允许VoIP等对时间延迟很敏感的应用，传统的每个AP独立配置的WLAN会有1s左右的切换时间，这会破坏电话呼叫并丢弃无线设备上的应用会话。

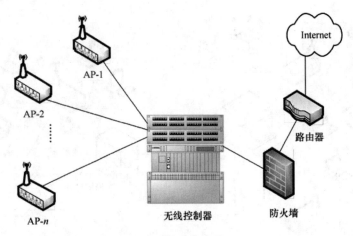

图 15-4　大型的可交换的 WLAN

15.2.2　WLAN 的技术要求

WLAN在大部分情况下会用于覆盖室内的无线环境，而且还需要支持高速、突发的数据业务，因此必须解决小尺度衰落以及各子网之间的串扰等问题。具体来说，无线局域网必须实现以下技术要求。

（1）数据速率。为了满足局域网业务量的需要，WLAN的数据传输速率应该至少在2Mbps以上，最高速率应该达到20Mbps以上。

（2）可靠性。WLAN的分组丢失率应该低于10^{-5}，误码率应该低于10^{-8}。

（3）兼容性。对于室内环境使用的WLAN，应尽可能与现有的有线局域网在网络操作系统和网络软件上相互兼容。

（4）保密性。由于数据通过无线媒介在空中传播，WLAN必须在不同层次采取有效的措施以提高通信的保密性和数据的安全性。

（5）移动性。支持全移动网络或半移动网络。

（6）节能管理。当没有数据收发时，可以使站点设备处于休眠状态，当有数据收发时再激活，从而达到节省电力消耗的目的。

（7）小型化、低价格。这是WLAN得以普及的关键环节之一。

（8）电磁环境。WLAN应考虑电磁波对人体和周边环境的影响问题。

15.2.3　WLAN 的应用环境

WLAN的主要应用环境如下。

（1）大型建筑物之间。在建筑物之间构建无线网络，取代有线连接。

（2）机场和车站。在机场、火车站、汽车站等场所建立WLAN覆盖是一个很重要的需求，可以为候机或候车的乘客提供网络服务。

（3）企业内部网络。当企业内部的员工使用WLAN时，则其可在办公室的任何一个角落都可以随时收发电子邮件、分享档案和进行网络浏览。

（4）餐饮及零售业。餐饮服务企业可以使用WLAN产品，直接在餐桌旁将客人的菜单传送到厨房和柜台。零售商可以使用WLAN设置临时收银柜台。

（5）医疗行业。医护人员使用附带WLAN产品的便携计算机可以及时取得实时信息，避免对伤患救治的迟延，节省不必要的纸上作业，避免单据循环的迟延及误诊等，从而提升对伤患的医疗品质。

（6）仓储管理。仓储人员的盘点事宜，可以通过WLAN的应用立即将最新的资料输入计算机仓储系统。

（7）货柜集散场。货柜集散场的桥式起重车，可以采用WLAN产品，当调动货柜时，将实时信息传回办公室，便于相关作业同步进行。

（8）监视系统。一些位于偏远区域但需要受到监控的场所，往往由于布线困难很难采用有线网络，可以借助WLAN将影像传回主控站。

（9）会展中心。各种大型的通信设备、计算机、汽车等展会对网络的需求极高，采用有线布线会让现场显得非常混乱，WLAN无疑是最好的选择。

15.2.4　WLAN 的硬件设备

（1）无线AP：就是WLAN的接入点和无线网关，它的作用类似于有线网络中的集线器和路由器。

（2）无线网卡的作用和以太网中的计算机网卡的作用基本相同，它作为WLAN的网络接口，能够实现WLAN中的无线连接和通信。

（3）天线。当WLAN中的网络设备相距较远时，随着信号的减弱，传输速率会明显下降，甚至会导致无线网络无法实现正常通信，需要借助天线对发送或接收信号进行增强。

15.2.5　WLAN 的扩频技术

采用扩频技术的WLAN产品工作在ISM频率范围，主要包括2.4GHz和5.8GHz两个频段，所以并没有使用授权限制。WLAN可以使用的主要扩频技术分为"直接序列扩频技术和"跳频扩频技术"两种方式。

WLAN在性能和能力上的差异，主要取决于所采用的是DSSS还是FHSS扩频技术以及所采用的调制方式。调制方式的选择并不完全是随意的，DSSS一般采用相位调制，如BPSK、QPSK、DQPSK等，可以得到最高的可靠性和高数据速率性能；FHSS并不强求某种特定的调制方式，大部分现有的FHSS都是使用某些不同形式的FSK，IEEE 802.11草案规定使用GFSK。

在抗噪声能力方面，采用QPSK调制方式的DSSS与采用FSK调制方式的FHSS相比，具有各自不同的优势。DSSS系统由于采用了线性调制技术，需要使用成本较高的线性放大器，但覆盖范围大、抗干扰能力强，可靠性高。FHSS系统之所以选用FSK调制方式，是因为FHSS和FSK的内在架构简单，FSK无线信号可以使用非线性功率放大器，但这也牺牲了覆盖范围和抗干扰能力。

到目前为止，以现有的产品参数进行比较，DSSS技术在需要最佳可靠性的应用中具有较大的优势，而FHSS技术在需要低成本的应用中较占优势。WLAN设备的制造商在选择使用DSSS还是FHSS扩频技术时，必须要审核产品在市场的定位，因为它直接决定了WLAN的传输能力及特性，包括抗干扰能力、覆盖范围、频率带宽、传输速率以及可靠性等。

一般而言，DSSS由于采用全频带传送数据，速率较高，未来还可以开发出更高传输速率的潜力也较大。DSSS技术适用于固定环境或对传输品质要求较高的应用，工业区、医院、网络社区、校园网等应用大都采用DSSS的WLAN产品。

FHSS则大都使用于需要快速移动的场合，FHSS的覆盖范围较小，在相同的覆盖环境下，需要的FHSS设备往往要比DSSS设备多，在整体价格上可能也会比较高。

根据目前的企业需求，高速移动终端的应用较少，而大多较注重于传输速率和传输的稳定性，所以未来WLAN产品的发展会以DSSS技术为主流。

15.2.6 WLAN 的优缺点

WLAN的主要优点如下。

（1）灵活性。在有线网络中，终端设备的安放位置会受到布线的限制，而WLAN在无线信号覆盖区域内的任何一个位置都可以接入网络。

（2）移动性。WLAN的另一个最大的优点在于其移动性，连接到WLAN的用户可以随时移动并同时与网络保持连接。

（3）安装便捷。WLAN可以免去或最大程度地减少网络布线的工作量，一般只要安装一个或多个AP设备就可以建立覆盖整个区域的局域网络。

（4）易于进行网络规划和调整。对于有线网络来说，办公地点或网络拓扑的改变通常意味着需要重新布线，重新布线是一个昂贵、费时、浪费和琐碎的过程，WLAN可以避免或减少以上情况的发生。

（5）故障定位容易。有线网络一旦出现物理故障，尤其是由于线路连接不良而造成的网络中断，往往很难查明，而且检修线路工作量很大。WLAN则很容易定位故障，只需更换故障设备就可以恢复网络连接。

（6）易于扩展。WLAN有多种配置方式，可以很快从只有几个用户的小型网络扩展到上千用户的大型网络，并且能够提供节点之间的漫游等有线网络无法实现的特性。

由于WLAN有以上诸多优点，因此其发展十分迅速。特别是最近几年，WLAN在交通枢纽、企业、医院、商店、工厂和学校等场合得到了广泛的应用。

当然，WLAN也有一些不足之处，在能够给网络用户带来便捷和实用的同时，也存在着一些缺陷。WLAN的不足之处主要体现在以下几个方面。

（1）性能差。WLAN是依靠无线电磁波进行传输的，这些电磁波通过无线发射装置进行发射，而建筑物、车辆、树木和其他障碍物都可能阻碍电磁波的传输，影响网络的性能。

（2）速率低。无线信道的传输速率与有线信道相比要低得多。目前，WLAN的最大传输速率为54Mbps，只能适合于个人终端和小规模网络应用。

（3）安全性差。无线信号在覆盖区域是开路的，从理论上讲，采取一定的技术手段可以监测到覆盖范围内的信号，容易造成信息的泄漏。

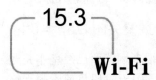

15.3 Wi-Fi

所谓Wi-Fi其实是IEEE 802.11b和802.11g的别称，是由一个名为WECA（Wireless Ethernet Compatibility Alliance，无线以太网兼容联盟）的组织所发布的业界术语。WECA联盟成立于1999年，2002年10月正式改名为"Wi-Fi Alliance"，即"Wi-Fi联盟"。

实际上，Wi-Fi只是无线局域网联盟的一个商标，该商标用于保障使用该商标的产品之间可以互相兼容，这与WLAN标准本身并没有直接的关系。但是，随着Wi-Fi商标的普及，后来人们逐渐习惯用Wi-Fi来称呼802.11b和802.11g协议。

Wi-Fi本质上是一种商业认证，具有Wi-Fi认证的产品符合IEEE 802.11b的无线网络规范，这种认证后来又延伸到IEEE 802.11g。凡是通过Wi-Fi联盟兼容性测试的产品，都被准予添加"Wi-Fi Certified（Wi-Fi认证）"的标记。因此，在选购802.11b和802.11g的无线产品时，最好选购有Wi-Fi标记的产品，以保证产品之间的兼容。

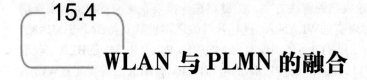

15.4 WLAN 与 PLMN 的融合

众所周知，现有的公共陆地移动网所能够提供的数据业务速率，还远远不能满足用户对于数据业务接入的要求。进入21世纪以来，电信运营商们开始探索利用WLAN在数据传输方面的优势来分流PLMN数据流量的压力，不断加速Wi-Fi热点的建设。在我国，中国移动、中国电信和中国联通都在开展Wi-Fi热点的覆盖，而且建设的速度还在不断加快。但是，运营的效果却不尽如人意，大部分电信运营商的WLAN的建设是完全独立的，WLAN的利用率很低，用户数量、使用时长和激活用户的比例都很低。如何引导用户优先选择WLAN进行数据业务的接入，分流PLMN的数据流量，成为摆在电信运营商面前的一道难题。

在第四代移动通信系统（4G的数据业务速率将达到WLAN的同等水平）投入商用之前，WLAN与PLMN的融合将是一项长期的工作。根据现有技术的成熟程度和发展水平，可以将WLAN与PLMN的融合划分为以下5个阶段。

第一阶段：实现账单及用户服务的统一。

第二阶段：实现WLAN和PLMN的统一认证。

第三阶段：通过WLAN接入PLMN数据交换域业务。

第四阶段：实现WLAN和PLMN的自动切换。

第五阶段：实现WLAN和PLMN的完全融合。

其中，第一阶段只需要在运营支撑系统上做简单的改造，很多运营商已经基本完成了这一阶段的工作，实现了WLAN和PLMN的统一计费。第四、第五阶段目前受限于终端产业链的发展状况，还没有完善成熟的解决方案，仍处于技术探讨状态。因此，WLAN与PLMN融合在当前的工作应该集中在实现第二阶段和第三阶段。

1　实现 WLAN 与 PLMN 的统一认证

WLAN在数据传输速率上的优势毋庸置疑，但是，如果没有认证和接入的便利，用户就无法享受到这一优势。目前普遍使用WEB认证方式，需要用户手动搜索并接入WLAN热点，然后由运营商发送一条包含接入密码的短消息给用户，用户再通过这一密码和自己的手机号接入运营商的WLAN，整个过程可能需要几分钟时间。对于一个可能只需要收发一封电子邮件的用户来说，几分钟的接入和认证过程显然是很难接受的。

实现WLAN与现有PLMN的统一认证是满足用户需求的基础，首先要实现用户连接到WLAN时不需要输入用户名和密码，用户终端直接上报SIM的信息就可以完成认证（像使用手机一样），进行付费结算时，WLAN和PLMN业务使用同一个账单统一结算。

现在已经提出了一些比较成熟的解决方案，关键点在于需要在现有的PLMN中新增一台3GPP AAA Server，并对现有的WLAN AC进行升级改造，使其支持EAP-SIM/AKA认证方式。3GPP AAA Server通过STP连接到现有PLMN的HLR，从PLMN的HLR上获取用户的签约鉴权信息。STP可以连接到现有PLMN的所有HLR，而HLR上需要配置WLAN用户的ODB签约信息，指示用户是否允许从WLAN接入。这一方案可以保证用户在几十秒之内完成WLAN的整个接入认证过程，极大地提高了用户使用WLAN的便利性。此外，用户通过SIM认证接入WLAN，也避免了手工输入密码可能带来的安全性问题。

2　通过 WLAN 接入 PLMN 数据交换域业务

WLAN是一个局域网，很难作为一种独立运营的无线网络而存在，运营商应该将WLAN和PLMN作为一个统一的整体来考虑投资和收益。对于高端的套餐用户，可以将WLAN业务免费捆绑提供，提升其客户体验以吸引和保留这部分用户；而对于中低端用户，则可以按照流量收取适当的费用，以防止WLAN网络的负荷过大。建设WLAN的根本目的应该在于分担PLMN宏网络的数据流量压力，降低每兆比特数据的提供成本，从而实现整个网络业务的更好盈利。为了更好地实现数据流量的分流，除了让用户通过WLAN可以接入互联网业务以外，还应该能够访问运营商自己的数据交换业务，这需要对核心网设备进行必要的改造。

WLAN与PLMN的融合是通信技术发展到一定阶段的一个必然选择，WLAN与PLMN的真正融合可以带来很多方面的优势。

对于最终用户，不再需要每次都输入用户名和密码，用户终端可以自动采集USIM或SIM的信息，实现自动认证。用户终端与网络之间通过IPSec通道加密传送数据，有效规避了Wi-Fi接入的安全性问题。用户可以通过Wi-Fi接入数据交换域业务（如彩信业务），享受到数倍于现有PLMN的传输速率，用户体验得到极大提升。

对于运营商而言，统一规划WLAN与现有PLMN的建设，可以大幅度降低每兆比特数据业务的提供成本，有效缓解热点区域现有PLMN不断扩容带来的投资压力。融合WLAN分组网络可以充分发挥运营商自有数据业务的优势，打破WLAN只能作为管道的尴尬局面，增强WLAN的盈利能力。

当然，WLAN与PLMN业务的融合还有很多问题需要探讨。WLAN和PLMN之间存在很多特性差异，信号强度较高的WLAN的实际体验也许并不好，终端设备是否应该能够判断切换时机，支持WLAN与PLMN（特别是3G）的自动选网和切换等，都还没有定论。目前，WLAN本质上讲还只是一种热点覆盖的手段，只能作为现有移动通信系统的补充而不能取代现有的移动通信系统。WLAN和PLMN的进一步融合还有待电信运营商和解决方案提供商在实践过程中共同努力。

现在看来，4G的主要业务能力就是实现3G和WLAN的融合，在保证现有2G和3G传统电话业务的前提下，将数据业务的能力提升到WLAN的水平（大约100Mbps）。

15.5 无线城域网

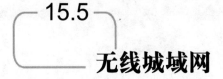

就在WLAN的发展势头正劲之际，又出现了无线城域网技术。与WLAN的802.11标准系列一样，IEEE也为WMAN推出了802.16标准系列，同时业界也成立了一个类似Wi-Fi联盟的论坛，即WiMAX论坛。

WiMAX是一项新兴技术，能够在比WLAN更广阔的地域范围内提供"最后一千米"的宽带无线接入，支持企业客户和个人用户，拥有相当于有线通信的接入速率，目前实现的数据速率可以达到45Mbps。凭借其覆盖范围大和吞吐率高的优势，WiMAX可以为高速数据应用提供更加出色的移动性，此外，WiMAX还能够为电信基础设施、企业园区和Wi-Fi热点提供回程。2007年10月，WiMAX已经被正式批准成为继WCDMA、CDMA2000和TD-SCDMA之后的第四个全球3G标准。

本 章 小 结

在3G移动通信用户快速增长的同时，运营商不得不面临大流量高速数据业务所带来的网络压力。发展WLAN是现实的需要，用WLAN来分担3G网络的压力，这已经成为一个趋势和热点，世界各国的主流电信运营商都在采用"3G＋WLAN"作为全业务运营的主要模式。我国的电信运营商在规划和建设2G/3G的同时，都已经开始将WLAN作为其无线网络覆盖的一个组成部分进行建设。WLAN具有低价格和高带宽的优势，特别是具有中国自主知识产权的无线局域网标准WAPI与Wi-Fi的有机结合，使得运营商推进"3G＋WLAN"融合组网的决心更加坚定，因此三大运营商WLAN网络的建设都在加速。

早期的WLAN只是一个采用开放频率的无线局域网应用，随着WLAN开始进入公共电信运营网络，WLAN已经开始进入更加有序、协调的蓬勃发展期。

练 习 题

1. 目前WLAN主要使用哪两个频段？
2. IEEE 802.11b和802.11g使用哪个频段？两者的不同点是什么？
3. WLAN的主要应用环境有哪些？
4. WLAN的主要硬件设备是什么？
5. WLAN的主要优缺点有哪些？
6. Wi-Fi是哪种标准的称呼？
7. WLAN与PLMN的融合主要分为几个阶段？

附 录 缩 略 词

ADPCM	Adaptive Differential Pulse-Code Modulation	自适应差分脉码调制
AGCH	Access Grant Channel	允许接入信道
AMPS	Advanced Mobile Phone System	高级移动电话系统
ARFCN	Absolute Radio Frequency Channel Numbers	绝对无线频道编号
ATM	Asynchronous Transfer Mode	异步传输模式
AUC	Authentication Center	鉴权中心
AWGN	Additive White Gaussian Noise	加性高斯白噪声
BER	Bit Error Rate	误比特率
BCH	Broadcast Channel	广播信道
BCCH	Broadcast Control Channel	广播控制信道
BPSK	Binary Phase Shift Keying	二相相移键控
BSC	Base Station Controller	基站控制器
BSIC	Base Station Identity Code	基站识别码
BSS	Base Station Subsystem	基站子系统
BTS	Base Transceiver Station	基站收发台
CAI	Common Air Interface	公共空中接口
CCCH	Common Control Channel	公共控制信道
CCH	Control Channel	控制信道
CCS	Common Channel Signaling	公共信道信令
CDMA	Code Division Multiple Access	码分多址
CELP	Code Excited Linear Predictor	码激励线性预测编码器
C/I	Carrier-to-Interference Ratio	载波干扰比
C/N	Carrier -to-Noise Ratio	载波噪声比
Codec	Coder / decoder	编译码器
CRC	Cyclic Redundancy Code	循环冗余码
DCCH	Dedicated Control Channel	专用控制信道
DCS1800	Digital Celluar System at 1800MHz	1800MHz数字蜂窝系统
DECT	Digital European Cordless Telecommunications	欧洲数字无绳电话

DPCM	Differential Pulse Code Modulation	差分脉冲编码调制
DQPSK	Differential Quadrature Phase Shift Keying	差分四相相移键控
DSP	Digital Signal Processing	数字信号处理
DSSS	Direct Sequence Spread Spectrum	直接序列扩频
DTX	Discontinuous Transmission Mode	非连续传输模式
EIR	Equipment Identity Register	设备识别寄存器
Eb/No	Bit Energy-to-Noise Density	比特能量噪声密度比
ESN	Electronic Serial Number	电子序列号
ETSI	European Telecommunications Standards Institute	欧洲电信标准组织
FACCH	Fast Associated Control Channel	快速随路控制信道
FCC	Forward control Channel	前向控制信道
FCCH	Frequency Correction Channel	频率校正信道
FDD	Frequency Division Duplex	频分双工
FDMA	Frequency Division Multiple Access	频分多址
FDTC	Forward Data Traffic Channel	前向数据业务信道
FEC	Forward Error Correction	前向纠错
FHMA	Frequency Hopping Multiple Access	跳频多址
FHSS	Frequency Hopping Spread Spectrum	跳频扩频
FVC	Forward Voice Channel	前向语音信道
GIS	Geographic Information System	地理信息系统
GIU	Gateway Interface Unit	网关接口单元
GMSK	Gaussian Minimum Shift Keying	高斯最小频移键控
GSM	Global System for Mobile Communications	全球移动通信系统
HLR	Home Location Register	归属位置寄存器
IEEE	Institute of Electrical and Electronics Engineers	美国电气和电子工程师协会
IMSI	International Mobile Subscriber Identity	国际移动用户识别码
IMT-2000	International Mobile Telecommunications- 2000	国际移动电话系统-2000
IS-95	EIA Interim Standard for U.S.Code Division Multiple Access	美国码分多址EIA暂行标准
IS-136	EIA Interim Standard 136-USDC with Digital Control Channels	EIA暂行标准136—具有数字控制信道的USDC

ISI	Inter Symbol Interference	码间干扰
ISM	Industrial, Scientific and Medical	工业，科学及医学
ITU	International Telecommunications Union	国际电信联盟
LAN	Local Area Network	局域网
LEO	Low Earth Orbit Satellite	低轨道地球卫星
LPC	Linear Predictive Coding	线性预测编码
LTE	Linear Transversal Equalizer	线性横向均衡器
LTP	Long Term Potentiation	长期预测
MAC	Media Access Control	媒体接入控制
MAHO	Mobile Assisted Handoff	移动辅助切换
MAP	Mobile Application Part	移动应用部分
MIMO	Multiple-Input Multiple-Output	多输入多输出
MIN	Mobile Identification Number	移动识别号
MS	Mobile Station	移动台
MSC	Mobile Switching Center	移动交换中心
MSCID	MSC Identification	MSC标识
MSK	Minimum-Shift Keying	最小频移键控
MTP	Message Transfer Part	消息传递部分
MUX	Multiplexer	多路复用器
NSS	Network and Switching Subsystem	网络交换子系统
OFDM	Orthogonal Frequency Division Multiplexing	正交频分复用
OMC	Operation & Maintenance Center	运行维护中心
OQPSK	Offset Quadrature Phase Shift Keying	偏移四相相移键控
OSI	Open System Interconnection	开放系统互连
OSS	Operation Support Subsystem	运行支持子系统
PABX	Private Automatic Branch Exchange	专用自动小交换机
PACS	Personal Access Communications System	个人接入通信系统
PBX	Private Branch Exchange	专用小交换机
PCH	Paging Channel	寻呼信道
PCM	Pulse Code Modulation	脉码调制

PCN	Personal Communication Network	个人通信网
PCS	Personal Communication System	个人通信系统
PHS	Personal Handy-Phone System	个人手持电话系统
PLL	Phase-Locked Loop	锁相环
PLMN	Public Land Mobile Network	公用陆地移动网
PN	Pseudo-Noise	伪噪声
PR	Packet Radio	分组无线电
PRI	Primary Rate Interface	基群速率接口
PSK	Phase Shift Keying	相移键控
PSTN	Public Switch Telephone Network	公用交换电话网
QAM	Quadrature Amplitude Modulation	正交调幅
QCELP	Qualcomm Code Excited Linear Predictive Coder	高通码激励线性预测编码
QPSK	Quadri Phase Shift Keying	四相相移键控
RACH	Random Access Channel	随机接入信道
RCC	Reverse Control Channel	反向控制信道
RF	Radio Frequency	射频
RSSI	Radio Signal Strength Indication	无线信号强度指示
RVC	Reverse Voice Channel	反向语音信道
RX	Receiver	接收机
SACCH	Slow Associated Control channel	慢速随路控制信道
SAT	Supervisory Audio Tone	监测音
SCCP	Signaling Connection Control Part	信令连接控制
SCH	Synchronization Channel	同步信道
SCP	Service Control Point	业务控制点
SDCCH	Stand-alone Dedicated Control Channel	独立专用控制信道
SDMA	Space Division Multiple Access	空分多址
SELP	Stochastically Excited Linear Predictive Coder	随机激励线性预测编码器
SID	Station Identity	基站标识
SIM	Subscriber Identity Module	用户标识模块
SIR	Signal to Interference Ratio	信号干扰比
SMC	Short Message Center	短消息中心
S/N	Signal to Noise Ratio	信噪比
SP	Signaling Point	信令点

SS7	Signaling System No.7	7号信令系统
ST	Signaling Terminal	信令终端
STP	Signaling Transfer Point	信令转接点
SYN	Synchronization channel	同步信道
TACS	Total Access Communications System	全接入通信系统
TCH	Traffic Channel	业务信道
TCM	Trellis Coded Modulation	网格编码调制
TDD	Time Division Duplexing	时分双工
TDMA	Time Division Multiple Access	时分多址
TUP	Telephone User Part	电话用户部分
TX	Transmitter	发射机
UMTS	Universal Mobile Telecommunications System	通用移动通信系统
VLR	Visitor Location Register	拜访位置寄存器
VSELP	Vector Sum Excited Linear Predictor	矢量和激励线性预测器
WAN	Wide Area Network	广域网
WLAN	Wireless Local Area Network	无线局域网
WMAN	Wireless Metropolitan Area Network	无线城域网

参 考 文 献

曹志刚，钱亚生．2008．现代通信原理［M］．北京：清华大学出版社．

陈乃云．2001．电磁场与电磁波理论基础［M］．北京：中国铁道出版社．

李斯伟，贾璐，杨艳．2008．移动通信技术［M］．北京：清华大学出版社．

吴伟陵，牛凯．2009．移动通信原理［M］．2版．北京：电子工业出版社．

张威．2010．GSM网络优化原理与工程［M］．2版．北京：人民邮电出版社．

周正．2002．通信工程新技术实用手册［M］．北京：北京邮电大学出版社．

Carl J. Weisman．2005．射频和无线技术入门［M］．2版．北京：清华大学出版社．

Theodore S. Rappaport．2009．无线通信原理与应用［M］．2版．北京：电子工业出版社．